建设工程工程量清单计价与投标详解系列

土建工程工程量清单计价与投标详解

张西平　主编

中国建筑工业出版社

图书在版编目（CIP）数据

土建工程工程量清单计价与投标详解/张西平主编 . —北京：
中国建筑工业出版社，2013.10
（建设工程工程量清单计价与投标详解系列）
ISBN 978-7-112-15951-2

Ⅰ.①土…　Ⅱ.①张…　Ⅲ.①建筑工程—工程造价②建筑
装饰—投标　Ⅳ.①TU723.3

中国版本图书馆 CIP 数据核字（2013）第 235869 号

本书以《建设工程工程量清单计价规范》(GB 50500—2013)、《房屋建筑与装饰工程工程量计算规范》(GB 50854—2013)、《中华人民共和国招标投标法实施条例》(2012 年)等最新规范、标准、法规为依据，全面阐述了土建工程清单计价的编制以及招标投标，并在相关章节增设了例题，便于读者进一步理解和掌握相关知识。

本书适用于土建工程招标投标编制、工程预算、工程造价及项目管理工作人员使用。

您若对本书有什么意见、建议，或您有图书出版的意愿或想法，欢迎致函 289052980@qq.com 交流沟通！

*　　*　　*

责任编辑：岳建光　张　磊
责任设计：李志立
责任校对：王雪竹　赵　颖

建设工程工程量清单计价与投标详解系列
土建工程工程量清单计价与投标详解
张西平　主编
*
中国建筑工业出版社出版、发行（北京西郊百万庄）
各地新华书店、建筑书店经销
北京永峥排版公司制版
北京中科印刷有限公司印刷
*
开本：787×1092 毫米　1/16　印张：17　字数：410 千字
2013 年 11 月第一版　2013 年 11 月第一次印刷
定价：45.00 元
ISBN 978-7-112-15951-2
（24251）

《土建工程工程量清单计价与投标详解》

编　委　会

主　编　张西平

参　编　（按姓氏笔画顺序排列）

王春乐　石　琳　白雅君　齐丽丽

齐丽娜　李　东　李春娜　李晨雨

杨　波　张润楠　邵亚凤　赵春娟

顾春辉　高菲菲　褚丽丽

前　　言

为适应我国社会主义市场经济的飞速发展，加快与国际建筑市场接轨的进程，培养一大批具备坚实理论基础和较强技能功底的工程造价人才是当务之急。同时，我国的工程造价管理模式也在不断演进，建设工程造价的计价方式也经历了三次重大的变革，从原来的定额计价方式转变为"2003 清单计价"，又转换为"2008 清单计价"，目前住房和城乡建设部颁布实施了《建设工程工程量清单计价规范》（GB 50500—2013）、《房屋建筑与装饰工程工程量计算规范》（GB 50854—2013）等 9 本计量规范。基于上述原因，我们编写了此书。

全书共分六章，内容包括土建工程造价的构成与计算、土建工程量清单计价、土建工程清单计价工程量计算、土建工程招标、土建工程投标、土建工程竣工结算。为突出实用性、科学性和可操作性，本书采用理论与实践相结合的方法，配以例题。本书适用于土建工程预算、工程造价、工程招标投标编制及项目管理工作人员使用。

由于编写时间仓促及编者经验和学识有限，尽管编者尽心尽力，书中难免出现不足之处，恳请广大读者与专家指正并完善。

目　　录

1 土建工程造价的构成与计算

1.1 工程造价基础知识

1.1.1 工程造价的概念

工程造价是指进行一个工程项目建造所需要花费的全部费用，即从工程项目确定建设意向直至建成、竣工验收为止的整个建设期间所支出的总费用，该费用是保证工程项目建造正常进行的必要资金，是建设项目投资中最主要的部分。工程造价主要是由以下几个方面组成。

1. 工程费用

工程费用包括建筑工程费用、安装工程费用和设备及工器具购置费用。

（1）建筑工程费用

建筑工程费用主要包括：

1）各类房屋建筑工程的供水、供暖、卫生、通风、燃气等设备费用及其装设、油饰工程的费用。

2）列入工程预算的各种管道、电力、电信和电缆导线敷设工程的费用。

3）设备基础、支柱、工作台、烟囱、水塔、水池等建筑工程以及各种炉窑的砌筑工程和金属结构工程的费用。

4）为施工而进行的场地平整、地质勘探，原有建筑物和障碍物的拆除以及工程完工后的场地清理、环境美化等工作的费用。

5）矿井开凿、井巷延伸、露天矿剥离，修建铁路、公路、桥梁、水库及防洪等工程的费用等。

（2）安装工程费用

安装工程费用主要包括：

1）生产、动力、起重、运输、传动和医疗、实验等各种需要安装的机械设备的装配费用。

2）与设备相连的工作台、梯子、栏杆等设施的工程费用。

3）附属于被安装设备的管线敷设工程费用。

4）单台设备单机试运转、系统设备进行系统联动无负荷试运转工作的测试费用等。

（3）设备及工器具购置费用

设备及工器具购置费用是指建设项目设计范围内需要安装及不需要安装的设备、仪器、仪表等及其必要的备品备件购置费，为确保投产初期正常生产所必需的仪器仪表、工卡量具、模具、器具及生产家具等的购置费。在生产性建设项目中，可将设备工器具费用称为"积极投资"，其占项目投资费用比重的提高，标志着技术的进步和生产部门有机构成的提高。

2. 工程其他费用

工程建设其他费用是指未纳入以上工程费用的、由项目投资支付的、为保证工程建设顺利完成和交付使用后能够正常发挥效用而必须开支的费用。工程其他费用主要包括建设单位管理费、土地使用费、研究试验费、勘察设计费、建设单位临时设施费、工程监理费、工程保险费、生产准备费、引进技术和进口设备其他费用、工程承包费、联合试运转费以及办公和生活家具购置费等。

1.1.2　工程造价的计价方式

工程造价计价方式可按不同的角度进行分类。

1. 按经济体制分类

（1）计划经济体制下的计价方式

计划经济体制下的计价方式是指采用国家统一颁布的概算指标、概算定额、预算定额、费用定额等依据，按国家规定的计算程序、取费项目和计算费率确定工程造价。

（2）市场经济体制下的计价方式

市场经济的重要特征是竞争性。当标的物和有关条件明确后，通过公开竞价来确定承包商，符合市场经济的基本规律。在工程建设领域，根据清单计价规范，采用清单计价方式通过招标投标的方式来确定工程造价，体现了市场经济规律的基本要求。因此，工程量清单计价是典型的市场经济体制下的计价方式。

2. 按编制依据分类

（1）定额计价方式

定额计价方式是指采用国家主管部门统一颁布的定额和计算程序以及工料机指导价确定工程造价的计价方式。

（2）清单计价方式

清单计价方式是指按照《建设工程工程量清单计价规范》（GB 50500—2013），根据招标文件发布的工程量清单和企业以及市场情况，自主选择消耗量定额、工料机单价和有关费率确定工程造价的计价方式。

1.1.3　工程造价的计价特征

工程造价的计价特征包括：计价的单件性、计价的多次性、计价的组合性、计价方法的多样性和计价依据的复杂性。

1. 计价的单件性

建设工程在生产上的单件性决定了在造价计算上的单件性，它不能像一般工业产品那样，可以按品种、规格成批地生产，统一定价，只能按照单件计价。国家或地区有关部门不能按各个工程逐件控制价格，只能就工程造价中各项费用项目的划分、工程造价构成的一般程序、概预算的编制方法、各种概预算定额和费用标准等作出统一性的规定，来作宏观性的价格控制。

2. 计价的多次性

建设工程的生产过程是一个要经过可行性研究、设计、施工和竣工验收等多个阶段，周期较长的生产消费过程。为了适应工程建设各方建立合理的经济关系，方便进行工程项目管理，适应工程造价控制与管理的要求，需要对建设工程进行多次性计价。

总体来说，从投资估算、设计概算、施工图预算到招标承包合同价，再到各项工程的结算价和最后在结算价基础上编制的竣工决算，整个计价过程是一个由粗到细、由浅到深，经过多次计价最后达到工程实际造价的过程，计价过程各环节之间相互衔接，前者制约后者，后者补充前者。

3. 计价的组合性

一个建设项目的总造价是由各个单项工程造价组成，而各个单项工程造价又是由各个单位工程造价组成。各单位工程造价又是按分部工程、分项工程和相应定额、费用标准等进行计算得出的。可见，为确定一个建设项目的总造价，应首先计算各单位工程造价，再计算各单项工程造价，然后汇总成总造价。计价的过程充分体现了分部组合计价的特点。

4. 计价方法的多样性

工程造价多次性计价有各不相同的计价依据，对造价的精确度要求也不相同，这就决定了计价方法的多样性。计算概、预算造价的方法有单价法和实物法等。计算投资估算的方法有设备系数法、生产能力指数估算法等。不同的方法利弊不同，适应条件也不同，计价时要根据具体情况加以选择。

5. 计价依据的复杂性

由于影响造价的因素多，计价依据复杂，种类繁多。主要可分为以下七类：

（1）计算设备和工程量的依据：项目建议书、可行性研究报告和设计文件等。

（2）计算人工、材料、机械等实物消耗量的依据：投资估算指标、概算定额、预算定额等。

（3）计算工程单价的依据：人工单价、材料价格、材料运杂费和机械台班费等。

（4）计算设备单价的依据：设备原价、设备运杂费和进口设备关税等。

（5）计算措施费、间接费和工程建设其他费用的依据，主要是相关的费用定额和指标。

（6）政府规定的税、费。

（7）物价指数和工程造价指数。

1.1.4 我国现行工程造价的构成

我国现行工程造价的构成主要划分为设备及工器具购置费用、建筑安装工程费用、工程建设其他费用、预备费、建设期贷款利息和固定资产投资方向调节税等几项。具体构成内容如图1-1所示。

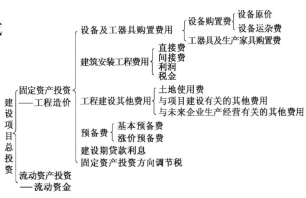

图1-1 我国现行工程造价的构成

3

1.2 设备及工器具购置费的构成与计算

设备购置费是为建设项目购置或自制的达到固定资产标准的各种国产或进口设备、工具、器具的购置费用;工具、器具及生产家具购置费是新建或扩建项目初步设计规定的,保证初期正常生产必须购置的没有达到固定资产标准的设备、仪器、工卡模具、器具、生产家具和备品备件等的购置费用。

1.2.1 设备购置费的构成及计算

设备购置费由设备原价和设备运杂费构成。

$$设备购置费 = 设备原价 + 设备运杂费 \tag{1-1}$$

设备原价是国产设备或进口设备的原价,设备运杂费是指除设备原价之外的关于设备采购、运输、途中包装及仓库保管等方面的支出费用的总和。

1. 国产设备原价的构成及计算

国产设备原价通常指的是设备制造厂的交货价或订货合同价。它通常根据生产厂或供应商的询价、报价、合同价确定,或采用一定的方法计算确定。国产设备原价包括国产标准设备原价和国产非标准设备原价。

(1) 国产标准设备原价

国产标准设备是按照主管部门颁布的标准图纸及技术要求,由我国设备生产厂批量生产的、符合国家质量检测标准的设备。国产标准设备原价有带有备件的原价和不带备件的原价两种。在计算时,通常采用带有备件的原价。国产标准设备通常有完善的设备交易市场,所以可通过查询相关交易市场价格或向设备生产厂家询价得到国产标准设备原价。

(2) 国产非标准设备原价

国产非标准设备是国家尚无定型标准,各设备生产厂不能在工艺过程中采用批量生产,只能按订货要求并根据具体的设计图纸制造的设备。非标准设备因为单件生产、无定型标准,所以无法获取市场交易价格,只能按其成本构成或者相关技术参数估算其价格。非标准设备原价有多种不同的计算方法,例如定额估价法、成本计算估价法、分部组合估价法以及系列设备插入估价法等。无论采用哪种方法都应该使非标准设备计价接近实际出厂价,并且计算方法要简单方便。估算非标准设备原价常用的方法是成本计算估价法。按成本计算估价法,非标准设备的原价由以下各项组成:

1) 材料费。其计算公式如下:

$$材料费 = 材料净重 \times (1 + 加工损耗系数) \times 每吨材料综合价 \tag{1-2}$$

2) 加工费。加工费包括生产工人工资和工资附加费、燃料动力费、设备折旧费、车间经费等。其计算公式如下:

$$加工费 = 设备总质量(t) \times 设备每吨加工费 \tag{1-3}$$

3) 辅助材料费 (简称辅材费)。辅材费包括焊条、焊丝、氧气、氩气、氮气、油漆、电石等费用。其计算公式如下:

$$辅助材料费 = 设备总质量 \times 辅助材料费指标 \tag{1-4}$$

4）专用工具费。按1）~3）项之和乘以一定百分比计算。

5）废品损失费。按1）~4）项之和乘以一定百分比计算。

6）外购配套件费。按设备设计图纸所列的外购配套件的名称、型号、规格、数量、质量，根据相应的价格加运杂费计算。

7）包装费。按以上1）~6）项之和乘以一定百分比计算。

8）利润。按1）~5）项加第7）项之和乘以一定利润率计算。

9）税金。主要指增值税，计算公式为：

$$增值税 = 当期销项税额 - 进项税额 \tag{1-5}$$

$$当期销项税额 = 销售额 \times 适用增值税税率（\%） \tag{1-6}$$

式中，销售额为1）~8）项之和。

10）非标准设备设计费。按国家规定的设计费收费标准计算。

综上所述，单台非标准设备原价可用下面的公式表达：

$$单台非标准设备原价 = \{[（材料费 + 加工费 + 辅助材料费） \times （1 + 专用工具费费率） \times$$
$$（1 + 废品损失费费率） + 外购配套件费] \times$$
$$（1 + 包装费费率） - 外购配套件费\} \times （1 + 利润率） +$$
$$销项税额 + 非标准设备设计费 + 外购配套件费 \tag{1-7}$$

2. 进口设备原价的构成及计算

进口设备的原价是进口设备的抵岸价，一般是由进口设备到岸价（CIF）及进口从属费构成。进口设备的到岸价，即抵达买方边境港口或者边境车站的价格。在国际贸易中，交易双方所使用的交货类别不同，则交易价格的构成内容也有所不同。进口从属费用包括银行财务费、外贸手续费、进口关税、消费税、进口环节增值税等，进口车辆还需缴纳车辆购置税。

（1）进口设备到岸价的构成及计算

$$进口设备到岸价（CIF） = 离岸价格（FOB） + 国际运费 + 运输保险费$$
$$= 运费在内价（CFR） + 运输保险费 \tag{1-8}$$

1）货价。货价是装运港船上交货价（FOB）。设备货价分为原币货价和人民币货价，原币货价一律折算成美元表示，人民币货价按原币货价乘以外汇市场美元兑换人民币汇率中间价来确定。进口设备货价按有关生产厂商询价、报价、订货合同价计算。

2）国际运费。国际运费是从装运港（站）到达我国目的港（站）的运费。我国进口设备大部分采用海洋运输，小部分采用铁路运输，个别采用航空运输。进口设备国际运费计算公式为：

$$国际运费（海、陆、空） = 原币货价（FOB） \times 运费费率（\%） \tag{1-9}$$

$$国际运费（海、陆、空） = 单位运价 \times 运量 \tag{1-10}$$

其中，运费费率或单位运价按照有关部门或进出口公司的规定执行。

3）运输保险费。对外贸易货物运输保险是由保险人（保险公司）与被保险人（出口人或进口人）订立保险契约，在被保险人交付一定的保险费后，保险人根据保险契约的规定对货物在运输过程中发生的承保责任范围内的损失给予经济上的补偿。这是一种财产保险。计算公式为：

$$运输保险费 = \frac{原币货价(FOB) + 国际运费}{1 - 保险费费率(\%)} \times 保险费费率（\%） \qquad (1-11)$$

其中，保险费费率按照保险公司规定的进口货物保险费费率计算。

（2）进口从属费的构成及计算

$$进口从属费 = 银行财务费 + 外贸手续费 + 关税 + 消费税 +$$

$$进口环节增值税 + 车辆购置税 \qquad (1-12)$$

1）银行财务费。银行财务费是在国际贸易结算中，中国银行为进出口商提供金融结算服务所收取的费用，可按下式简化计算：

$$银行财务费 = 离岸价格(FOB) \times 人民币外汇汇率 \times 银行财务费费率 \qquad (1-13)$$

2）外贸手续费。外贸手续费是按商务部规定的外贸手续费费率计取的费用，外贸手续费费率一般取 1.5%。计算公式为：

$$外贸手续费 = 到岸价格(CIF) \times 人民币外汇汇率 \times 外贸手续费费率 \qquad (1-14)$$

3）关税。关税是由海关对进出国境或关境的货物和物品征收的一种税。计算公式为：

$$关税 = 到岸价格(CIF) \times 人民币外汇汇率 \times 进口关税税率 \qquad (1-15)$$

到岸价格作为关税的计征基数时，通常又可称为关税完税价格。进口关税税率分为优惠和普通两种。优惠税率适用于与我国签订有关税互惠条款的贸易条约或协定的国家的进口设备，普通税率适用于与我国未签订有关税互惠条款的贸易条约或协定的国家的进口设备。进口关税税率按照我国海关总署发布的进口关税税率计算。

4）消费税。消费税仅对部分进口设备（例如轿车、摩托车等）征收，一般计算公式为：

$$应纳消费税税额 = \frac{到岸价格(CIF) \times 人民币外汇汇率 + 关税}{1 - 消费税税率(\%)} \times 消费税税率（\%）$$

$$(1-16)$$

其中，消费税税率根据规定的税率计算。

5）进口环节增值税。进口环节增值税是对从事进口贸易的单位和个人，在进口商品报关进口后征收的税种。我国增值税条例规定，进口应税产品均按组成计税价格和增值税税率直接计算应纳税额。即：

$$进口环节增值税额 = 组成计税价格 \times 增值税税率(\%) \qquad (1-17)$$

$$组成计税价格 = 关税完税价格 + 关税 + 消费税 \qquad (1-18)$$

其中，增值税税率根据规定的税率计算。

6）车辆购置税。进口车辆需缴进口车辆购置税。其公式如下：

$$进口车辆购置税 = （关税完税价格 + 关税 + 消费税） \times 车辆购置税税率（\%） \qquad (1-19)$$

3. 设备运杂费的构成及计算

（1）设备运杂费的构成

1）运费和装卸费。国产设备由设备制造厂交货地点起至工地仓库（或施工组织设计指定的需要安装设备的堆放地点）止所发生的运费和装卸费，进口设备则由我国到岸港口或边境车站起至工地仓库（或施工组织设计指定的需安装设备的堆放地点）止所发生的运费和装卸费。

2）包装费。在设备原价中没有包含的，为运输而进行包装支出的各种费用。

3）设备供销部门的手续费。按有关部门规定的统一费率计算。

4）采购与仓库保管费。采购与仓库保管费是指采购、验收、保管和收发设备所发生的各种费用，包括设备采购人员、保管人员和管理人员的工资、工资附加费、办公费、差旅交通费，设备供应部门办公和仓库所占固定资产使用费、工具用具使用费、劳动保护费、检验试验费等。这些费用可按照主管部门规定的采购与保管费费率计算。

（2）设备运杂费的计算

设备运杂费的计算公式为：

$$设备运杂费 = 设备原价 \times 设备运杂费费率(\%) \tag{1-20}$$

1.2.2 工具、器具及生产家具购置费的构成及计算

通常以设备购置费为计算基数，按照部门或行业规定的工具、器具及生产家具购置费率计算。计算公式为：

$$工具、器具及生产家具购置费 = 设备购置费 \times 定额费率 \tag{1-21}$$

1.2.3 设备购置费计算实例

【例1-1】某进口设备的到岸价为150万元，银行财务费0.5万元，外贸手续费率为1.5%，关税税率为20%，增值税税率17%。该设备无消费税和海关监管手续费，则该进口设备的抵岸价为多少万元？

【解】

$$(150 + 0.5 + 150 \times 1.5\% + 150 \times 20\%) + (150 + 150 \times 20\%) \times 17\% = 213.35 万元$$

【例1-2】从某国进口设备，质量1500t，装运港船上交货为450万美元，工程建设项目位于国内某省会城市。如果国际运费标准为380美元/t，海上运输保险费率为3‰，银行财务费率为5‰，外贸手续费率为1.5%，关税税率22%，增值税税率为17%，消费税税率为10%，银行外汇牌价为1美元=6.8元人民币，对该设备的原价进行估算。

【解】

进口设备 FOB：$450 \times 6.8 = 3060$ 万元

国际运费：$380 \times 1500 \times 6.8 = 3876000$ 元 $= 387.60$ 万元

海运保险费：$\dfrac{3060 + 387.6}{1 - 0.3\%} \times 0.3\% = 10.37$ 万元

CIF：$3060 + 387.6 + 10.37 = 3457.97$ 万元

银行财务费：$3060 \times 5‰ = 15.30$ 万元

外贸手续费：$3457.97 \times 1.5\% = 51.87$ 万元

关税：$3457.97 \times 22\% = 760.95$ 万元

消费税：$\dfrac{3457.97 + 760.95}{1 - 10\%} \times 10\% = 468.77$ 万元

增值税：$(3457.97 + 760.95 + 468.77) \times 17\% = 796.91$ 万元

进口从属费：$15.30 + 51.87 + 760.95 + 468.77 + 796.91 = 2093.80$ 万元

进口设备原价：$3457.97 + 2093.80 = 5551.77$ 万元

1.3 建筑安装工程费用构成与计算

根据中华人民共和国住房和城乡建设部、财政部颁布的建标〔2013〕44号文件《建筑安装工程费用项目组成》规定，建筑安装工程费用按费用构成要素组成划分为人工费、材料费、施工机具使用费、企业管理费、利润、规费和税金。为指导工程造价专业人员计算建筑安装工程造价，将建筑安装工程费用按工程造价形成顺序划分为分部分项工程费、措施项目费、其他项目费、规费和税金。

1.3.1 建筑安装工程造价构成

1. 按费用构成要素划分建筑安装工程费用项目

建筑安装工程费按照费用构成要素划分，由人工费、材料（包含工程设备，下同）费、施工机具使用费、企业管理费、利润、规费和税金组成。其中人工费、材料费、施工机具使用费、企业管理费和利润包含在分部分项工程费、措施项目费、其他项目费中，如图1-2所示。

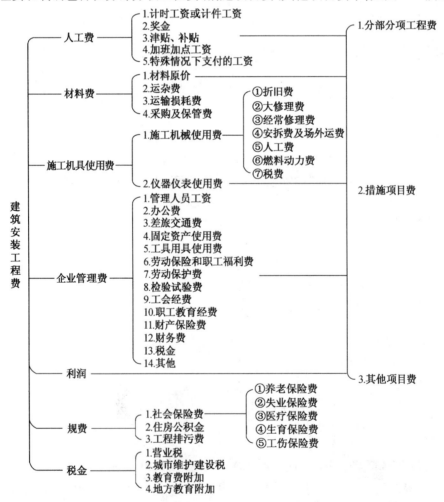

图1-2　建筑安装工程费用项目组成（按费用构成要素划分）

（1）人工费

人工费是指按工资总额构成规定，支付给从事建筑安装工程施工的生产工人和附属生产单位工人的各项费用。内容包括：

1）计时工资或计件工资。计时工资或计件工资是指按计时工资标准和工作时间或对已做工作按计件单价支付给个人的劳动报酬。

2）奖金。奖金是指对超额劳动和增收节支支付给个人的劳动报酬。如节约奖、劳动竞赛奖等。

3）津贴补贴。津贴补贴是指为了补偿职工特殊或额外的劳动消耗和因其他特殊原因支付给个人的津贴，以及为了保证职工工资水平不受物价影响支付给个人的物价补贴。如流动施工津贴、特殊地区施工津贴、高温（寒）作业临时津贴、高空津贴等。

4）加班加点工资。加班加点工资是指按规定支付的在法定节假日工作的加班工资和在法定日工作时间外延时工作的加点工资。

5）特殊情况下支付的工资。特殊情况下支付的工资是指根据国家法律、法规和政策规定，因病、工伤、产假、计划生育假、婚丧假、事假、探亲假、定期休假、停工学习、执行国家或社会义务等原因按计时工资标准或计时工资标准的一定比例支付的工资。

（2）材料费

材料费是指施工过程中耗费的原材料、辅助材料、构配件、零件、半成品或成品、工程设备的费用。其内容主要包括：

1）材料原价。材料原价是指材料、工程设备的出厂价格或商家供应价格。

2）运杂费。运杂费是指材料、工程设备自来源地运至工地仓库或指定堆放地点所发生的全部费用。

3）运输损耗费。运输损耗费是指材料在运输装卸过程中不可避免的损耗。

4）采购及保管费。采购及保管费是指为组织采购、供应和保管材料、工程设备的过程中所需要的各项费用。包括采购费、仓储费、工地保管费、仓储损耗。

工程设备是指构成或计划构成永久工程一部分的机电设备、金属结构设备、仪器装置及其他类似的设备和装置。

（3）施工机具使用费

施工机具使用费是指施工作业所发生的施工机械、仪器仪表使用费或其租赁费。

1）施工机械使用费。以施工机械台班耗用量乘以施工机械台班单价表示，施工机械台班单价应由下列七项费用组成：

①折旧费：指施工机械在规定的使用年限内，陆续收回其原值的费用。

②大修理费：指施工机械按规定的大修理间隔台班进行必要的大修理，以恢复其正常功能所需的费用。

③经常修理费：指施工机械除大修理以外的各级保养和临时故障排除所需的费用。包括为保障机械正常运转所需替换设备与随机配备工具附具的摊销和维护费用，机械运转中日常保养所需润滑与擦拭的材料费用及机械停滞期间的维护和保养费用等。

④安拆费及场外运费：安拆费指施工机械（大型机械除外）在现场进行安装与拆卸所需的人工、材料、机械和试运转费用以及机械辅助设施的折旧、搭设、拆除等费用，场外运费指施工机械整体或分体自停放地点运至施工现场或由一施工地点运至另一施工地点

的运输、装卸、辅助材料及架线等费用。

⑤人工费：指机上司机（司炉）和其他操作人员的人工费。

⑥燃料动力费：指施工机械在运转作业中所消耗的各种燃料及水、电等。

⑦税费：指施工机械按照国家规定应缴纳的车船使用税、保险费及年检费等。

2）仪器仪表使用费。仪器仪表使用费是指工程施工所需使用的仪器仪表的摊销及维修费用。

（4）企业管理费

企业管理费是指建筑安装企业组织施工生产和经营管理所需的费用。其内容主要包括：

1）管理人员工资。管理人员工资是指按规定支付给管理人员的计时工资、奖金、津贴补贴、加班加点工资及特殊情况下支付的工资等。

2）办公费。办公费是指企业管理办公用的文具、纸张、账表、印刷、邮电、书报、办公软件、现场监控、会议、水电、烧水和集体取暖降温（包括现场临时宿舍取暖降温）等费用。

3）差旅交通费。差旅交通费是指职工因公出差、调动工作的差旅费、住勤补助费、市内交通费和误餐补助费，职工探亲路费，劳动力招募费，职工退休、退职一次性路费，工伤人员就医路费，工地转移费以及管理部门使用的交通工具的油料、燃料等费用。

4）固定资产使用费。固定资产使用费是指管理和试验部门及附属生产单位使用的属于固定资产的房屋、设备、仪器等的折旧、大修、维修或租赁费。

5）工具用具使用费。工具用具使用费是指企业施工生产和管理使用的不属于固定资产的工具、器具、家具、交通工具和检验、试验、测绘、消防用具等的购置、维修和摊销费。

6）劳动保险和职工福利费。劳动保险和职工福利费是指由企业支付的职工退职金、按规定支付给离休干部的经费，集体福利费、夏季防暑降温、冬季取暖补贴、上下班交通补贴等。

7）劳动保护费。劳动保护费是企业按规定发放的劳动保护用品的支出。如工作服、手套、防暑降温饮料以及在有碍身体健康的环境中施工的保健费用等。

8）检验试验费。检验试验费是指施工企业按照有关标准规定，对建筑以及材料、构件和建筑安装物进行一般鉴定、检查所发生的费用，包括自设试验室进行试验所耗用的材料等费用。不包括新结构、新材料的试验费，对构件做破坏性试验及其他特殊要求检验试验的费用和建设单位委托检测机构进行检测的费用，对此类检测发生的费用，由建设单位在工程建设其他费用中列支。但对施工企业提供的具有合格证明的材料进行检测不合格的，该检测费用由施工企业支付。

9）工会经费。工会经费是指企业按《工会法》规定的全部职工工资总额比例计提的工会经费。

10）职工教育经费。职工教育经费是指按职工工资总额的规定比例计提，企业为职工进行专业技术和职业技能培训，专业技术人员继续教育、职工职业技能鉴定、职业资格认定以及根据需要对职工进行各类文化教育所发生的费用。

11）财产保险费。财产保险费是指施工管理用财产、车辆等的保险费用。

12）财务费。财务费是指企业为施工生产筹集资金或提供预付款担保、履约担保、职工工资支付担保等所发生的各种费用。

13）税金。税金是指企业按规定缴纳的房产税、车船使用税、土地使用税、印花税等。

14）其他。其他主要包括技术转让费、技术开发费、投标费、业务招待费、绿化费、广告费、公证费、法律顾问费、审计费、咨询费、保险费等。

（5）利润

利润是指施工企业完成所承包工程获得的盈利。

（6）规费

规费是指按国家法律、法规规定，由省级政府和省级有关权力部门规定必须缴纳或计取的费用。其主要包括：

1）社会保险费：

①养老保险费。养老保险费是指企业按照规定标准为职工缴纳的基本养老保险费。

②失业保险费。失业保险费是指企业按照规定标准为职工缴纳的失业保险费。

③医疗保险费。医疗保险费是指企业按照规定标准为职工缴纳的基本医疗保险费。

④生育保险费。生育保险费是指企业按照规定标准为职工缴纳的生育保险费。

⑤工伤保险费。工伤保险费是指企业按照规定标准为职工缴纳的工伤保险费。

2）住房公积金。住房公积金是指企业按规定标准为职工缴纳的住房公积金。

3）工程排污费。工程排污费是指按规定缴纳的施工现场工程排污费。

其他应列而未列入的规费，按实际发生计取。

（7）税金

税金是指国家税法规定的应计入建筑安装工程造价内的营业税、城市维护建设税、教育费附加以及地方教育附加。

2. 按造价形式划分建筑安装工程费用项目

建筑安装工程费按照工程造价形式由分部分项工程费、措施项目费、其他项目费、规费、税金组成，分部分项工程费、措施项目费、其他项目费包含人工费、材料费、施工机具使用费、企业管理费和利润，如图1-3所示。

（1）分部分项工程费

分部分项工程费是指各专业工程的分部分项工程应予列支的各项费用。

1）专业工程。专业工程是指按现行国家计量规范划分的房屋建筑与装饰工程、仿古建筑工程、通用安装工程、市政工程、园林绿化工程、矿山工程、构筑物工程、城市轨道交通工程、爆破工程等各类工程。

2）分部分项工程。分部分项工程是指按现行国家计量规范对各专业工程划分的项目。如房屋建筑与装饰工程划分的土石方工程、地基处理与桩基工程、砌筑工程、钢筋及钢筋混凝土工程等。

各类专业工程的分部分项工程划分见现行国家或行业计量规范。

（2）措施项目费

措施项目费是指为完成建设工程施工，发生于该工程施工前和施工过程中的技术、生活、安全、环境保护等方面的费用。其内容包括：

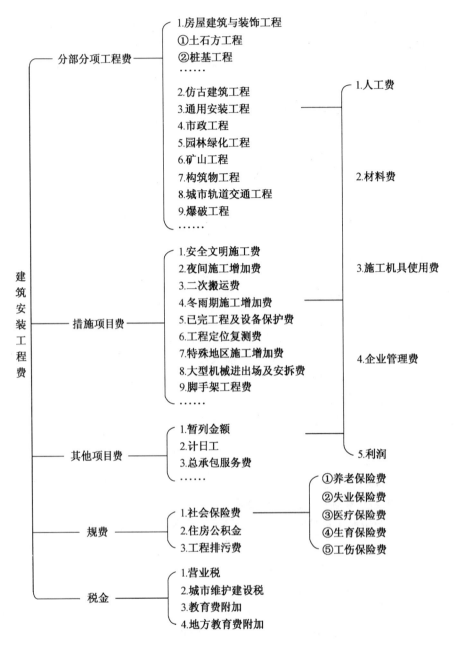

图 1-3　建筑安装工程费用项目组成（按造价形式划分）

1）安全文明施工费：

①环境保护费。环境保护费是指施工现场为达到环保部门要求所需要的各项费用。

②文明施工费。文明施工费是指施工现场文明施工所需要的各项费用。

③安全施工费。安全施工费是指施工现场安全施工所需要的各项费用。

④临时设施费。临时设施费是指施工企业为进行建设工程施工所必须搭设的生活和生产用的临时建筑物、构筑物和其他临时设施费用。包括临时设施的搭设、维修、拆除、清理费或摊销费等。

2）夜间施工增加费。夜间施工增加费是指因夜间施工所发生的夜班补助费、夜间施工降效、夜间施工照明设备摊销及照明用电等费用。

3）二次搬运费。二次搬运费是指因施工场地条件限制而发生的材料、构配件、半成品等一次运输不能到达堆放地点，必须进行二次或多次搬运所发生的费用。

4）冬雨期施工增加费。冬雨期施工增加费是指在冬期或雨期施工需增加的临时设施、防滑、排除雨雪，人工及施工机械效率降低等费用。

5）已完工程及设备保护费。已完工程及设备保护费是指竣工验收前，对已完工程及设备采取的必要保护措施所发生的费用。

6）工程定位复测费。工程定位复测费是指工程施工过程中进行全部施工测量放线和复测工作的费用。

7）特殊地区施工增加费。特殊地区施工增加费是指工程在沙漠或其边缘地区、高海拔、高寒、原始森林等特殊地区施工增加的费用。

8）大型机械设备进出场及安拆费。大型机械设备进出场及安拆费是指机械整体或分体自停放场地运至施工现场或由一个施工地点运至另一个施工地点，所发生的机械进出场运输及转移费用及机械在施工现场进行安装、拆卸所需的人工费、材料费、机械费、试运转费和安装所需的辅助设施的费用。

9）脚手架工程费。脚手架工程费是指施工需要的各种脚手架搭、拆、运输费用以及脚手架购置费的摊销（或租赁）费用。

措施项目及其包含的内容详见各类专业工程的现行国家或行业计量规范。

（3）其他项目费

1）暂列金额。暂列金额是指建设单位在工程量清单中暂定并包括在工程合同价款中的一笔款项。用于施工合同签订时尚未确定或者不可预见的所需材料、工程设备、服务的采购，施工中可能发生的工程变更、合同约定调整因素出现时的工程价款调整以及发生的索赔、现场签证确认等的费用。

2）计日工。计日工是指在施工过程中，施工企业完成建设单位提出的施工图纸以外的零星项目或工作所需的费用。

3）总承包服务费。总承包服务费是指总承包人为配合、协调建设单位进行的专业工程发包，对建设单位自行采购的材料、工程设备等进行保管以及施工现场管理、竣工资料汇总整理等服务所需的费用。

（4）规费

规费定义同 1.3.1 中第 1 条的（6）。

（5）税金

税金定义同 1.3.1 中第 1 条的（7）。

1.3.2 建筑安装工程费用参考计算方法

1. 各费用构成要素参考计算方法

（1）人工费

$$人工费 = \sum（工日消耗量 \times 日工资单价）\tag{1-22}$$

$$日工资单价 = \frac{生产工人平均月工资(计时计件) + 平均月(奖金 + 津贴补贴 + 特殊情况下支付的工资)}{年平均每月法定工作日}$$

$$(1 - 23)$$

注：公式（1-22）主要适用于施工企业投标报价时自主确定人工费，也是工程造价管理机构编制计价定额确定定额人工单价或发布人工成本信息的参考依据。

$$人工费 = \sum(工程工日消耗量 \times 日工资单价) \qquad (1 - 24)$$

日工资单价是指施工企业平均技术熟练程度的生产工人在每工作日（国家法定工作时间内）按规定从事施工作业应得的日工资总额。

工程造价管理机构确定日工资单价应通过市场调查、根据工程项目的技术要求，参考实物工程量人工单价综合分析确定，最低日工资单价不得低于工程所在地人力资源和社会保障部门所发布的最低工资标准的：普工1.3倍、一般技工2倍、高级技工3倍。

工程计价定额不可只列一个综合工日单价，应根据工程项目技术要求和工种差别适当划分多种日人工单价，确保各分部工程人工费的合理构成。

注：公式（1-24）适用于工程造价管理机构编制计价定额时确定定额人工费，是施工企业投标报价的参考依据。

（2）材料费

1）材料费：

$$材料费 = \sum(材料消耗量 \times 材料单价) \qquad (1 - 25)$$

$$材料单价 = \{(材料原价 + 运杂费) \times [1 + 运输损耗率(\%)]\} \times$$
$$[1 + 采购保管费率(\%)] \qquad (1 - 26)$$

2）工程设备费：

$$工程设备费 = \sum(工程设备量 \times 工程设备单价) \qquad (1 - 27)$$

$$工程设备单价 = (设备原价 + 运杂费) \times [1 + 采购保管费率(\%)] \qquad (1 - 28)$$

（3）施工机具使用费

1）施工机械使用费：

$$施工机械使用费 = \sum(施工机械台班消耗量 \times 机械台班单价) \qquad (1 - 29)$$

$$机械台班单价 = 台班折旧费 + 台班大修费 + 台班经常修理费 + 台班安拆费$$
$$及场外运费 + 台班人工费 + 台班燃料动力费 + 台班车船税费 \qquad (1 - 30)$$

注：工程造价管理机构在确定计价定额中的施工机械使用费时，应根据《建筑施工机械台班费用计算规则》结合市场调查编制施工机械台班单价。施工企业可以参考工程造价管理机构发布的台班单价，自主确定施工机械使用费的报价，如租赁施工机械，公式为：施工机械使用费 = $\sum$（施工机械台班消耗量 × 机械台班租赁单价）。

2）仪器仪表使用费：

$$仪器仪表使用费 = 工程使用的仪器仪表摊销费 + 维修费 \qquad (1 - 31)$$

（4）企业管理费费率

1）以分部分项工程费为计算基础：

$$企业管理费费率(\%) = \frac{生产工人年平均管理费}{年有效施工天数 \times 人工单价} \times$$
$$人工费占分部分项工程费比例(\%) \qquad (1 - 32)$$

2) 以人工费和机械费合计为计算基础：

$$企业管理费费率(\%) = \frac{生产工人年平均管理费}{年有效施工天数 \times (人工单价 + 每一工日机械使用费)} \times 100\% \qquad (1-33)$$

3) 以人工费为计算基础：

$$企业管理费费率(\%) = \frac{生产工人年平均管理费}{年有效施工天数 \times 人工单价} \times 100\% \qquad (1-34)$$

注：上述公式适用于施工企业投标报价时自主确定管理费，是工程造价管理机构编制计价定额确定企业管理费的参考依据。

工程造价管理机构在确定计价定额中企业管理费时，应以定额人工费或（定额人工费 + 定额机械费）作为计算基数，其费率根据历年工程造价积累的资料，辅以调查数据确定，列入分部分项工程和措施项目中。

(5) 利润

1) 施工企业根据企业自身需求并结合建筑市场实际自主确定，列入报价中。

2) 工程造价管理机构在确定计价定额中利润时，应以定额人工费或（定额人工费 + 定额机械费）作为计算基数，其费率根据历年工程造价积累的资料，并结合建筑市场实际确定，以单位（单项）工程测算，利润在税前建筑安装工程费的比重可按不低于5%且不高于7%的费率计算。利润应列入分部分项工程和措施项目中。

(6) 规费

1) 社会保险费和住房公积金：社会保险费和住房公积金应以定额人工费为计算基础，根据工程所在地省、自治区、直辖市或行业建设主管部门规定费率计算。

社会保险费和住房公积金 = $\sum$（工程定额人工费 × 社会保险费和住房公积金费率）

$$(1-35)$$

式中，社会保险费和住房公积金费率可以每万元发承包价的生产工人人工费和管理人员工资含量与工程所在地规定的缴纳标准综合分析取定。

2) 工程排污费：工程排污费等其他应列而未列入的规费应按工程所在地环境保护等部门规定的标准缴纳，按实计取列入。

(7) 税金

税金计算公式：

$$税金 = 税前造价 \times 综合税率(\%) \qquad (1-36)$$

综合税率：

1) 纳税地点在市区的企业：

$$综合税率(\%) = \frac{1}{1 - 3\% - (3\% \times 7\%) - (3\% \times 3\%) - (3\% \times 2\%)} - 1 \qquad (1-37)$$

2) 纳税地点在县城、镇的企业：

$$综合税率(\%) = \frac{1}{1 - 3\% - (3\% \times 5\%) - (3\% \times 3\%) - (3\% \times 2\%)} - 1 \qquad (1-38)$$

3) 纳税地点不在市区、县城、镇的企业：

$$综合税率(\%) = \frac{1}{1 - 3\% - (3\% \times 1\%) - (3\% \times 3\%) - (3\% \times 2\%)} - 1 \qquad (1-39)$$

4) 实行营业税改增值税的，按纳税地点现行税率计算。

2. 建筑安装工程计价参考公式

（1）分部分项工程费

$$分部分项工程费 = \sum（分部分项工程量 \times 综合单价）\tag{1-40}$$

式中，综合单价包括人工费、材料费、施工机具使用费、企业管理费和利润以及一定范围的风险费用（下同）。

（2）措施项目费

1）国家计量规范规定应予计量的措施项目，其计算公式为：

$$措施项目费 = \sum（措施项目工程量 \times 综合单价）\tag{1-41}$$

2）国家计量规范规定不宜计量的措施项目计算方法如下：

①安全文明施工费：

$$安全文明施工费 = 计算基数 \times 安全文明施工费费率(\%)\tag{1-42}$$

计算基数应为定额基价（定额分部分项工程费 + 定额中可以计量的措施项目费）、定额人工费或（定额人工费 + 定额机械费），其费率由工程造价管理机构根据各专业工程的特点综合确定。

②夜间施工增加费：

$$夜间施工增加费 = 计算基数 \times 夜间施工增加费费率(\%)\tag{1-43}$$

③二次搬运费：

$$二次搬运费 = 计算基数 \times 二次搬运费费率(\%)\tag{1-44}$$

④冬雨期施工增加费：

$$冬雨期施工增加费 = 计算基数 \times 冬雨期施工增加费费率(\%)\tag{1-45}$$

⑤已完工程及设备保护费：

$$已完工程及设备保护费 = 计算基数 \times 已完工程及设备保护费费率(\%)\tag{1-46}$$

上述②～⑤项措施项目的计费基数应为定额人工费或（定额人工费 + 定额机械费），其费率由工程造价管理机构根据各专业工程特点和调查资料综合分析后确定。

（3）其他项目费

1）暂列金额由建设单位根据工程特点，按有关计价规定估算，施工过程中由建设单位掌握使用、扣除合同价款调整后如有余额，归建设单位。

2）计日工由建设单位和施工企业按施工过程中的签证计价。

3）总承包服务费由建设单位在招标控制价中根据总包服务范围和有关计价规定编制，施工企业投标时自主报价，施工过程中按签约合同价执行。

（4）规费和税金

建设单位和施工企业均应按照省、自治区、直辖市或行业建设主管部门发布标准计算规费和税金，不得作为竞争性费用。

3. 相关问题的说明

（1）各专业工程计价定额的编制及其计价程序，均按上述计算方法实施。

（2）各专业工程计价定额的使用周期原则上为 5 年。

（3）工程造价管理机构在定额使用周期内，应及时发布人工、材料、机械台班价格信息，实行工程造价动态管理，如遇国家法律、法规、规章或相关政策变化以及建筑市场物价波动较大时，应适时调整定额人工费、定额机械费以及定额基价或规费费率，使建筑安装工程费能反映建筑市场实际。

（4）建设单位在编制招标控制价时，应按照各专业工程的计量规范和计价定额以及工程造价信息编制。

（5）施工企业在使用计价定额时除不可竞争费用外，其余仅作参考，由施工企业投标时自主报价。

1.3.3　建筑安装工程计价程序

建设单位工程招标控制价计价程序如表1-1所示。

建设单位工程招标控制价计价程序　　　　　　　　　　　表1-1

工程名称：　　　　　　　　　　　　标段：

序号	内　　容	计算方法	金额/元
1	分部分项工程费	按计价规定计算	
1.1			
1.2			
1.3			
1.4			
1.5			
2	措施项目费	按计价规定计算	
2.1	其中：安全文明施工费	按规定标准计算	
3	其他项目费		
3.1	其中：暂列金额	按计价规定估算	
3.2	其中：专业工程暂估价	按计价规定估算	
3.3	其中：计日工	按计价规定估算	
3.4	其中：总承包服务费	按计价规定估算	
4	规费	按规定标准计算	
5	税金（扣除不列入计税范围的工程设备金额）	（1+2+3+4）×规定税率	
招标控制价合计 = 1 + 2 + 3 + 4 + 5			

施工企业工程投标报价计价程序如表1-2所示。

施工企业工程投标报价计价程序　　　　　　　　　　　表1-2

工程名称：　　　　　　　　　　　　　标段：

序号	内　　　容	计算方法	金额/元
1	分部分项工程费	自主报价	
1.1			
1.2			
1.3			
1.4			
1.5			
2	措施项目费	自主报价	
2.1	其中：安全文明施工费	按规定标准计算	
3	其他项目费		
3.1	其中：暂列金额	按招标文件提供金额计列	
3.2	其中：专业工程暂估价	按招标文件提供金额计列	
3.3	其中：计日工	自主报价	
3.4	其中：总承包服务费	自主报价	
4	规费	按规定标准计算	
5	税金（扣除不列入计税范围的工程设备金额）	（1+2+3+4）×规定税率	
投标报价合计＝1+2+3+4+5			

竣工结算计价程序如表1-3所示。

竣工结算计价程序　　　　　　　　　　　　　表1-3

工程名称：　　　　　　　　　　　　　标段：

序号	汇　总　内　容	计算方法	金额/元
1	分部分项工程费	按合约约定计算	
1.1			
1.2			
1.3			

序号	汇 总 内 容	计算方法	金额/元
1.4			
1.5			
2	措施项目费	按合约约定计算	
2.1	其中：安全文明施工费	按规定标准计算	
3	其他项目费		
3.1	其中：专业工程结算价	按合约约定计算	
3.2	其中：计日工	按计日工签证计算	
3.3	其中：总承包服务费	按合约约定计算	
3.4	索赔与现场签证	按发承包双方确认数额计算	
4	规费	按规定标准计算	
5	税金（扣除不列入计税范围的工程设备金额）	（1＋2＋3＋4）×规定税率	
竣工结算总价合计 ＝1＋2＋3＋4＋5			

1.4　工程造价其他费用

工程造价其他费用是从工程筹建起到工程竣工验收交付使用止的整个建设期间，除建筑安装工程费用和设备、工器具购置费以外的，为保证工程建设顺利完成和交付使用后能够正常发挥效用而发生的各项费用。

工程造价其他费用按其内容大体可分为三类，一是土地使用费，由于工程项目固定在一定地点与地面相连接，必须占用一定量的土地，也就必然要发生为获得建设用地而支付的费用；二是与项目建设有关的费用；三是与未来企业生产和经营活动有关的费用。

1.4.1　土地使用费

土地使用费指通过划拨方式取得土地使用权而支付的土地征用及迁移补偿费，或者通过土地使用权出让方式取得土地使用权而支付的土地使用权出让金。

1. 土地征用及迁移补偿费

土地征用及迁移补偿费是指建设项目通过划拨方式取得无限期的土地使用权，依照《中华人民共和国土地管理法》等规定所支付的费用。其总和一般不得超过被征土地年产值的20倍，土地年产值则按该地被征用前3年的平均产量和国家规定的价格计算。其内容包括：

（1）土地补偿费。征用耕地的补偿标准按政府规定，为该耕地年产值的若干倍，具体补偿标准由省、自治区、直辖市人民政府在此范围内制定。征用园地、鱼塘、藕塘、苇塘、宅基地、林地、牧场、草原等的补偿标准由省、自治区、直辖市人民政府制定。征收无收益的土地不予补偿。

（2）青苗补偿费和被征用土地上的房屋、水井、树木等附着物补偿费。这些补偿费的标准由省、自治区、直辖市人民政府制定。征用城市郊区的菜地时，还应按照有关规定向国家缴纳新菜地开发建设基金。

（3）安置补助费。征用耕地、菜地的每个农业人口的安置补助费为该地每亩年产值的 2~3 倍，每亩耕地的安置补助费最高不得超过其年产值的 10 倍。

（4）缴纳的耕地占用税或城镇土地使用税、土地登记费及征地管理费等。县市土地管理机关从征地费中提取土地管理费的比率要按征地工作量大小，根据不同情况，在 1%~4% 幅度内提取。

（5）征地动迁费。征地动迁费包括征用土地上的房屋及附属构筑物和城市公共设施等拆除、迁建补偿费、搬迁运输费，企业单位因搬迁造成的减产、停工损失补贴费，拆迁管理费等。

（6）水利水电工程水库淹没处理补偿费。水利水电工程水库淹没处理补偿费包括农村移民安置迁建费，城市迁建补偿费，库区工矿企业、交通、电力、通信、广播、管网、水利等的恢复、库底清理费，迁建补偿费，防护工程费，环境影响补偿费用等。

2. 取得国有土地使用费

取得国有土地使用费包括土地使用权出让金、城市建设配套费、拆迁补偿与临时安置补助费等。

（1）土地使用权出让金

土地使用权出让金是指建设工程通过土地使用权出让方式，取得有限期的土地使用权，依照《中华人民共和国城镇国有土地使用权出让和转让暂行条例》规定，支付的土地使用权出让金。

1）明确国家是城市土地的唯一所有者，并分层次、有偿、有限期地出让、转让城市土地。第一层次是政府将国有土地使用权出让给用地者，该层次由政府垄断经营。出让对象可以是有法人资格的企事业单位，也可以是外商。第二层次及以下层次的转让则发生在使用者之间。

2）城市土地的出让和转让可采用协议、招标和公开拍卖等方式。

①协议方式是由用地单位申请，经市政府批准同意后双方洽谈具体地块及地价。该方式适用于市政工程、公益事业用地以及需要减免地价的机关、部队用地和需要重点扶持、优先发展的产业用地。

②招标方式是在规定的期限内，由用地单位以书面形式投标，市政府根据投标报价、所提供的规划方案以及企业信誉综合考虑，择优而取。该方式适用于一般工程建设用地。

③公开拍卖是指在指定的地点和时间，由申请用地者叫价应价，价高者得。这完全是由市场竞争决定，适用于盈利高的行业用地。

3）在有偿出让和转让土地时，政府对地价不作统一规定，但应遵循以下原则：

①地价对目前的投资环境产生不大的影响。

②地价与当地的社会经济承受能力相适应。

③地价要考虑已投入的土地开发费用、土地市场供求关系、土地用途和使用年限。

4）各地可根据时间、区位等各种条件对政府有偿出让土地使用权的年限作不同的规定，通常可在30～99年之间。按照地面附属建筑物的折旧年限来看，50年最佳。

5）土地有偿出让和转让，土地使用者和所有者要签约，明确使用者对土地享有的权利和对土地所有者应承担的义务。

①有偿出让和转让使用权要向土地受让者征收契税。

②转让土地如有增值要向转让者征收土地增值税。

③在土地转让期间，国家要区别不同地段、不同用途向土地使用者收取土地占用费。

（2）城市建设配套费

城市建设配套费是指因进行城市公共设施的建设而分摊的费用。

（3）拆迁补偿与临时安置补助费

此项费用由拆迁补偿费和临时安置补助费（搬迁补助费）两部分构成。拆迁补偿费是指拆迁人对被拆迁人按照有关规定予以补偿所需的费用。拆迁补偿的形式可分为产权调换和货币补偿两种形式。产权调换的面积按照所拆迁房屋的建筑面积计算，货币补偿的金额按照所拆迁房屋的价值计算。在过渡期内，被拆迁人或者房屋承租人自行安排住处的，拆迁人应当支付临时安置补助费。

1.4.2　与项目建设有关的其他费用

与项目建设有关的其他费用的构成根据项目的不同也不尽相同，通常包括以下各项。

1. 建设单位管理费

建设单位管理费是指建设项目从立项、筹建、建设、联合试运转、竣工验收、交付使用及后评估等全过程管理所需的费用。内容包括：

（1）建设单位开办费

建设单位开办费是指新建项目为保证筹建和建设工作正常进行所需的办公设备、生活家具、用具和交通工具等购置费用。

（2）建设单位经费

建设单位经费包括工作人员的基本工资、工资性补贴、职工福利费、劳动保护费、劳动保险费、办公费、差旅交通费、工会经费、职工教育经费、固定资产使用费、工具用具使用费、技术图书资料费、生产人员招募费、工程招标费、合同契约公证费、工程质量监督检测费、工程咨询费、法律顾问费、审计费、业务招待费、排污费、竣工交付使用清理及竣工验收费和后评估等费用。不包括应计入设备、材料预算价格的建设单位采购及保管设备材料所需的费用。

建设单位管理费按照单项工程费用之和乘以建设单位管理费费率计算。

建设单位管理费费率按照建设项目的不同性质、不同规模确定。有的建设项目按照建设工期和规定的金额计算建设单位管理费。

2. 勘察设计费

勘察设计费是指为本建设项目提供项目建议书、可行性研究报告及设计文件等所需费用，内容包括：

（1）编制项目建议书、可行性研究报告及投资估算、工程咨询、评价以及为编制上述文件所进行的勘察、设计、研究试验等所需的费用。

（2）委托勘察、设计单位进行初步设计、施工图设计及概预算编制等所需费用。

（3）在规定范围内由建设单位自行完成的勘察、设计工作所需的费用。

3. 研究试验费

研究试验费是指为建设项目提供和验证设计参数、数据和资料等所进行的必要的试验费用以及在施工中设计规定必须进行试验、验证所需的费用。包括自行或委托其他部门研究试验所需的人工费、材料费、试验设备及仪器使用费等。这项费用按照设计单位根据本工程项目的需要提出的研究试验内容和要求计算。

4. 建设单位临时设施费

建设单位临时设施费是指建设期间建设单位所需临时设施的搭设、维修、摊销费用或租赁费用。临时设施包括临时宿舍、文化福利及公用事业房屋与构筑物、仓库、办公室、加工厂以及规定范围内的道路、水、电、管线等临时设施和小型临时设施。

5. 工程监理费

工程监理费是指建设单位委托工程监理单位对工程实施监理工作所需的费用。根据原国家物价局、原建设部《关于发布工程建设监理费用有关规定的通知》（〔1992〕价费字479号）等文件规定，选择下列方法之一计算：

（1）通常情况下应按所监理工程概算或预算的百分比计算。

（2）对于单工种或临时性项目可根据参与监理的年度平均人数按 3.5 ~ 5 万元/（人·年）计算。

6. 工程保险费

工程保险费是指建设项目在建设期间根据需要实施工程保险所需的费用。包括以各种建筑工程及其在施工过程中的物料、机器设备为保险标的的建筑工程一切保险，以安装工程中的各种机器、机械设备为保险标的的安装工程一切保险，以及机器损坏保险等。根据不同的工程类别，分别以其建筑安装工程费乘以建筑、安装工程保险费费率计算。

7. 引进技术和进口设备其他费用

引进技术及进口设备其他费用包括出国人员费用、国外工程技术人员来华费用、技术引进费、分期或延期付款利息、担保费以及进口设备检验鉴定费。

8. 工程承包费

工程承包费是指具有总承包条件的工程公司，对工程建设项目从开始建设到竣工投产全过程总承包所需的管理费用。具体内容包括组织勘察设计、设备材料采购、非标设备设计制造与销售、施工招标、发包、工程预决算、项目管理、施工质量监督、隐蔽工程检查、验收和试车直至竣工投产的各种管理费用。该费用按国家主管部门或省、自治区、直辖市协调规定的工程总承包费取费标准计算。不实行工程承包的项目不计算本项费用。

1.4.3 与未来企业生产经营有关的其他费用

1. 联合试运转费

联合试运转费是指新建企业或改扩建企业在工程竣工验收前，按照设计的生产工艺流程和质量标准对整个企业进行联合试运转所发生的费用支出与联合试运转期间收入部分的差额部分。联合试运转费通常根据不同性质的项目按需进行试运转工艺设备的购置费的百分比计算。

2. 生产准备费

生产准备费是指新建企业或新增生产能力的企业，为保证竣工交付使用进行必要的生产准备所发生的费用。在实际执行中，生产准备费在时间、人数、培训深度上很难划分，它是一笔活口很大的支出，尤其要严格掌握。其费用内容包括：

（1）生产人员培训费包括自行培训、委托其他单位培训的人员的工资、工资性补贴、差旅交通费、职工福利费、学习费、学习资料费和劳动保护费等。

（2）生产单位提前进厂参加施工、设备安装、调试等以及熟悉工艺流程及设备性能等人员的工资、差旅交通费、职工福利费、工资性补贴和劳动保护费等。

生产准备费一般根据需要培训和提前进厂人员的人数及培训时间，按生产准备费指标进行估算。

3. 办公和生活家具购置费

办公和生活家具购置费是指为保证新建、改建、扩建项目初期正常生产、使用和管理所必须购置的办公和生活家具、用具的费用。其范围包括办公室、会议室、资料档案室、阅览室、文娱室、食堂、浴室、理发室、单身宿舍和设计规定必须建设的托儿所、卫生所、招待所、中小学校等家具用具购置费。

1.5 预备费、建设期贷款利息及铺底流动资金

按我国现行规定，预备费包括基本预备费和涨价预备费；建设期投资贷款利息是指建设项目使用银行或其他金融机构的贷款，在建设期应归还的借款的利息；铺底流动资金是指生产经营性项目投产后，为进行正常生产运营，用于购买原材料、燃料，支付工资及其他经营费用等所需的周转资金。

1.5.1 预备费

1. 基本预备费

（1）基本预备费的内容

基本预备费（又称工程建设不可预见费）是针对在项目实施过程中可能发生难以预料的支出，需要事先预留的费用。基本预备费通常由以下三部分构成：

1）在批准的初步设计范围内，技术设计、施工图设计及施工过程中所增加的工程费用；设计变更、工程变更、材料代用、局部地基处理等增加的费用。

2）一般自然灾害造成的损失和预防自然灾害所采取的措施费用。实行工程保险的工程项目，该费用应适当降低。

3）竣工验收时为鉴定工程质量对隐蔽工程进行必要的挖掘和修复费用。

（2）基本预备费的计算

$$基本预备费 = （工程费用 + 工程建设其他费用） \times 基本预备费费率 \qquad (1-47)$$

基本预备费费率的取值应执行国家及有关部门的规定。

2. 涨价预备费

（1）涨价预备费的含义

涨价预备费（也称为价格变动不可预见费）是针对建设项目在建设期间内由于材料、人工、设备等价格可能发生变化引起工程造价变化，而事先预留的费用。涨价预备费的内容包括人工、设备、材料、施工机械的价差费，建筑安装工程费及工程建设其他费用调整，利率、汇率调整等增加的费用。

（2）涨价预备费的测算方法

涨价预备费一般根据国家规定的投资综合价格指数，以估算年份价格水平的投资额为基数，采用复利方法计算。计算公式如下：

$$PF = \sum_{t=1}^{n} I_t \left[(1+f)^m (1+f)^{0.5} (1+f)^{t-1} - 1 \right] \tag{1-48}$$

式中　PF——涨价预备费；

　　　n——建设期年份数；

　　　I_t——建设期中第 t 年的投资计划额，包括工程费用、工程建设其他费用及基本预备费，即第 t 年的静态投资；

　　　f——年均投资价格上涨率；

　　　m——建设前期年限（从编制估算到开工建设，单位：年）。

1.5.2　建设期贷款利息

建设项目筹建期间借款的利息按规定可以计入购建资产的价值或开办费。贷款机构在贷出款项时，都是按复利考虑的。作为投资者来说，在项目建设期间，投资项目一般没有还本付息的资金来源，即使按要求还款，其资金也可能是通过再申请借款来支付。当项目建设期超过一年时，为简化计算，可假定借款发生当年均在年中支用，按半年计息，年初欠款按全年计息，这样建设期投资贷款的利息可按下式计算：

$$q_j = \left(P_{j-1} + \frac{1}{2} A_j \right) i \tag{1-49}$$

式中　q_j——建设期第 j 年应计利息；

　　　P_{j-1}——建设期第（$j-1$）年末累计贷款本金与利息之和；

　　　A_j——建设期第 j 年贷款金额；

　　　i——年利率。

1.5.3　铺底流动资金

1. 铺底流动资金的含义

铺底流动资金一般按项目建成后所需全部流动资金的30%计算，它是项目投产初期所需，为保证项目建成后进行试运转所必需的流动资金。

铺底流动资金是生产性建设项目总投资的一个组成部分。根据国有商业银行的规定，新上项目或更新改造项目必须拥有30%的自有流动资金，其余部分可申请贷款。另外，流动资金根据生产负荷投入，长期占用，全年计息。

2. 铺底流动资金的估算编制方法

铺底流动资金是保证项目投产后，能进行正常生产经营所需要的最基本的周转资金数额，它是项目总投资的组成部分之一。其计算公式为：

$$\text{铺底流动资金} = \text{流动资金} \times 30\% \qquad\qquad (1\text{-}50)$$

流动资金是指生产性项目投产后，用于购买原材料、燃料、支付工资福利和其他经费等所需要的周转资金，流动资金的估算方法有以下两种：

（1）扩大指标估算法

扩大指标估算法是指用营运资金的数额估算流动资金，公式如下：

$$\text{流动资金额} = \text{各种费用基数} \times \text{相应的流动资金所占比例(或占营运资金的数额)} \qquad\qquad (1\text{-}51)$$

式中，各种费用基数是指年营业收入、年经营成本或年产量等。

（2）分项详细估算法

为了简化计算，估算时仅对存货、现金、应收账款和应付账款四项内容进行估算。

2　土建工程清单计价

2.1　概述

2.1.1　工程量清单及其计价的概念

1.工程量的概念

工程量即工程的实物数量，是以物理计量单位或自然计量单位所表示的各个分项或子项工程和构配件的数量。物理计量单位是指以法定计量单位表示的长度、面积、体积、质量等。如建筑物的建筑面积、屋面面积（m^2），基础砌筑、墙体砌筑的体积（m^3），钢屋架、钢支撑、钢平台制作安装的质量（t）等。自然计量单位是指以物体的自然组成形态表示的计量单位，如通风机、空调器安装以"台"为单位，风口及百叶窗安装以"个"为单位，消火栓安装以"套"为单位，大便器安装以"组"为单位，散热器安装以"片"为单位。

2.工程量清单的概念

工程量清单是指用以表现拟建建筑安装工程项目的分部分项工程项目、措施项目、其他项目、规费项目、税金项目名称以及相应数量的明细标准表格。工程量清单体现的核心内容为分项工程项目名称及其相应数量，是招标文件的组成部分。《建设工程工程量清单计价规范》（GB 50500—2013）强制规定："招标工程量清单必须作为招标文件的组成部分，其准确性和完整性应由招标人负责"。工程量清单是由招标人或由其委托的具有相应资质的代理机构按照招标要求，依据《建设工程工程量清单计价规范》（GB 50500—2013）中规定的统一项目编码、项目名称、计量单位以及工程量计算规则进行编制，作为编制招标控制价、投标报价、计算工程量、支付工程款、调整合同价款、办理竣工结算以及工程索赔等的依据之一。

3.工程量清单计价的概念

工程量清单计价是指由投标人按照招标人提供的工程量清单，逐一的填报单价，并计算出建设项目所需的全部费用，主要包括分部分项工程费、措施项目费、其他项目费、规费和税金等的这一过程。工程量清单计价应采用"综合单价"计价。综合单价是指完成规定计量单位分项工程所需的人工费、材料费、施工机械使用费、管理费、利润，并考虑了风险因素的一种单价。

2.1.2　工程量清单计价基本原理

工程量清单计价的基本原理是以招标人提供的工程量清单为平台，投标人根据自身的技术、财务、管理能力进行投标报价，招标人根据具体的评标细则进行优选，这种计价方式是市场定价体系的具体表现形式。

通常工程量清单计价的基本过程可以描述为，在统一工程量计算规则的基础上，制定工程量清单项目设置规则，根据具体工程的施工图纸计算出各个清单项目的工程量，再根据各种渠道所获得的工程造价信息和经验数据计算得到工程造价。工程造价工程量清单计价的基本过程如图2-1所示。

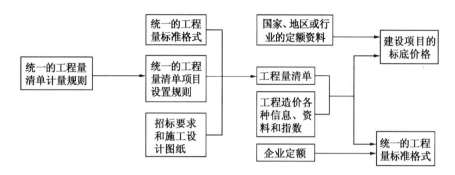

图2-1　工程造价工程量清单计价过程示意

从工程量清单计价过程示意图中可以看出，其编制过程通常可以分为两个阶段：工程量清单格式的编制和利用工程量清单来编制投标报价。投标报价是在业主提供的工程量计算结果的基础上，根据企业自身所掌握的各种信息、资料，结合企业定额编制的。

2.1.3　工程量清单及其计价的编制步骤

1. 工程量清单的编制步骤

（1）根据施工图、招标文件、《建设工程工程量清单计价规范》（GB 50500—2013）、《房屋建筑与装饰工程工程量计算规范》（GB 50854—2013），列出分部分项工程项目名称并计算分部分项清单工程量。

（2）将计算出的分部分项清单工程量汇总到分部分项工程量清单表中。

（3）根据招标文件、国家行政主管部门的文件和《建设工程工程量清单计价规范》（GB 50500—2013）、《房屋建筑与装饰工程工程量计算规范》（GB 50854—2013）列出措施项目清单。

（4）根据招标文件、国家行政主管部门的文件、《建设工程工程量清单计价规范》（GB 50500—2013）、《房屋建筑与装饰工程工程量计算规范》（GB 50854—2013）及拟建工程实际情况，列出其他项目清单、规费项目清单、税金项目清单。

2. 工程量清单计价的编制步骤

（1）根据分部分项工程量清单、《建设工程工程量清单计价规范》（GB 50500—2013）、《房屋建筑与装饰工程工程量计算规范》（GB 50854—2013）、施工图、消耗量定额等计算计价工程量。

（2）根据计价工程量、消耗量定额、工料机市场价、管理费费率、利润率和分部分项工程量清单计算综合单价。

（3）根据综合单价及分部分项工程量清单计算分部分项工程量清单费。

（4）根据措施项目清单、施工图等确定措施项目清单费。

（5）根据其他项目清单，确定其他项目清单费。

（6）根据规费项目清单和有关费率计算规费项目清单费。

（7）根据分部分项工程清单费、措施项目清单费、其他项目清单费、规费项目清单费和税率计算税金。

（8）将上述五项费用汇总，即为拟建工程工程量清单计价。

2.2 工程量清单的编制

2.2.1 一般规定

1. 清单编制主体

招标工程量清单应由具有编制能力的招标人或受其委托具有相应资质的工程造价咨询人或招标代理人编制。

2. 清单编制条件及责任

招标工程量清单必须作为招标文件的组成部分，其准确性和完整性应由招标人负责。

3. 清单编制的作用

招标工程量清单是工程量清单计价的基础，应作为编制招标控制价、投标报价、计算工程量、工程索赔等的依据之一。

4. 清单的组成

招标工程量清单应以单位（项）工程为单位编制，应由分部分项工程量清单、措施项目清单、其他项目清单、规费和税金项目清单组成。

5. 清单编制依据

编制招标工程量清单应依据：

（1）《房屋建筑与装饰工程工程量计算规范》（GB 50854—2013）和现行国家标准《建设工程工程量清单计价规范》（GB 50500—2013）。

（2）国家或省级、行业建设主管部门颁发的计价依据和办法。

（3）建设工程设计文件及相关资料。

（4）与建设工程有关的标准、规范、技术资料。

（5）拟定的招标文件。

（6）施工现场情况、地勘水文资料、工程特点及常规施工方案。

（7）其他相关资料。

6. 编制要求

（1）其他项目、规费和税金项目清单应按照现行国家标准《建设工程工程量清单计价规范》（GB 50500—2013）的相关规定编制。

（2）编制工程量清单出现《房屋建筑与装饰工程工程量计算规范》（GB 50854—2013）附录中未包括的项目，编制人应作补充，并报省级或行业工程造价管理机构备案，省级或行业工程造价管理机构应汇总报住房和城乡建设部标准定额研究所。

补充项目的编码由《房屋建筑与装饰工程工程量计算规范》（GB 50854—2013）的代

码 01 与 B 和三位阿拉伯数字组成，并应从 01B001 起顺序编制，同一招标工程的项目不得重码。

补充的工程量清单需附有补充项目的名称、项目特征、计量单位、工程量计算规则、工作内容。不能计量的措施项目，需附有补充项目的名称、工作内容及包含范围。

2.2.2 分部分项工程清单

1. 工程量清单编码

（1）工程量清单应根据《房屋建筑与装饰工程工程量计算规范》（GB 50854—2013）附录规定的项目编码、项目名称、项目特征、计量单位和工程量计算规则进行编制。

（2）工程量清单的项目编码，应采用十二位阿拉伯数字表示，一至九位应按《房屋建筑与装饰工程工程量计算规范》（GB 50854—2013）附录的规定设置，十至十二位应根据拟建工程的工程量清单项目名称和项目特征设置，同一招标工程的项目编码不得有重码。

各位数字的含义是：一、二位为专业工程代码（01—房屋建筑与装饰工程，02—仿古建筑工程，03—通用安装工程，04—市政工程，05—园林绿化工程，06—矿山工程，07—构筑物工程，08—城市轨道交通工程，09—爆破工程。以后进入国标的专业工程代码以此类推），三、四位为工程分类顺序码，五、六位为分部工程顺序码，七、八、九位为分项工程项目名称顺序码，十至十二位为清单项目名称顺序码。

当同一标段（或合同段）的一份工程量清单中含有多个单位工程且工程量清单是以单位工程为编制对象时，在编制工程量清单时应特别注意对项目编码十至十二位的设置不得有重码的规定。

2. 工程量清单项目名称与项目特征

（1）工程量清单的项目名称应按《房屋建筑与装饰工程工程量计算规范》（GB 50854—2013）附录的项目名称结合拟建工程的实际确定。

（2）工程量清单项目特征应按《房屋建筑与装饰工程工程量计算规范》（GB 50854—2013）附录规定的项目特征，结合拟建工程项目的实际予以描述。

工程量清单的项目特征是确定一个清单项目综合单价不可缺少的重要依据，在编制工程量清单时，必须对项目特征进行准确和全面的描述。但有些项目特征用文字往往又难以准确和全面地描述。因此，为达到规范、简洁、准确、全面描述项目特征的要求，在描述工程量清单项目特征时应按以下原则进行：

1）项目特征描述的内容应按《房屋建筑与装饰工程工程量计算规范》（GB 50854—2013）附录中的规定，结合拟建工程的实际，满足确定综合单价的需要。

2）若采用标准图集或施工图纸能够全部或部分满足项目特征描述的要求，项目特征描述可直接采用详见××图集或××图号的方式。对不能满足项目特征描述要求的部分，仍应用文字描述。

3. 工程量计算规则与计量单位

（1）工程量清单中所列工程量应按《房屋建筑与装饰工程工程量计算规范》（GB 50854—2013）附录中规定的工程量计算规则计算。

（2）工程量清单的计量单位应按《房屋建筑与装饰工程工程量计算规范》（GB

50854—2013）附录中规定的计量单位确定。

4. 其他相关要求

（1）现浇混凝土工程项目"工作内容"中包括模板工程的内容，同时又在措施项目中单列了现浇混凝土模板工程项目。对此，招标人应根据工程实际情况选用。若招标人在措施项目清单中未编列现浇混凝土模板项目清单，即表示现浇混凝土模板项目不单列，现浇混凝土工程项目的综合单价中应包括模板工程费用。

（2）对预制混凝土构件按现场制作编制项目，"工作内容"中包括模板工程，不再另列。若采用成品预制混凝土构件时，构件成品价（包括模板、钢筋、混凝土等所有费用）应计入综合单价中。

（3）金属结构构件按成品编制项目，构件成品价应计入综合单价中，若采用现场制作，包括制作的所有费用。

（4）门窗（橱窗除外）按成品编制项目，门窗成品价应计入综合单价中。若采用现场制作，包括制作的所有费用。

2.2.3 措施项目清单

（1）措施项目清单必须根据相关工程现行国家计量规范的规定编制，应根据拟建工程的实际情况列项。

（2）措施项目中列出了项目编码、项目名称、项目特征、计量单位、工程量计算规则的项目，编制工程量清单时，应按照"分部分项工程清单"的规定执行。

（3）措施项目中仅列出项目编码、项目名称，未列出项目特征、计量单位和工程量计算规则的项目，编制工程量清单时，应按本书 3.12"措施项目清单计价工程量计算"规定的项目编码、项目名称确定。

2.2.4 其他项目清单

其他项目清单应按照暂列金额、暂估价、计日工、总承包服务费列项。

1. 暂列金额

暂列金额是招标人暂定并包括在合同价款中的一笔款项。不管采用何种合同形式，其理想的标准是，一份合同的价格就是其最终的竣工结算价格，或者至少两者应尽可能接近。我国规定对政府投资工程实行概算管理，经项目审批部门批复的设计概算是工程投资控制的刚性指标，即使商业性开发项目也有成本的预先控制问题，否则，无法相对准确地预测投资的收益和科学合理地进行投资控制。但工程建设自身的特性决定了工程的设计需要根据工程进展不断地进行优化和调整，业主需求可能会随工程建设进展而出现变化，工程建设过程还会存在一些不能预见、不能确定的因素。消化这些因素必然会影响合同价格的调整，暂列金额正是因应这类不可避免的价格调整而设立，以便达到合理确定和有效控制工程造价的目标。

有一种错误的观念认为，暂列金额列入合同价格就属于承包人（中标人）所有了。事实上，即便是总价包干合同，也不是列入合同价格的任何金额都属于中标人的，是否属于中标人应得金额取决于具体的合同约定，暂列金额从定义开始就明确，只有按照合同约定程序实际发生后，才能成为中标人的应得金额，纳入合同结算价款中。扣除实际发生金额后的暂列金额余额仍属于招标人所有。设立暂列金额并不能保证合同结算价格不会再出现超过已签约合同价的情况，是否超出已签约合同价完全取决于对暂列金额预测的准确性，以及工程建设过程是否出现了其他事先未预测到的事件。

2. 暂估价

暂估价是指招标阶段直至签订合同协议时，招标人在招标文件中提供的用于支付必然要发生但暂时不能确定价格的材料以及专业工程的金额。其包括材料暂估价、工程设备暂估单价、专业工程暂估价。

为方便合同管理和计价，需要纳入工程量清单项目综合单价中的暂估价最好只是材料费、工程设备费，以方便投标人组价。对专业工程暂估价一般应是综合暂估价，包括除规费、税金以外的管理费、利润等。

3. 计日工

计日工是为了解决现场发生的零星工作的计价而设立的。国际上常见的标准合同条款中，大多数都设立了计日工（Daywork）计价机制。计日工对完成零星工作所消耗的人工工时、材料数量、施工机械台班进行计量，并按照计日工表中填报的适用项目的单价进行计价支付。计日工适用的所谓零星工作一般是指合同约定之外或者因变更而产生的、工程量清单中没有相应项目的额外工作，尤其是那些时间不允许事先商定价格的额外工作。

4. 总承包服务费

总承包服务费是为了解决招标人在法律、法规允许的条件下进行专业工程发包以及自行供应材料、工程设备，并需要总承包人对发包的专业工程提供协调和配合服务，对甲供材料、工程设备提供收、发和保管服务以及进行施工现场管理时发生并向总承包人支付的费用。招标人应预计该项费用，并按投标人的投标报价向投标人支付该项费用。

2.2.5 规费项目清单

（1）规费项目清单应按照下列内容列项：

1）社会保障费：包括养老保险费、失业保险费、医疗保险费、工伤保险费、生育保险费。

2）住房公积金。

3）工程排污费。

（2）出现第（1）条未列的项目，应根据省级政府或省级有关部门的规定列项。

2.2.6 税金项目清单

（1）税金项目清单应包括下列内容：

1）营业税。

2）城市维护建设税。

3）教育费附加。

4）地方教育附加。

（2）出现第（1）条未列的项目，应根据税务部门的规定列项。

2.3 工程量清单计价编制

2.3.1 一般规定

1. 计价方式

（1）使用国有资金投资的建设工程发承包，必须采用工程量清单计价。

（2）非国有资金投资的建设工程，宜采用工程量清单计价。

（3）不采用工程量清单计价的建设工程，应执行《建设工程工程量清单计价规范》（GB 50500—2013）除工程量清单等专门性规定外的其他规定。

（4）工程量清单应采用综合单价计价。

（5）措施项目中的安全文明施工费必须按国家或省级、行业建设主管部门的规定计算。不得作为竞争性费用。

（6）规费和税金必须按国家或省级、行业建设主管部门的规定计算。不得作为竞争性费用。

2. 发包人提供材料和工程设备

（1）发包人提供的材料和工程设备（以下简称甲供材料）应在招标文件中按照规定填写《发包人提供材料和工程设备一览表》，写明甲供材料的名称、规格、数量、单价、交货方式、交货地点等。

承包人投标时，甲供材料单价应计入相应项目的综合单价中，签约后，发包人应按合同约定扣除甲供材料款，不予支付。

（2）承包人应根据合同工程进度计划的安排，向发包人提交甲供材料交货的日期计划。发包人应按计划提供。

（3）发包人提供的甲供材料如规格、数量或质量不符合合同要求，或由于发包人原因发生交货日期延误、交货地点及交货方式变更等情况的，发包人应承担由此增加的费用和（或）工期延误，并应向承包人支付合理利润。

（4）发承包双方对甲供材料的数量发生争议不能达成一致的，应按照相关工程的计价定额同类项目规定的材料消耗量计算。

（5）若发包人要求承包人采购已在招标文件中确定为甲供材料的，材料价格应由发承包双方根据市场调查确定，并应另行签订补充协议。

3. 承包人提供材料和工程设备

（1）除合同约定的发包人提供的甲供材料外，合同工程所需的材料和工程设备应由承包人提供，承包人提供的材料和工程设备均应由承包人负责采购、运输和保管。

（2）承包人应按合同约定将采购材料和工程设备的供货人及品种、规格、数量和供货时间等提交发包人确认，并负责提供材料和工程设备的质量证明文件，满足合同约定的质量标准。

（3）对承包人提供的材料和工程设备经检测不符合合同约定的质量标准，发包人应立即要求承包人更换，由此增加的费用和（或）工期延误应由承包人承担。对发包人要求检测承包人已具有合格证明的材料、工程设备，但经检测证明该项材料、工程设备符合合同约定的质量标准，发包人应承担由此增加的费用和（或）工期延误，并向承包人支付合理利润。

4. 计价风险

（1）建设工程发承包，必须在招标文件、合同中明确计价中的风险内容及其范围，不得采用无限风险、所有风险或类似语句规定计价中的风险内容及范围。

（2）由于下列因素出现，使得合同价款调整的，应由发包人承担：

1）国家法律、法规、规章和政策发生变化。

2）省级或行业建设主管部门发布的人工费调整，但承包人对人工费或人工单价的报价高于发布的除外。

3）由政府定价或政府指导价管理的原材料等价格进行了调整。

（3）由于市场物价波动影响合同价款的，应由发承包双方合理分摊，填写《承包人提供主要材料和工程设备一览表》作为合同附件；当合同中没有约定，发承包双方发生争议时，应按 2.3.6 节"合同价款调整"中第 8 条"物价变化"的规定调整合同价款。

（4）由于承包人使用机械设备、施工技术以及组织管理水平等自身原因造成施工费用增加的，应由承包人全部承担。

（5）当不可抗力发生，影响合同价款时，应按 2.3.6 节"合同价款调整"中第 10 条"不可抗力"的规定执行。

2.3.2 招标控制价

1. 一般规定

（1）国有资金投资的建设工程招标，招标人必须编制招标控制价。

我国对国有资金投资项目的投资控制实行的是投资概算审批制度，国有资金投资的工程原则上不能超过批准的投资概算。

国有资金投资的工程实行工程量清单招标，为了客观、合理地评审投标报价和避免哄抬标价，避免造成国有资产流失，招标人必须编制招标控制价，规定最高投标限价。

（2）招标控制价应由具有编制能力的招标人或受其委托具有相应资质的工程造价咨询人编制和复核。

（3）工程造价咨询人接受招标人委托编制招标控制价，不得再就同一工程接受投标人委托编制投标报价。

（4）招标控制价应按照第 2 条"编制与复核"（1）的规定编制，不应上调或下浮。

（5）当招标控制价超过批准的概算时，招标人应将其报原概算审批部门审核。

（6）招标人应在发布招标文件时公布招标控制价，同时应将招标控制价及有关资料报送工程所在地或有该工程管辖权的行业管理部门工程造价管理机构备查。

招标控制价的作用决定了招标控制价不同于标底，无需保密。为体现招标的公平、公正性，防止招标人有意抬高或压低工程造价，招标人应在招标文件中如实公布招标控制价，同时，招标人应将招标控制价报工程所在地或有该工程管辖权的行业管理部门的工程造价管理机构备查。

2. 编制与复核

（1）招标控制价应根据下列依据编制与复核：

1)《建设工程工程量清单计价规范》（GB 50500—2013）。

2）国家或省级、行业建设主管部门颁发的计价定额和计价办法。

3）建设工程设计文件及相关资料。

4）拟定的招标文件及招标工程量清单。

5）与建设项目相关的标准、规范、技术资料。

6）施工现场情况、工程特点及常规施工方案。

7）工程造价管理机构发布的工程造价信息，当工程造价信息没有发布时，参照市场价。

8）其他的相关资料。

（2）综合单价中应包括招标文件中划分的应由投标人承担的风险范围及其费用。招标文件中没有明确的，如是工程造价咨询人编制，应提请招标人明确；如是招标人编制，应予明确。

（3）分部分项工程和措施项目中的单价项目，应根据拟定的招标文件和招标工程量清单项目中的特征描述及有关要求确定综合单价计算。

（4）措施项目中的总价项目应根据拟定的招标文件和常规施工方案按 2.3.1 "一般规定"中第 1 条 "计价方式"（4）、（5）的规定计价。

（5）其他项目应按下列规定计价：

1）暂列金额应按招标工程量清单中列出的金额填写。

2）暂估价中的材料、工程设备单价应按招标工程量清单中列出的单价计入综合单价。

3）暂估价中的专业工程金额应按招标工程量清单中列出的金额填写。

4）计日工应按招标工程量清单中列出的项目根据工程特点和有关计价依据确定综合单价计算。

5）总承包服务费应根据招标工程量清单列出的内容和要求估算。

（6）规费和税金应按 2.3.1 "一般规定"中第 1 条 "计价方式"（6）的规定计算。

3. 投诉与处理

（1）投标人经复核认为招标人公布的招标控制价未按照《建设工程工程量清单计价规范》（GB 50500—2013）的规定进行编制的，应在招标控制价公布后 5d 内向招标投标监督机构和工程造价管理机构投诉。

（2）投诉人投诉时，应当提交由单位盖章和法定代表人或其委托人签名或盖章的书面投诉书，投诉书应包括下列内容：

1）投诉人与被投诉人的名称、地址及有效联系方式。

2）投诉的招标工程名称、具体事项及理由。

3）投诉依据及相关证明材料。

4）相关的请求及主张。

（3）投诉人不得进行虚假、恶意投诉，阻碍招投标活动的正常进行。

（4）工程造价管理机构在接到投诉书后应在 2 个工作日内进行审查，对有下列情况之一的，不予受理：

1）投诉人不是所投诉招标工程招标文件的收受人。

2）投诉书提交的时间不符合上述（1）规定的，投诉书不符合上述（2）规定的。

3）投诉事项已进入行政复议或行政诉讼程序的。

（5）工程造价管理机构应在不迟于结束审查的次日将是否受理投诉的决定书面通知投诉人、被投诉人以及负责该工程招投标监督的招投标管理机构。

（6）工程造价管理机构受理投诉后，应立即对招标控制价进行复查，组织投诉人、被投诉人或其委托的招标控制价编制人等单位人员对投诉问题逐一核对。有关当事人应当予以配合，并应保证所提供资料的真实性。

（7）工程造价管理机构应当在受理投诉的 10d 内完成复查，特殊情况下可适当延长，并作出书面结论通知投诉人、被投诉人及负责该工程招投标监督的招投标管理机构。

（8）当招标控制价复查结论与原公布的招标控制价误差大于 ±3% 时，应当责成招标人改正。

（9）招标人根据招标控制价复查结论需要重新公布招标控制价的，其最终公布的时间至招标文件要求提交投标文件截止时间不足 15d 的，应相应延长投标文件的截止时间。

2.3.3 投标报价

1. 一般规定

（1）投标价应由投标人或受其委托具有相应资质的工程造价咨询人编制。

（2）投标人应依据 2.3.3 节中第 2 条"编制与复核"的规定自主确定投标报价。

（3）投标报价不得低于工程成本。

（4）投标人必须按招标工程量清单填报价格。项目编码、项目名称、项目特征、计量单位、工程量必须与招标工程量清单一致。

（5）投标人的投标报价高于招标控制价的应予废标。

2. 编制与复核

（1）投标报价应根据下列依据编制和复核：

1）《建设工程工程量清单计价规范》（GB 50500—2013）。

2）国家或省级、行业建设主管部门颁发的计价办法。

3）企业定额，国家或省级、行业建设主管部门颁发的计价定额和计价办法。

4）招标文件、招标工程量清单及其补充通知、答疑纪要。

5）建设工程设计文件及相关资料。

6）施工现场情况、工程特点及投标时拟定的施工组织设计或施工方案。

7）与建设项目相关的标准、规范等技术资料。

8）市场价格信息或工程造价管理机构发布的工程造价信息。

9）其他的相关资料。

（2）综合单价中应包括招标文件中划分的应由投标人承担的风险范围及其费用，招标文件中没有明确的，应提请招标人明确。

（3）分部分项工程和措施项目中的单价项目，应根据招标文件和招标工程量清单项目中的特征描述确定综合单价计算。

（4）措施项目中的总价项目金额应根据招标文件和投标时拟定的施工组织设计或施工方案，按 2.3.1 节"一般规定"中第 1 条"计价方式"（4）的规定自主确定。其中安全文明施工费应按照 2.3.1 节"一般规定"中第 1 条"计价方式"（5）的规定确定。

（5）其他项目应按下列规定报价：

1）暂列金额应按招标工程量清单中列出的金额填写。

2）材料、工程设备暂估价应按招标工程量清单中列出的单价计入综合单价。

3）专业工程暂估价应按招标工程量清单中列出的金额填写。

4）计日工应按招标工程量清单中列出的项目和数量，自主确定综合单价并计算计日工金额。

5）总承包服务费应根据招标工程量清单中列出的内容和提出的要求自主确定。

（6）规费和税金应按 2.3.1 节"一般规定"中第 1 条"计价方式"（6）的规定确定。

（7）招标工程量清单与计价表中列明的所有需要填写单价和合价的项目，投标人均应填写且只允许有一个报价。未填写单价和合价的项目，可视为此项费用已包含在已标价工程量清单中其他项目的单价和合价之中。当竣工结算时，此项目不得重新组价予以调整。

（8）投标总价应当与分部分项工程费、措施项目费、其他项目费和规费、税金的合计金额一致。

2.3.4　合同价款约定

1. 一般规定

（1）实行招标的工程合同价款应在中标通知书发出之日起 30d 内，由发承包双方依据招标文件和中标人的投标文件在书面合同中约定。

合同约定不得违背招标、投标文件中关于工期、造价、质量等方面的实质性内容。招标文件与中标人投标文件不一致的地方，应以投标文件为准。

（2）不实行招标的工程合同价款，应在发承包双方认可的工程价款基础上，由发承包双方在合同中约定。

（3）实行工程量清单计价的工程，应采用单价合同；建设规模较小，技术难度较低，工期较短，且施工图设计已审查批准的建设工程可采用总价合同；紧急抢险、救灾以及施工技术特别复杂的建设工程可采用成本加酬金合同。

2. 约定内容

（1）发承包双方应在合同条款中对下列事项进行约定：

1）预付工程款的数额、支付时间及抵扣方式。

2）安全文明施工措施的支付计划，使用要求等。

3）工程计量与支付工程进度款的方式、数额及时间。

4）工程价款的调整因素、方法、程序、支付及时间。

5）施工索赔与现场签证的程序、金额确认与支付时间。

6）承担计价风险的内容、范围以及超出约定内容、范围的调整办法。

7）工程竣工价款结算编制与核对、支付及时间。

8）工程质量保证金的数额、预留方式及时间。

9）违约责任以及发生合同价款争议的解决方法及时间。

10）与履行合同、支付价款有关的其他事项等。

（2）合同中没有按照上述（1）的要求约定或约定不明的，若发承包双方在合同履行中发生争议由双方协商确定；当协商不能达成一致时，应按《建设工程工程量清单计价规范》（GB 50500—2013）的规定执行。

2.3.5 工程计量

1. 工程计量的依据

工程量计算除依据《房屋建筑与装饰工程工程量计算规范》（GB 50854—2013）各项规定外，尚应依据以下文件：

（1）经审定通过的施工设计图纸及其说明。

（2）经审定通过的施工组织设计或施工方案。

（3）经审定通过的其他有关技术经济文件。

2. 工程计量的执行

（1）一般规定

1）工程量必须按照相关工程现行国家计量规范规定的工程量计算规则计算。

2）工程计量可选择按月或按工程形象进度分段计量，具体计量周期应在合同中约定。

3）因承包人原因造成的超出合同工程范围施工或返工的工程量，发包人不予计量。

4）成本加酬金合同应按下文（2）"单价合同的计量"的规定计量。

（2）单价合同的计量

1）工程量必须以承包人完成合同工程应予计量的工程量确定。

2）施工中进行工程计量，当发现招标工程量清单中出现缺项、工程量偏差，或因工程变更引起工程量增减时，应按承包人在履行合同义务中完成的工程量计算。

3）承包人应当按照合同约定的计量周期和时间向发包人提交当期已完工程量报告。发包人应在收到报告后7d内核实，并将核实计量结果通知承包人。发包人未在约定时间内进行核实的，承包人提交的计量报告中所列的工程量应视为承包人实际完成的工程量。

4）发包人认为需要进行现场计量核实时，应在计量前24h通知承包人，承包人应为计量提供便利条件并派人参加。当双方均同意核实结果时，双方应在上述记录上签字确认。承包人收到通知后不派人参加计量，视为认可发包人的计量核实结果。发包人不按照约定时间通知承包人，致使承包人未能派人参加计量，计量核实结果无效。

5）当承包人认为发包人核实后的计量结果有误时，应在收到计量结果通知后的7d内向发包人提出书面意见，并应附上其认为正确的计量结果和详细的计算资料。发包人收到书面意见后，应在7d内对承包人的计量结果进行复核后通知承包人。承包人对复核计量结果仍有异议的，按照合同约定的争议解决办法处理。

6）承包人完成已标价工程量清单中每个项目的工程量并经发包人核实无误后，发承包双方应对每个项目的历次计量报表进行汇总，以核实最终结算工程量，并应在汇总表上签字确认。

（3）总价合同的计量

1）采用工程量清单方式招标形成的总价合同，其工程量应按照上述（2）"单价合同的计量"的规定计算。

2）采用经审定批准的施工图纸及其预算方式发包形成的总价合同，除按照工程变更规定的工程量增减外，总价合同各项目的工程量应为承包人用于结算的最终工程量。

3）总价合同约定的项目计量应以合同工程经审定批准的施工图纸为依据，发承包双方应在合同中约定工程计量的形象目标或时间节点进行计量。

4）承包人应在合同约定的每个计量周期内对已完成的工程进行计量，并向发包人提交达到工程形象目标完成的工程量和有关计量资料的报告。

5）发包人应在收到报告后7d内对承包人提交的上述资料进行复核，以确定实际完成的工程量和工程形象目标。对其有异议的，应通知承包人进行共同复核。

3. 计量单位与有效数字

（1）有两个或两个以上计量单位的，应结合拟建工程项目的实际情况，确定其中一个为计量单位。同一工程项目的计量单位应一致。

（2）工程计量时每一项目汇总的有效位数应遵守下列规定：

1）以"t"为单位，应保留小数点后三位数字，第四位小数四舍五入。

2）以"m"、"m^2"、"m^3"、"kg"为单位，应保留小数点后两位数字，第三位小数四舍五入。

3）以"个"、"件"、"根"、"组"、"系统"为单位，应取整数。

4. 计量项目要求

（1）工程量清单项目仅列出了主要工作内容，除另有规定和说明外，应视为已经包括完成该项目所列或未列的全部工作内容。

（2）房屋建筑与装饰工程涉及电气、给排水、消防等安装工程的项目，按照现行国家标准《通用安装工程工程量计算规范》（GB 50856—2013）的相应项目执行；涉及仿古建筑工程的项目，按现行国家标准《仿古建筑工程工程量计算规范》（GB 50855—2013）的相应项目执行；涉及室外地（路）面、室外给排水等工程的项目，按现行国家标准《市政工程工程量计算规范》（GB 50857—2013）的相应项目执行；采用爆破法施工的石方工程按照现行国家标准《爆破工程工程量计算规范》（GB 50862—2013）的相应项目执行。

2.3.6 合同价款调整

1. 一般规定

（1）下列事项（但不限于）发生，发承包双方应当按照合同约定调整合同价款：法律法规变化；工程变更；项目特征不符；工程量清单缺项；工程量偏差；计日工；物价变化；暂估价；不可抗力；提前竣工（赶工补偿）；误期赔偿；索赔；现场签证；暂列金额；发承包双方约定的其他调整事项。

（2）出现合同价款调增事项（不含工程量偏差、计日工、现场签证、索赔）后的14d内，承包人应向发包人提交合同价款调增报告并附上相关资料；承包人在14d内未提交合同价款调增报告的，应视为承包人对该事项不存在调整价款请求。

（3）出现合同价款调减事项（不含工程量偏差、索赔）后的14d内，发包人应向承包人提交合同价款调减报告并附相关资料；发包人在14d内未提交合同价款调减报告的，应视为发包人对该事项不存在调整价款请求。

（4）发（承）包人应在收到承（发）包人合同价款调增（减）报告及相关资料之日起14d内对其核实，予以确认的应书面通知承（发）包人。当有疑问时，应向承（发）包人提出协商意见。发（承）包人在收到合同价款调增（减）报告之日起14d内未确认也未提出协商意见的，应视为承（发）包人提交的合同价款调增（减）报告已被发（承）包人认可。发（承）包人提出协商意见的，承（发）包人应在收到协商意见后的14d内对其核实，予以确认的应书面通知发（承）包人。承（发）包人在收到发（承）包人的协商意见后14d内既不确认也未提出不同意见的，应视为发（承）包人提出的意见已被承（发）包人认可。

（5）发包人与承包人对合同价款调整的不同意见不能达成一致的，只要对发承包双方履约不产生实质影响，双方应继续履行合同义务，直到其按照合同约定的争议解决方式得到处理。

（6）经发承包双方确认调整的合同价款，作为追加（减）合同价款，应与工程进度款或结算款同期支付。

2. 法律法规变化

（1）招标工程以投标截止日前28d、非招标工程以合同签订前28d为基准日，其后因国家的法律、法规、规章和政策发生变化引起工程造价增减变化的，发承包双方应按照省级或行业建设主管部门或其授权的工程造价管理机构据此发布的规定调整合同价款。

（2）因承包人原因导致工期延误的，按（1）规定的调整时间，在合同工程原定竣工时间之后，合同价款调增的不予调整，合同价款调减的予以调整。

3. 工程变更

（1）因工程变更引起已标价工程量清单项目或其工程数量发生变化时，应按照下列规定调整：

1）已标价工程量清单中有适用于变更工程项目的，应采用该项目的单价；但当工程变更导致该清单项目的工程数量发生变化，且工程量偏差超过15%时，该项目单价应按照2.3.6节中第6条"工程量偏差"的规定调整。

2）已标价工程量清单中没有适用但有类似于变更工程项目的，可在合理范围内参照类似项目的单价。

3）已标价工程量清单中没有适用也没有类似于变更工程项目的，应由承包人根据变更工程资料、计量规则和计价办法、工程造价管理机构发布的信息价格和承包人报价浮动率提出变更工程项目的单价，并应报发包人确认后调整。承包人报价浮动率可按下列公式计算：

招标工程：

$$承包人报价浮动率 L = (1 - 中标价/招标控制价) \times 100\% \qquad (2-1)$$

非招标工程：

$$承包人报价浮动率 L = (1 - 报价/施工图预算) \times 100\% \qquad (2-2)$$

4）已标价工程量清单中没有适用也没有类似于变更工程项目，且工程造价管理机构发布的信息价格缺价的，应由承包人根据变更工程资料、计量规则、计价办法和通过市场调查等取得有合法依据的市场价格提出变更工程项目的单价，并应报发包人确认后调整。

（2）工程变更引起施工方案改变并使措施项目发生变化时，承包人提出调整措施项目费的，应事先将拟实施的方案提交发包人确认，并应详细说明与原方案措施项目相比的变化情况。拟实施的方案经发承包双方确认后执行，并应按照下列规定调整措施项目费：

1）安全文明施工费应按照实际发生变化的措施项目依据 2.3.1 节"一般规定"的第 1 条"计价方式"（5）的规定计算。

2）采用单价计算的措施项目费，应按照实际发生变化的措施项目，按（1）的规定确定单价。

3）按总价（或系数）计算的措施项目费，按照实际发生变化的措施项目调整，但应考虑承包人报价浮动因素，即调整金额按照实际调整金额乘以（1）规定的承包人报价浮动率计算。

如果承包人未事先将拟实施的方案提交给发包人确认，则应视为工程变更不引起措施项目费的调整或承包人放弃调整措施项目费的权利。

（3）当发包人提出的工程变更因非承包人原因删减了合同中的某项原定工作或工程，致使承包人发生的费用或（和）得到的收益不能被包括在其他已支付或应支付的项目中，也未被包含在任何替代的工作或工程中时，承包人有权提出并应得到合理的费用及利润补偿。

4. 项目特征描述不符

（1）发包人在招标工程量清单中对项目特征的描述，应被认为是准确的和全面的，并且与实际施工要求相符合。承包人应按照发包人提供的招标工程量清单，根据项目特征描述的内容及有关要求实施合同工程，直到项目被改变为止。

（2）承包人应按照发包人提供的设计图纸实施合同工程，若在合同履行期间出现设计图纸（含设计变更）与招标工程量清单任一项目的特征描述不符，且该变化引起该项目工程造价增减变化的，应按照实际施工的项目特征，按本节"合同价款调整"中第 3 条"工程变更"的相关条款的规定重新确定相应工程量清单项目的综合单价，并调整合同价款。

5. 工程量清单缺项

（1）合同履行期间，由于招标工程量清单中缺项，新增分部分项工程清单项目的，应按照 2.3.6 节中第 3 条"工程变更"（1）的规定确定单价，并调整合同价款。

（2）新增分部分项工程清单项目后，引起措施项目发生变化的，应按照 2.3.6 节中第 3 条"工程变更"（2）的规定，在承包人提交的实施方案被发包人批准后调整合同价款。

（3）由于招标工程量清单中措施项目缺项，承包人应将新增措施项目实施方案提交发包人批准后，按照 2.3.6 节中第 3 条"工程变更"（1）、（2）的规定调整合同价款。

6. 工程量偏差

（1）合同履行期间，当应予计算的实际工程量与招标工程量清单出现偏差，且符合（2）、（3）规定时，发承包双方应调整合同价款。

（2）对于任一招标工程量清单项目，当因"工程量偏差"规定的工程量偏差和"工程变更"规定的工程变更等原因导致工程量偏差超过 15% 时，可进行调整。当工程量增加 15% 以上时，增加部分的工程量的综合单价应予调低；当工程量减少 15% 以上时，减少后剩余部分的工程量的综合单价应予调高。

上述调整参考如下公式：

1）当 $Q_1 > 1.15Q_0$ 时：

$$S = 1.15Q_0P_0 + (Q_1 - 1.15Q_0)P_1 \tag{2-3}$$

2）当 $Q_1 < 0.85Q_0$ 时：

$$S = Q_1P_1 \tag{2-4}$$

式中　S——调整后的某一分部分项工程费结算价；

　　Q_1——最终完成的工程量；

　　Q_0——招标工程量清单中列出的工程量；

　　P_1——按照最终完成工程量重新调整后的综合单价；

　　P_0——承包人在工程量清单中填报的综合单价。

采用上述两式的关键是确定新的综合单价，即 P_1。确定的方法，一是发承包双方协商确定，二是与招标控制价相联系，当工程量偏差项目出现承包人在工程量清单中填报的综合单价与发包人招标控制价相应清单项目的综合单价偏差超过15%时，工程量偏差项目综合单价的调整可参考以下公式：

①当 $P_0 < P_2(1 - L)(1 - 15\%)$ 时，该类项目的综合单价：

$$P_1 \text{ 按照 } P_2(1 - L)(1 - 15\%) \text{ 调整} \tag{2-5}$$

②当 $P_0 > P_2(1 + 15\%)$ 时，该类项目的综合单价：

$$P_1 \text{ 按照 } P_2(1 + 15\%) \text{ 调整} \tag{2-6}$$

式中　P_0——承包人在工程量清单中填报的综合单价；

　　P_2——发包人招标控制价相应项目的综合单价；

　　L——承包人报价浮动率。

（3）当工程量出现（2）的变化，且该变化引起相关措施项目相应发生变化时，按系数或单一总价方式计价的，工程量增加的措施项目费调增，工程量减少的措施项目费调减。

7. 计日工

（1）发包人通知承包人以计日工方式实施的零星工作，承包人应予执行。

（2）采用计日工计价的任何一项变更工作，在该项变更的实施过程中，承包人应按合同约定提交下列报表和有关凭证送发包人复核：

1）工作名称、内容和数量。

2）投入该工作所有人员的姓名、工种、级别和耗用工时。

3）投入该工作的材料名称、类别和数量。

4）投入该工作的施工设备型号、台数和耗用台时。

5）发包人要求提交的其他资料和凭证。

（3）任一计日工项目持续进行时，承包人应在该项工作实施结束后的24h内向发包人提交有计日工记录汇总的现场签证报告一式三份。发包人在收到承包人提交现场签证报告后的2d内予以确认并将其中一份返还给承包人，作为计日工计价和支付的依据。发包人逾期未确认也未提出修改意见的，应视为承包人提交的现场签证报告已被发包人认可。

（4）任一计日工项目实施结束后，承包人应按照确认的计日工现场签证报告核实该类项目的工程数量，并应根据核实的工程数量和承包人已标价工程量清单中的计日工单价计算，提出应付价款；已标价工程量清单中没有该类计日工单价的，由发承包双方按2.3.6节中第3条"工程变更"的规定商定计日工单价计算。

（5）每个支付期末，承包人应按照2.3.7节中第3条"进度款"的规定向发包人提交本期间所有计日工记录的签证汇总表，并应说明本期间自己认为有权得到的计日工金额，调整合同价款，列入进度款支付。

8. 物价变化

（1）合同履行期间，因人工、材料、工程设备、机械台班价格波动影响合同价款时，应根据合同约定，按物价变化合同价款调整方法调整合同价款。物价变化合同价款调整方法主要有以下两种：

1）价格指数调整价格差额

①价格调整公式。因人工、材料和工程设备、施工机械台班等价格波动影响合同价格时，根据招标人提供的《承包人提供主要材料和工程设备一览表（适用于价格指数差额调整法）》，并由投标人在投标函附录中的价格指数和权重表约定的数据，应按下式计算差额并调整合同价款：

$$\Delta P = P_0\left[A + \left(B_1\frac{F_{t1}}{F_{01}} + B_2\frac{F_{t2}}{F_{02}} + B_3\frac{F_{t3}}{F_{03}} + \cdots + B_n\frac{F_{tn}}{F_{0n}}\right) - 1\right] \qquad (2\text{-}7)$$

式中　　　　　　　　ΔP——需调整的价格差额；

P_0——约定的付款证书中承包人应得到的已完成工程量的金额，此项金额应不包括价格调整、不计质量保证金的扣留和支付、预付款的支付和扣回，约定的变更及其他金额已按现行价格计价的，也不计在内；

A——定值权重（即不调部分的权重）；

B_1、B_2、B_3、$\cdots$、B_n——各可调因子的变值权重（即可调部分的权重），为各可调因子在投标函投标总报价中所占的比例；

F_{t1}、F_{t2}、F_{t3}、$\cdots$、F_{tn}——各可调因子的现行价格指数，指约定的付款证书相关周期最后一天的前42d的各可调因子的价格指数；

F_{01}、F_{02}、F_{03}、$\cdots$、F_{0n}——各可调因子的基本价格指数，指基准日期的各可调因子的价格指数。

以上价格调整公式中的各可调因子、定值和变值权重，以及基本价格指数及其来源在投标函附录价格指数和权重表中约定。价格指数应首先采用工程造价管理机构提供的价格指数，缺乏上述价格指数时，可采用工程造价管理机构提供的价格代替。

②暂时确定调整差额。在计算调整差额时得不到现行价格指数的，可暂用上一次价格指数计算，并在以后的付款中再按实际价格指数进行调整。

③权重的调整。约定的变更导致原定合同中的权重不合理时，由承包人和发包人协商后进行调整。

④承包人工期延误后的价格调整。由于承包人原因未在约定的工期内竣工的，对原约定竣工日期后继续施工的工程，在使用第①条的价格调整公式时，应采用原约定竣工日期与实际竣工日期的两个价格指数中较低的一个作为现行价格指数。

⑤若可调因子包括了人工在内，则不适用2.3.1节第4条"计价风险"（2）的中2）的规定。

2）造价信息调整价格差额

①施工期内，因人工、材料和工程设备、施工机械台班价格波动影响合同价格时，人工、机械使用费按照国家或省、自治区、直辖市建设行政管理部门、行业建设管理部门或其授权的工程造价管理机构发布的人工成本信息、机械台班单价或机械使用费系数进行调整；需要进行价格调整的材料，其单价和采购数应由发包人复核，发包人确认需调整的材料单价及数量，作为调整合同价款差额的依据。

②人工单价发生变化且符合2.3.1节第4条"计价风险"（2）的中2）的规定的条件时，发承包双方应按省级或行业建设主管部门或其授权的工程造价管理机构发布的人工成本文件调整合同价款。

③材料、工程设备价格变化按照发包人提供的《承包人提供主要材料和工程设备一览表（适用于造价信息差额调整法)》，由发承包双方约定的风险范围按下列规定调整合同价款：

a. 承包人投标报价中材料单价低于基准单价：施工期间材料单价涨幅以基准单价为基础超过合同约定的风险幅度值，或材料单价跌幅以投标报价为基础超过合同约定的风险幅度值时，其超过部分按实调整。

b. 承包人投标报价中材料单价高于基准单价：施工期间材料单价跌幅以基准单价为基础超过合同约定的风险幅度值，或材料单价涨幅以投标报价为基础超过合同约定的风险幅度值时，其超过部分按实调整。

c. 承包人投标报价中材料单价等于基准单价：施工期间材料单价涨、跌幅以基准单价为基础超过合同约定的风险幅度值时，其超过部分按实调整。

d. 承包人应在采购材料前将采购数量和新的材料单价报送发包人核对，确认用于本合同工程时，发包人应确认采购材料的数量和单价。发包人在收到承包人报送的确认资料后3个工作日不予答复的视为已经认可，作为调整合同价款的依据。如果承包人未报经发包人核对即自行采购材料，再报发包人确认调整合同价款的，如发包人不同意，则不作调整。

④施工机械台班单价或施工机械使用费发生变化超过省级或行业建设主管部门或其授权的工程造价管理机构规定的范围时，按其规定调整合同价款。

（2）承包人采购材料和工程设备的，应在合同中约定主要材料、工程设备价格变化的范围或幅度；当没有约定，且材料、工程设备单价变化超过5%时，超过部分的价格应按照以上两种物价变化合同价款调整方法计算调整材料、工程设备费。

（3）发生合同工程工期延误的，应按照下列规定确定合同履行期的价格调整：

1）因非承包人原因导致工期延误的，计划进度日期后续工程的价格，应采用计划进度日期与实际进度日期两者的较高者。

2）因承包人原因导致工期延误的，计划进度日期后续工程的价格，应采用计划进度日期与实际进度日期两者的较低者。

（4）发包人供应材料和工程设备的，不适用（1）、（2）规定，应由发包人按照实际变化调整，列入合同工程的工程造价内。

9. 暂估价

（1）发包人在招标工程量清单中给定暂估价的材料、工程设备属于依法必须招标的，应由发承包双方以招标的方式选择供应商，确定价格，并应以此为依据取代暂估价，调整合同价款。

（2）发包人在招标工程量清单中给定暂估价的材料、工程设备不属于依法必须招标的，应由承包人按照合同约定采购，经发包人确认单价后取代暂估价，调整合同价款。

（3）发包人在工程量清单中给定暂估价的专业工程不属于依法必须招标的，应按照2.3.6节中第3条"工程变更"的相应条款的规定确定专业工程价款，并应以此为依据取代专业工程暂估价，调整合同价款。

（4）发包人在招标工程量清单中给定暂估价的专业工程，依法必须招标的，应当由发承包双方依法组织招标选择专业分包人，并接受有管辖权的建设工程招标投标管理机构的监督，还应符合下列要求：

1）除合同另有约定外，承包人不参加投标的专业工程发包招标，应由承包人作为招标人，但拟定的招标文件、评标工作、评标结果应报送发包人批准。与组织招标工作有关的费用应当被认为已经包括在承包人的签约合同价（投标总报价）中。

2）承包人参加投标的专业工程发包招标，应由发包人作为招标人，与组织招标工作有关的费用由发包人承担。同等条件下，应优先选择承包人中标。

3）应以专业工程发包中标价为依据取代专业工程暂估价，调整合同价款。

10. 不可抗力

因不可抗力事件导致的人员伤亡、财产损失及其费用增加，发承包双方应按下列原则分别承担并调整合同价款和工期：

（1）合同工程本身的损害、因工程损害导致第三方人员伤亡和财产损失以及运至施工场地用于施工的材料和待安装的设备的损害，应由发包人承担。

（2）发包人、承包人人员伤亡应由其所在单位负责，并应承担相应费用。

（3）承包人的施工机械设备损坏及停工损失，应由承包人承担。

（4）停工期间，承包人应发包人要求留在施工场地的必要的管理人员及保卫人员的费用应由发包人承担。

（5）工程所需清理、修复费用，应由发包人承担。

11. 提前竣工（赶工补偿）

（1）招标人应依据相关工程的工期定额合理计算工期，压缩的工期天数不得超过定额工期的20%，超过者，应在招标文件中明示增加赶工费用。

（2）发包人要求合同工程提前竣工的，应征得承包人同意后与承包人商定采取加快工程进度的措施，并应修订合同工程进度计划。发包人应承担承包人由此增加的提前竣工（赶工补偿）费用。

（3）发承包双方应在合同中约定提前竣工每日历天应补偿额度，此项费用应作为增加合同价款列入竣工结算文件中，应与结算款一并支付。

12. 误期赔偿

（1）承包人未按照合同约定施工，导致实际进度迟于计划进度的，承包人应加快进度，实现合同工期。

合同工程发生误期，承包人应赔偿发包人由此造成的损失，并应按照合同约定向发包人支付误期赔偿费。即使承包人支付误期赔偿费，也不能免除承包人按照合同约定应承担的任何责任和应履行的任何义务。

（2）发承包双方应在合同中约定误期赔偿费，并应明确每日历天应赔额度。误期赔偿费应列入竣工结算文件中，并应在结算款中扣除。

（3）在工程竣工之前，合同工程内的某单项（位）工程已通过了竣工验收，且该单项（位）工程接收证书中表明的竣工日期并未延误，而是合同工程的其他部分产生了工期延误时，误期赔偿费应按照已颁发工程接收证书的单项（位）工程造价占合同价款的比例幅度予以扣减。

13. 索赔

（1）当合同一方向另一方提出索赔时，应有正当的索赔理由和有效证据，并应符合合同的相关约定。

（2）根据合同约定，承包人认为非承包人原因发生的事件造成了承包人的损失，应按下列程序向发包人提出索赔：

1）承包人应在知道或应当知道索赔事件发生后28d内，向发包人提交索赔意向通知书，说明发生索赔事件的事由。承包人逾期未发出索赔意向通知书的，丧失索赔的权利。

2）承包人应在发出索赔意向通知书后28d内，向发包人正式提交索赔通知书。索赔通知书应详细说明索赔理由和要求，并应附必要的记录和证明材料。

3）索赔事件具有连续影响的，承包人应继续提交延续索赔通知，说明连续影响的实际情况和记录。

4）在索赔事件影响结束后的28d内，承包人应向发包人提交最终索赔通知书，说明最终索赔要求，并应附必要的记录和证明材料。

（3）承包人索赔应按下列程序处理：

1）发包人收到承包人的索赔通知书后，应及时查验承包人的记录和证明材料。

2）发包人应在收到索赔通知书或有关索赔的进一步证明材料后的28d内，将索赔处理结果答复承包人，如果发包人逾期未作出答复，视为承包人索赔要求已被发包人认可。

3）承包人接受索赔处理结果的，索赔款项应作为增加合同价款，在当期进度款中进行支付；承包人不接受索赔处理结果的，应按合同约定的争议解决方式办理。

（4）承包人要求赔偿时，可以选择下列一项或几项方式获得赔偿：

1）延长工期。

2）要求发包人支付实际发生的额外费用。

3）要求发包人支付合理的预期利润。

4）要求发包人按合同的约定支付违约金。

（5）当承包人的费用索赔与工期索赔要求相关联时，发包人在作出费用索赔的批准决定时，应结合工程延期，综合作出费用赔偿和工程延期的决定。

（6）发承包双方在按合同约定办理了竣工结算后，应被认为承包人已无权再提出竣工结算前所发生的任何索赔。承包人在提交的最终结清申请中，只限于提出竣工结算后的索赔，提出索赔的期限应自发承包双方最终结清时终止。

（7）根据合同约定，发包人认为由于承包人的原因造成发包人的损失，宜按承包人索赔的程序进行索赔。

（8）发包人要求赔偿时，可以选择下列一项或几项方式获得赔偿：

1）延长质量缺陷修复期限。

2）要求承包人支付实际发生的额外费用。

3）要求承包人按合同的约定支付违约金。

（9）承包人应给付发包人的索赔金额可从拟支付给承包人的合同价款中扣除，或由承包人以其他方式支付给发包人。

14. 现场签证

（1）承包人应发包人要求完成合同以外的零星项目、非承包人责任事件等工作的，发包人应及时以书面形式向承包人发出指令，并应提供所需的相关资料；承包人在收到指令后，应及时向发包人提出现场签证要求。

（2）承包人应在收到发包人指令后的7d内向发包人提交现场签证报告，发包人应在收到现场签证报告后的48h内对报告内容进行核实，予以确认或提出修改意见。发包人在收到承包人现场签证报告后的48h内未确认也未提出修改意见的，应视为承包人提交的现场签证报告已被发包人认可。

（3）现场签证的工作如已有相应的计日工单价，现场签证中应列明完成该类项目所需的人工、材料、工程设备和施工机械台班的数量。

如现场签证的工作没有相应的计日工单价，应在现场签证报告中列明完成该签证工作所需的人工、材料设备和施工机械台班的数量及单价。

（4）合同工程发生现场签证事项，未经发包人签证确认，承包人便擅自施工的，除非征得发包人书面同意，否则发生的费用应由承包人承担。

（5）现场签证工作完成后的7d内，承包人应按照现场签证内容计算价款，报送发包人确认后，作为增加合同价款，与进度款同期支付。

（6）在施工过程中，当发现合同工程内容因场地条件、地质水文、发包人要求等不一致时，承包人应提供所需的相关资料，并提交发包人签证认可，作为合同价款调整的依据。

15. 暂列金额

（1）已签约合同价中的暂列金额应由发包人掌握使用。

（2）发包人按照1~14条的规定支付后，暂列金额余额应归发包人所有。

2.3.7 合同价款期中支付

1. 预付款

（1）承包人应将预付款专用于合同工程。

（2）包工包料工程的预付款的支付比例不得低于签约合同价（扣除暂列金额）的10%，不宜高于签约合同价（扣除暂列金额）的30%。

（3）承包人应在签订合同或向发包人提供与预付款等额的预付款保函后向发包人提交预付款支付申请。

（4）发包人应在收到支付申请的7d内进行核实，向承包人发出预付款支付证书，并在签发支付证书后的7d内向承包人支付预付款。

（5）发包人没有按合同约定按时支付预付款的，承包人可催告发包人支付；发包人在预付款期满后的7d内仍未支付的，承包人可在付款期满后的第8d起暂停施工。发包人应承担由此增加的费用和延误的工期，并应向承包人支付合理利润。

（6）预付款应从每一个支付期应支付给承包人的工程进度款中扣回，直到扣回的金额达到合同约定的预付款金额为止。

（7）承包人的预付款保函的担保金额根据预付款扣回的数额相应递减，但在预付款全部扣回之前一直保持有效。发包人应在预付款扣完后的14d内将预付款保函退还给承包人。

2. 安全文明施工费

（1）安全文明施工费包括的内容和使用范围，应符合国家有关文件和计量规范的规定。

（2）发包人应在工程开工后的28d内预付不低于当年施工进度计划的安全文明施工费总额的60%，其余部分应按照提前安排的原则进行分解，并应与进度款同期支付。

（3）发包人没有按时支付安全文明施工费的，承包人可催告发包人支付；发包人在付款期满后的7d内仍未支付的，若发生安全事故，发包人应承担相应责任。

（4）承包人对安全文明施工费应专款专用，在财务账目中应单独列项备查，不得挪作他用，否则发包人有权要求其限期改正；逾期未改正的，造成的损失和延误的工期应由承包人承担。

3. 进度款

（1）发承包双方应按照合同约定的时间、程序和方法，根据工程计量结果，办理期中价款结算，支付进度款。

（2）进度款支付周期应与合同约定的工程计量周期一致。

（3）已标价工程量清单中的单价项目，承包人应按工程计量确认的工程量与综合单价计算；综合单价发生调整的，以发承包双方确认调整的综合单价计算进度款。

（4）已标价工程量清单中的总价项目和按照2.3.5节中第2条中（3）的2）规定形成的总价合同，承包人应按合同中约定的进度款支付分解，分别列入进度款支付申请中的安全文明施工费和本周期应支付的总价项目的金额中。

（5）发包人提供的甲供材料金额，应按照发包人签约提供的单价和数量从进度款支付中扣除，列入本周期应扣减的金额中。

（6）承包人现场签证和得到发包人确认的索赔金额应列入本周期应增加的金额中。

（7）进度款的支付比例按照合同约定，按期中结算价款总额计，不低于60%，不高于90%。

（8）承包人应在每个计量周期到期后的7d内向发包人提交已完工程进度款支付申请一式四份，详细说明此周期认为有权得到的款额，包括分包人已完工程的价款。支付申请应包括下列内容：

1）累计已完成的合同价款。

2）累计已实际支付的合同价款。

3）本周期合计完成的合同价款：

①本周期已完成单价项目的金额。

②本周期应支付的总价项目的金额。

③本周期已完成的计日工价款。

④本周期应支付的安全文明施工费。

⑤本周期应增加的金额。

4）本周期合计应扣减的金额：

①本周期应扣回的预付款。

②本周期应扣减的金额。

5）本周期实际应支付的合同价款。

（9）发包人应在收到承包人进度款支付申请后的14d内，根据计量结果和合同约定对申请内容予以核实，确认后向承包人出具进度款支付证书。若发承包双方对部分清单项目的计量结果出现争议，发包人应对无争议部分的工程计量结果向承包人出具进度款支付证书。

（10）发包人应在签发进度款支付证书后的14d内，按照支付证书列明的金额向承包人支付进度款。

（11）若发包人逾期未签发进度款支付证书，则视为承包人提交的进度款支付申请已被发包人认可，承包人可向发包人发出催告付款的通知。发包人应在收到通知后的14d内，按照承包人支付申请的金额向承包人支付进度款。

（12）发包人未按照（9）～（11）的规定支付进度款的，承包人可催告发包人支付，并有权获得延迟支付的利息；发包人在付款期满后的7d内仍未支付的，承包人可在付款期满后的第8d起暂停施工。发包人应承担由此增加的费用和延误的工期，向承包人支付合理利润，并应承担违约责任。

（13）发现已签发的任何支付证书有错、漏或重复的数额，发包人有权予以修正，承包人也有权提出修正申请。经发承包双方复核同意修正的，应在本次到期的进度款中支付或扣除。

2.3.8 竣工结算与支付

1. 一般规定

（1）工程完工后，发承包双方必须在合同约定时间内办理工程竣工结算。

（2）工程竣工结算应由承包人或受其委托具有相应资质的工程造价咨询人编制，并应由发包人或受其委托具有相应资质的工程造价咨询人核对。

（3）当发承包双方或一方对工程造价咨询人出具的竣工结算文件有异议时，可向工程造价管理机构投诉，申请对其进行执业质量鉴定。

（4）工程造价管理机构对投诉的竣工结算文件进行质量鉴定，宜按2.3.11节"工程造价鉴定"的相关规定进行。

（5）竣工结算办理完毕，发包人应将竣工结算文件报送工程所在地或有该工程管辖权的行业管理部门的工程造价管理机构备案，竣工结算文件应作为工程竣工验收备案、交付使用的必备文件。

2. 编制与复核

（1）工程竣工结算应根据下列依据编制和复核：

1）《建设工程工程量清单计价规范》（GB 50500—2013）。

2）工程合同。

3）发承包双方实施过程中已确认的工程量及其结算的合同价款。

4）发承包双方实施过程中已确认调整后追加（减）的合同价款。

5）建设工程设计文件及相关资料。

6）投标文件。

7）其他依据。

（2）分部分项工程和措施项目中的单价项目应依据发承包双方确认的工程量与已标价工程量清单的综合单价计算；发生调整的，应以发承包双方确认调整的综合单价计算。

（3）措施项目中的总价项目应依据已标价工程量清单的项目和金额计算；发生调整的，应以发承包双方确认调整的金额计算，其中安全文明施工费应按 2.3.1 节"一般规定"中第 1 条"计价方式"（5）的规定计算。

（4）其他项目应按下列规定计价：

1）计日工应按发包人实际签证确认的事项计算。

2）暂估价应按 2.3.6 节中第 9 条"暂估价"的规定计算。

3）总承包服务费应依据已标价工程量清单金额计算；发生调整的，应以发承包双方确认调整的金额计算。

4）索赔费用应依据发承包双方确认的索赔事项和金额计算。

5）现场签证费用应依据发承包双方签证资料确认的金额计算。

6）暂列金额应减去合同价款调整（包括索赔、现场签证）金额计算，如有余额归发包人。

（5）规费和税金应按 2.3.1 节"一般规定"中第 1 条"计价方式"（6）的规定计算。规费中的工程排污费应按工程所在地环境保护部门规定的标准缴纳后按实列入。

（6）发承包双方在合同工程实施过程中已经确认的工程计量结果和合同价款，在竣工结算办理中应直接进入结算。

3. 竣工结算

（1）合同工程完工后，承包人应在经发承包双方确认的合同工程期中价款结算的基础上汇总编制完成竣工结算文件，应在提交竣工验收申请的同时向发包人提交竣工结算文件。

承包人未在合同约定的时间内提交竣工结算文件，经发包人催告后 14d 内仍未提交或没有明确答复的，发包人有权根据已有资料编制竣工结算文件，作为办理竣工结算和支付结算款的依据，承包人应予以认可。

（2）发包人应在收到承包人提交的竣工结算文件后的 28d 内核对。发包人经核实，认为承包人还应进一步补充资料和修改结算文件，应在上述时限内向承包人提出核实意见，承包人在收到核实意见后的 28d 内应按照发包人提出的合理要求补充资料，修改竣工结算文件，并应再次提交给发包人复核后批准。

（3）发包人应在收到承包人再次提交的竣工结算文件后的 28d 内予以复核，将复核结果通知承包人，并应遵守下列规定：

1）发包人、承包人对复核结果无异议的，应在 7d 内在竣工结算文件上签字确认，竣工结算办理完毕。

2）发包人或承包人对复核结果认为有误的，无异议部分按照1）规定办理不完全竣工结算；有异议部分由发承包双方协商解决；协商不成的，应按照合同约定的争议解决方式处理。

（4）发包人在收到承包人竣工结算文件后的28d内，不核对竣工结算或未提出核对意见的，应视为承包人提交的竣工结算文件已被发包人认可，竣工结算办理完毕。

（5）承包人在收到发包人提出的核实意见后的28d内，不确认也未提出异议的，应视为发包人提出的核实意见已被承包人认可，竣工结算办理完毕。

（6）发包人委托工程造价咨询人核对竣工结算的，工程造价咨询人应在28d内核对完毕，核对结论与承包人竣工结算文件不一致的，应提交给承包人复核；承包人应在14d内将同意核对结论或不同意见的说明提交工程造价咨询人。工程造价咨询人收到承包人提出的异议后，应再次复核，复核无异议的，应按（3）条1）的规定办理，复核后仍有异议的，按（3）条2）的规定办理。

承包人逾期未提出书面异议的，应视为工程造价咨询人核对的竣工结算文件已经承包人认可。

（7）对发包人或发包人委托的工程造价咨询人指派的专业人员与承包人指派的专业人员经核对后无异议并签名确认的竣工结算文件，除非发承包人能提出具体、详细的不同意见，发承包人都应在竣工结算文件上签名确认，如其中一方拒不签认的，按下列规定办理：

1）若发包人拒不签认的，承包人可不提供竣工验收备案资料，并有权拒绝与发包人或其上级部门委托的工程造价咨询人重新核对竣工结算文件。

2）若承包人拒不签认的，发包人要求办理竣工验收备案的，承包人不得拒绝提供竣工验收资料，否则，由此造成的损失，承包人承担相应责任。

（8）合同工程竣工结算核对完成，发承包双方签字确认后，发包人不得要求承包人与另一个或多个工程造价咨询人重复核对竣工结算。

（9）发包人对工程质量有异议，拒绝办理工程竣工结算的，已竣工验收或已竣工未验收但实际投入使用的工程，其质量争议应按该工程保修合同执行，竣工结算应按合同约定办理；已竣工未验收且未实际投入使用的工程以及停工、停建工程的质量争议，双方应就有争议的部分委托有资质的检测鉴定机构进行检测，并应根据检测结果确定解决方案，或按工程质量监督机构的处理决定执行后办理竣工结算，无争议部分的竣工结算应按合同约定办理。

4. 结算款支付

（1）承包人应根据办理的竣工结算文件向发包人提交竣工结算款支付申请。申请包括下列内容：

1）竣工结算合同价款总额。

2）累计已实际支付的合同价款。

3）应预留的质量保证金。

4）实际应支付的竣工结算款金额。

（2）发包人应在收到承包人提交竣工结算款支付申请后7d内予以核实，向承包人签发竣工结算支付证书。

（3）发包人签发竣工结算支付证书后的 14d 内，应按照竣工结算支付证书列明的金额向承包人支付结算款。

（4）发包人在收到承包人提交的竣工结算款支付申请后 7d 内不予核实，不向承包人签发竣工结算支付证书的，视为承包人的竣工结算款支付申请已被发包人认可；发包人应在收到承包人提交的竣工结算款支付申请 7d 后的 14d 内，按照承包人提交的竣工结算款支付申请列明的金额向承包人支付结算款。

（5）发包人未按照（3）、（4）规定支付竣工结算款的，承包人可催告发包人支付，并有权获得延迟支付的利息。发包人在竣工结算支付证书签发后或者在收到承包人提交的竣工结算款支付申请 7d 后的 56d 内仍未支付的，除法律另有规定外，承包人可与发包人协商将该工程折价，也可直接向人民法院申请将该工程依法拍卖。承包人应就该工程折价或拍卖的价款优先受偿。

5. 质量保证金

（1）发包人应按照合同约定的质量保证金比例从结算款中预留质量保证金。

（2）承包人未按照合同约定履行属于自身责任的工程缺陷修复义务的，发包人有权从质量保证金中扣除用于缺陷修复的各项支出。经查验，工程缺陷属于发包人原因造成的，应由发包人承担查验和缺陷修复的费用。

（3）在合同约定的缺陷责任期终止后，发包人应按照 2.3.8 节中第 6 条"最终结清"的规定，将剩余的质量保证金返还给承包人。

6. 最终结清

（1）缺陷责任期终止后，承包人应按照合同约定向发包人提交最终结清支付申请。发包人对最终结清支付申请有异议的，有权要求承包人进行修正和提供补充资料。承包人修正后，应再次向发包人提交修正后的最终结清支付申请。

（2）发包人应在收到最终结清支付申请后的 14d 内予以核实，并应向承包人签发最终结清支付证书。

（3）发包人应在签发最终结清支付证书后的 14d 内，按照最终结清支付证书列明的金额向承包人支付最终结清款。

（4）发包人未在约定的时间内核实，又未提出具体意见的，应视为承包人提交的最终结清支付申请已被发包人认可。

（5）发包人未按期最终结清支付的，承包人可催告发包人支付，并有权获得延迟支付的利息。

（6）最终结清时，承包人被预留的质量保证金不足以抵减发包人工程缺陷修复费用的，承包人应承担不足部分的补偿责任。

（7）承包人对发包人支付的最终结清款有异议的，应按照合同约定的争议解决方式处理。

2.3.9 合同解除的价款结算与支付

（1）发承包双方协商一致解除合同的，应按照达成的协议办理结算和支付合同价款。

（2）由于不可抗力致使合同无法履行而解除合同的，发包人应向承包人支付合同解除之日前已完成工程但尚未支付的合同价款，此外，还应支付下列金额：

1）2.3.6节中第11条"提前竣工（赶工补偿）"规定的由发包人承担的费用。

2）已实施或部分实施的措施项目应付价款。

3）承包人为合同工程合理订购且已交付的材料和工程设备货款。

4）承包人撤离现场所需的合理费用，包括员工遣送费和临时工程拆除、施工设备运离现场的费用。

5）承包人为完成合同工程而预期开支的任何合理费用，且该项费用未包括在本款其他各项支付之内。

发承包双方办理结算合同价款时，应扣除合同解除之日前发包人应向承包人收回的价款。当发包人应扣除的金额超过了应支付的金额，承包人应在合同解除后的56d内将其差额退还给发包人。

（3）因承包人违约解除合同的，发包人应暂停向承包人支付任何价款。发包人应在合同解除后28d内核实合同解除时承包人已完成的全部合同价款以及按施工进度计划已运至现场的材料和工程设备货款，按合同约定核算承包人应支付的违约金以及造成损失的索赔金额，并将结果通知承包人。发承包双方应在28d内予以确认或提出意见，并应办理结算合同价款。如果发包人应扣除的金额超过了应支付的金额，承包人应在合同解除后的56d内将其差额退还给发包人。发承包双方不能就解除合同后的结算达成一致的，按照合同约定的争议解决方式处理。

（4）因发包人违约解除合同的，发包人除应按照（2）的规定向承包人支付各项价款外，应按合同约定核算发包人应支付的违约金以及给承包人造成损失或损害的索赔金额费用。该笔费用应由承包人提出，发包人核实后应与承包人协商确定后的7d内向承包人签发支付证书。协商不能达成一致的，应按照合同约定的争议解决方式处理。

2.3.10 合同价款争议的解决

1. 监理或造价工程师暂定

（1）若发包人和承包人之间就工程质量、进度、价款支付与扣除、工期延期、索赔、价款调整等发生任何法律上、经济上或技术上的争议，首先应根据已签约合同的规定，提交合同约定职责范围内的总监理工程师或造价工程师解决，并应抄送另一方。总监理工程师或造价工程师在收到此提交件后14d内应将暂定结果通知发包人和承包人。发承包双方对暂定结果认可的，应以书面形式予以确认，暂定结果成为最终决定。

（2）发承包双方在收到总监理工程师或造价工程师的暂定结果通知之后的14d内未对暂定结果予以确认也未提出不同意见的，应视为发承包双方已认可该暂定结果。

（3）发承包双方或一方不同意暂定结果的，应以书面形式向总监理工程师或造价工程师提出，说明自己认为正确的结果，同时抄送另一方，此时该暂定结果成为争议。在暂定结果对发承包双方当事人履约不产生实质影响的前提下，发承包双方应实施该结果，直到按照发承包双方认可的争议解决办法被改变为止。

2. 管理机构的解释或认定

（1）合同价款争议发生后，发承包双方可就工程计价依据的争议以书面形式提请工程造价管理机构对争议以书面文件进行解释或认定。

（2）工程造价管理机构应在收到申请的10个工作日内就发承包双方提请的争议问题

进行解释或认定。

（3）发承包双方或一方在收到工程造价管理机构书面解释或认定后仍可按照合同约定的争议解决方式提请仲裁或诉讼。除工程造价管理机构的上级管理部门作出了不同的解释或认定，或在仲裁裁决或法院判决中不予采信的外，工程造价管理机构作出的书面解释或认定应为最终结果，并应对发承包双方均有约束力。

3. 协商和解

（1）合同价款争议发生后，发承包双方任何时候都可以进行协商。协商达成一致的，双方应签订书面和解协议，和解协议对发承包双方均有约束力。

（2）如果协商不能达成一致协议，发包人或承包人都可以按合同约定的其他方式解决争议。

4. 调解

（1）发承包双方应在合同中约定或在合同签订后共同约定争议调解人，负责双方在合同履行过程中发生争议的调解。

（2）合同履行期间，发承包双方可协议调换或终止任何调解人，但发包人或承包人都不能单独采取行动。除非双方另有协议，在最终结清支付证书生效后，调解人的任期应即终止。

（3）如果发承包双方发生了争议，任何一方可将该争议以书面形式提交调解人，并将副本抄送另一方，委托调解人调解。

（4）发承包双方应按照调解人提出的要求，给调解人提供所需要的资料、现场进入权及相应设施。调解人应被视为不是在进行仲裁人的工作。

（5）调解人应在收到调解委托后28d内或由调解人建议并经发承包双方认可的其他期限内提出调解书，发承包双方接受调解书的，经双方签字后作为合同的补充文件，对发承包双方均具有约束力，双方都应立即遵照执行。

（6）当发承包双方中任一方对调解人的调解书有异议时，应在收到调解书后28d内向另一方发出异议通知，并应说明争议的事项和理由。但除非并直到调解书在协商和解或仲裁裁决、诉讼判决中作出修改，或合同已经解除，承包人应继续按照合同实施工程。

（7）当调解人已就争议事项向发承包双方提交了调解书，而任一方在收到调解书后28d内均未发出表示异议的通知时，调解书对发承包双方应均具有约束力。

5. 仲裁、诉讼

（1）发承包双方的协商和解或调解均未达成一致意见，其中的一方已就此争议事项根据合同约定的仲裁协议申请仲裁，应同时通知另一方。

（2）仲裁可在竣工之前或之后进行，但发包人、承包人、调解人各自的义务不得因在工程实施期间进行仲裁而有所改变。当仲裁是在仲裁机构要求停止施工的情况下进行时，承包人应对合同工程采取保护措施，由此增加的费用应由败诉方承担。

（3）在1~4条的期限之内，暂定或和解协议或调解书已经有约束力的情况下，当发承包中一方未能遵守暂定或和解协议或调解书时，另一方可在不损害他可能具有的任何其他权利的情况下，将未能遵守暂定或不执行和解协议或调解书达成的事项提交仲裁。

（4）发包人、承包人在履行合同时发生争议，双方不愿和解、调解或者和解、调解不成，又没有达成仲裁协议的，可依法向人民法院提起诉讼。

2.3.11 工程造价鉴定

1. 一般鉴定

（1）在工程合同价款纠纷案件处理中，需作工程造价司法鉴定的，应委托具有相应资质的工程造价咨询人进行。

（2）工程造价咨询人接受委托时提供工程造价司法鉴定服务，应按仲裁、诉讼程序和要求进行，并应符合国家关于司法鉴定的规定。

（3）工程造价咨询人进行工程造价司法鉴定时，应指派专业对口、经验丰富的注册造价工程师承担鉴定工作。

（4）工程造价咨询人应在收到工程造价司法鉴定资料后10d内，根据自身专业能力和证据资料判断能否胜任该项委托，如不能，应辞去该项委托。工程造价咨询人不得在鉴定期满后以上述理由不作出鉴定结论，影响案件处理。

（5）接受工程造价司法鉴定委托的工程造价咨询人或造价工程师如是鉴定项目一方当事人的近亲属或代理人、咨询人以及其他关系可能影响鉴定公正的，应当自行回避；未自行回避，鉴定项目委托人以该理由要求其回避的，必须回避。

（6）工程造价咨询人应当依法出庭接受鉴定项目当事人对工程造价司法鉴定意见书的质询。如确因特殊原因无法出庭的，经审理该鉴定项目的仲裁机关或人民法院准许，可以书面形式答复当事人的质询。

2. 取证

（1）工程造价咨询人进行工程造价鉴定工作时，应自行收集以下（但不限于）鉴定资料：

1）适用于鉴定项目的法律、法规、规章、规范性文件以及规范、标准、定额。

2）与鉴定项目同时期、同类型工程的技术经济指标及其各类要素价格等。

（2）工程造价咨询人收集鉴定项目的鉴定依据时，应向鉴定项目委托人提出具体书面要求，其内容包括：

1）与鉴定项目相关的合同、协议及其附件。

2）相应的施工图纸等技术经济文件。

3）施工过程中的施工组织、质量、工期和造价等工程资料。

4）存在争议的事实及各方当事人的理由。

5）其他有关资料。

（3）工程造价咨询人在鉴定过程中要求鉴定项目当事人对缺陷资料进行补充的，应征得鉴定项目委托人同意，或者协调鉴定项目各方当事人共同签认。

（4）根据鉴定工作需要现场勘验的，工程造价咨询人应提请鉴定项目委托人组织各方当事人对被鉴定项目所涉及的实物标的进行现场勘验。

（5）勘验现场应制作勘验记录、笔录或勘验图表，记录勘验的时间、地点、勘验人、在场人、勘验经过、结果，由勘验人、在场人签名或者盖章确认。绘制的现场图应注明绘制的时间、测绘人姓名、身份等内容。必要时应采取拍照或摄像取证，留下影像资料。

（6）鉴定项目当事人未对现场勘验图表或勘验笔录等签字确认的，工程造价咨询人应提请鉴定项目委托人决定处理意见，并在鉴定意见书中作出表述。

3. 鉴定

（1）工程造价咨询人在鉴定项目合同有效的情况下应根据合同约定进行鉴定，不得任意改变双方合法的合意。

（2）工程造价咨询人在鉴定项目合同无效或合同条款约定不明确的情况下应根据法律法规、相关国家标准和《建设工程工程量清单计价规范》（GB 50500—2013）的规定，选择相应专业工程的计价依据和方法进行鉴定。

（3）工程造价咨询人出具正式鉴定意见书之前，可报请鉴定项目委托人向鉴定项目各方当事人发出鉴定意见书征求意见稿，并指明应书面答复的期限及其不答复的相应法律责任。

（4）工程造价咨询人收到鉴定项目各方当事人对鉴定意见书征求意见稿的书面复函后，应对不同意见认真复核，修改完善后再出具正式鉴定意见书。

（5）工程造价咨询人出具的工程造价鉴定书应包括下列内容：

1）鉴定项目委托人名称、委托鉴定的内容。

2）委托鉴定的证据材料。

3）鉴定的依据及使用的专业技术手段。

4）对鉴定过程的说明。

5）明确的鉴定结论。

6）其他需说明的事宜。

7）工程造价咨询人盖章及注册造价工程师签名盖执业专用章。

（6）工程造价咨询人应在委托鉴定项目的鉴定期限内完成鉴定工作，如确因特殊原因不能在原定期限内完成鉴定工作时，应按照相应法规提前向鉴定项目委托人申请延长鉴定期限，并应在此期限内完成鉴定工作。

经鉴定项目委托人同意等待鉴定项目当事人提交、补充证据的，质证所用的时间不应计入鉴定期限。

（7）对于已经出具的正式鉴定意见书中有部分缺陷的鉴定结论，工程造价咨询人应通过补充鉴定作出补充结论。

2.3.12 工程计价资料与档案

1. 计价资料

（1）发承包双方应当在合同中约定各自在合同工程中现场管理人员的职责范围，双方现场管理人员在职责范围内签字确认的书面文件是工程计价的有效凭证，但如有其他有效证据或经实证证明其是虚假的除外。

（2）发承包双方不论在何种场合对与工程计价有关的事项所给予的批准、证明、同意、指令、商定、确定、确认、通知和请求，或表示同意、否定、提出要求和意见等，均应采用书面形式，口头指令不得作为计价凭证。

（3）任何书面文件送达时，应由对方签收，通过邮寄应采用挂号、特快专递传送，或以发承包双方商定的电子传输方式发送，交付、传送或传输至指定的接收人的地址。如接收人通知了另外地址时，随后通信信息应按新地址发送。

（4）发承包双方分别向对方发出的任何书面文件，均应将其抄送现场管理人员，如系复印件应加盖合同工程管理机构印章，证明与原件相同。双方现场管理人员向对方所发任何书面文件，也应将其复印件发送给发承包双方，复印件应加盖合同工程管理机构印章，证明与原件相同。

（5）发承包双方均应及时签收另一方送达其指定接收地点的信函，拒不签收的，送达信函的一方可以采用特快专递或者公证方式送达，所造成的费用增加（包括被迫采用特殊送达方式所发生的费用）和延误的工期由拒绝签收一方承担。

（6）书面文件和通知不得扣压，一方能够提供证据证明另一方拒绝签收或已送达的，应视为对方已签收并应承担相应责任。

2. 计价档案

（1）发承包双方和工程造价咨询人对具有保存价值的各种载体的计价文件，均应收集齐全，整理立卷后归档。

（2）发承包双方和工程造价咨询人应建立完善的工程计价档案管理制度，并应符合国家和有关部门发布的档案管理相关规定。

（3）工程造价咨询人归档的计价文件，保存期不宜少于5年。

（4）归档的工程计价成果文件应包括纸质原件和电子文件，其他归档文件及依据可为纸质原件、复印件或电子文件。

（5）归档文件应经过分类整理，并应组成符合要求的案卷。

（6）归档可以分阶段进行，也可以在项目竣工结算完成后进行。

（7）向接受单位移交档案时，应编制移交清单，双方应签字、盖章后方可交接。

3 土建工程清单计价工程量计算

3.1 建筑面积计算规则

3.1.1 建筑面积计算步骤

1. 读图

建筑面积计算规则可归纳为以下几种情况：

（1）凡层高超过 2.20m 的有顶盖和围护结构或柱（除深基础以外）的均应全部计算建筑面积。

（2）凡无顶或无柱者，能供人们利用的一般按水平投影面积的 1/2 计算建筑面积。

（3）除以上两种情况之外及有关配件均不计算建筑面积。

在掌握建筑面积计算规则的基础上，必须认真阅读施工图，明确需要计算的部分和单层、多层问题以及阳台的类型等。

2. 列项

按照单层、多层、雨篷、车棚等分类，并按一定顺序或轴线编号列出项目。

3. 计算

按照施工图查取尺寸，并根据如上所述计算规则进行建筑面积计算。

3.1.2 计算建筑面积的项目及规则

1. 单层建筑物

（1）单层建筑物的建筑面积，应按其外墙勒脚以上结构外围水平面积计算，并应符合下列规定：

1）单层建筑物高度在 2.20m 及以上者应计算全面积，高度不足 2.20m 者应计算 1/2 面积。

2）利用坡屋顶内空间时净高超过 2.10m 的部位应计算全面积，净高在 1.20～2.10m 的部位应计算 1/2 面积，净高不足 1.20m 的部位不应计算面积。

注：建筑面积的计算是以勒脚以上外墙结构外边线计算，勒脚是墙根部很矮的一部分墙体加厚，不能代表整个外墙结构，所以要扣除勒脚墙体加厚的部分（图 3-1）。

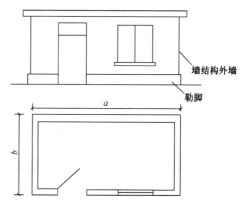

图 3-1 单层建筑物的建筑面积

建筑面积 = ab（外墙外边尺寸，不含勒脚厚度）　　　　　　　　　　　　　　　　(3-1)

（2）单层建筑物内设有局部楼层者，局部楼层的二层及以上楼层，有围护结构的应按其围护结构外围水平面积计算，无围护结构的应按其结构底板水平面积计算。层高在2.20m及以上者应计算全面积；层高不足2.20m者应计算1/2面积。

注：1. 单层建筑物应按不同的高度确定其面积的计算。其高度指室内地面标高至屋面板板面结构标高之间的垂直距离。遇有以屋面板找坡的平屋顶单层建筑物，其高度指室内地面标高至屋面板最低处板面结构标高之间的垂直距离。

2. 坡屋顶内空间建筑面积计算，可参照《住宅设计规范》（GB 50096—2011）有关规定，将坡屋顶的建筑按不同净高确定其面积的计算。净高指楼面或地面至上部楼板底面或吊顶底面之间的垂直距离。

2. 多层建筑物

（1）多层建筑物首层应按其外墙勒脚以上结构外围水平面积计算；二层及以上楼层应按其外墙结构外围水平面积计算。层高在2.20m及以上者应计算全面积，层高不足2.20m者应计算1/2面积。

注：多层建筑物的建筑面积应按不同的层高分别计算。层高是指上下两层楼面结构标高之间的垂直距离。建筑物最底层的层高，有基础底板的指基础底板上表面结构标高至上层楼面的结构标高之间的垂直距离；没有基础底板的指地面标高至上层楼面结构标高之间的垂直距离。最上一层的层高是指楼面结构标高至屋面板板面结构标高之间的垂直距离，遇有以屋面板找坡的屋面，层高指楼面结构标高至屋面板最低处板面结构标高之间的垂直距离。

（2）多层建筑坡屋顶内和场馆看台下，当设计加以利用时净高超过2.10m的部位应计算全面积；净高在1.20~2.10m的部位应计算1/2面积；当设计不利用或室内净高不足1.20m时不应计算面积。

注：多层建筑坡屋顶内和场馆看台下的空间应视为坡屋顶内的空间，设计加以利用时，应按其净高确定其面积的计算。设计不利用的空间，不应计算建筑面积。

3. 地下室

地下室和半地下室（图3-2）（车间、商店、车站、车库、仓库等），包括相应的有永久性顶盖的出入口，应按其外墙上口（不包括采光井、外墙防潮层及其保护墙）外边线所围水平面积计算。层高在2.20m及以上者应计算全面积，层高不足2.20m者应计算1/2面积。

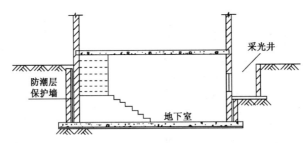

图3-2　地下室和半地下室

注：地下室、半地下室应以其外墙上口外边线所围水平面积计算。原计算规则规定按地下室、半地下室上口外墙外围水平面积计算，文字上不甚严密，"上口外墙"容易理解为地下室、半地下室的上一层建筑的外墙。由于上一层建筑外墙与地下室墙的中心线不一定完全重叠，多数情况是凸出或凹进地下室外墙中心线。

4. 建筑物吊脚架空层和深基础架空层

坡地的建筑物吊脚架空层、深基础架空层(图3-3),设计加以利用并有围护结构的,层高在2.20m及以上的部位应计算全面积;层高不足2.20m的部位应计算1/2面积。设计加以利用、无围护结构的建筑吊脚架空层,应按其利用部位水平面积的1/2计算;设计不利用的深基础架空层、坡地吊脚架空层及多层建筑坡屋顶内、场馆看台下的空间不应计算面积。

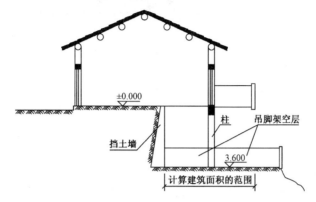

图3-3 坡地建筑吊脚架空层

5. 门厅、大厅和架空走廊

建筑物的门厅和大厅(图3-4)按一层计算建筑面积。门厅和大厅内设有回廊时,应按其结构底板水平面积计算。层高在2.20m及以上者应计算全面积,层高不足2.20m者应计算1/2面积。

建筑物间有围护结构的架空走廊,应按其围护结构外围水平面积计算。层高在2.20m及以上者应计算全面积,层高不足2.20m者应计算1/2面积。有永久性顶盖无围护结构的应按其结构底板水平面积的1/2计算。

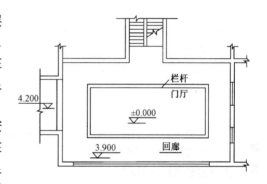

图3-4 建筑物的门厅和大厅

6. 立体书库、仓库和车库

立体书库、立体仓库、立体车库,无结构层的应按一层计算,有结构层的应按其结构层面积分别计算。层高在2.20m及以上者应计算全面积,层高不足2.20m者应计算1/2面积。

注:立体车库、立体仓库、立体书库不规定是否有围护结构,均按是否有结构层计算,应区分不同的层高确定建筑面积计算的范围,改变过去按书架层和货架层计算面积的规定。

7. 舞台灯光控制室

有围护结构的舞台灯光控制室,应按其围护结构外围水平面积计算。层高在2.20m及以上者应计算全面积,层高不足2.20m者应计算1/2面积。

8. 挑廊、走廊和檐廊

建筑物外有围护结构的落地橱窗、门斗、挑廊、走廊和檐廊(图3-5、图3-6),应按其围护结构外围水平面积计算。层高在 2.20m 及以上者应计算全面积，层高不足 2.20m 者应计算 1/2 面积。有永久性顶盖无围护结构的应按其结构底板水平面积的 1/2 计算。

图 3-5　建筑物外有围护结构
的挑廊、无柱走廊

图 3-6　建筑物外有围护结构
的走廊和檐廊

9. 场馆看台

有永久性顶盖无围护结构的场馆看台应按其顶盖水平投影面积的 1/2 计算。

注："场馆"实质上是指"场"（例如：足球场、网球场等）看台上有永久性顶盖部分。"馆"应是有永久性顶盖和围护结构的，应按单层或多层建筑相关规定计算面积。

10. 楼梯间、水箱间和电梯间

建筑物顶部有围护结构的楼梯间、水箱间和电梯机房等，层高在 2.20m 及以上者应计算全面积；层高不足 2.20m 者应计算 1/2 面积。

注：如遇建筑物屋顶的楼梯间是坡屋顶时，应按坡屋顶的相关规定计算面积。

11. 围护结构不垂直于水平面的建筑

设有围护结构不垂直于水平面而超出底板外沿的建筑物，应按其底板面的外围水平面积计算。层高在 2.20m 及以上者应计算全面积，层高不足 2.20m 者应计算 1/2 面积。

注：设有围护结构不垂直于水平面而超出底板外沿的建筑物是指向建筑物外倾斜的墙体，若遇有向建筑物内倾斜的墙体，应视为坡屋顶，应按坡屋顶有关规定计算面积。

12. 楼梯间和电梯井等

建筑物内的室内楼梯间、电梯井、观光电梯井、提物井、管道井、通风排气竖井、垃圾道和附墙烟囱应按建筑物的自然层计算。

注：室内楼梯间的面积计算，应按楼梯依附的建筑物的自然层数计算，合并在建筑物面积内。遇跃层建筑，其共用的室内楼梯应按自然层计算面积；上下两错层户室共用的室内楼梯，应选上一层的自然层计算面积（图 3-7）。

13. 雨篷

雨篷结构的外边线至外墙结构外边线的宽度超过 2.10m 者，应按雨篷结构板的水平投影面积的 1/2 计算。

注：雨篷均以其宽度超过 2.10m 或不超过 2.10m 衡量，超过 2.10m 者应按雨篷的结构板水平投影面积的 1/2 计算；不超过者不计算。有柱雨篷和无柱雨篷计算应一致。

14. 室外楼梯

有永久性顶盖的室外楼梯，应按建筑物自然层的水平投影面积的 1/2 计算。

注：室外楼梯，最上层楼梯无永久性顶盖，或不能完全遮盖楼梯的雨篷，上层楼梯不计算面积，上层楼梯可视为下层楼梯的永久性顶盖，下层楼梯应计算面积。

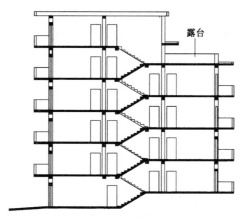

图 3-7 户室错层建筑的室内楼梯间

15. 阳台

建筑物的阳台均应按其水平投影面积的 1/2 计算。

注：建筑物的阳台，不论是凹阳台、挑阳台、封闭阳台、不封闭阳台均按其水平投影面积的一半计算。

16. 车棚、货棚和站台等

有永久性顶盖无围护结构的车棚、货棚、站台、加油站、收费站等，应按其顶盖水平投影面积的 1/2 计算。

注：车棚、货棚、站台、加油站、收费站等的面积计算。由于建筑技术的发展，出现许多新型结构，如柱不再是单纯的直立的柱，而出现正V形柱、倒∧形柱等不同类型的柱，给面积计算带来许多争议。为此，《建筑工程建筑面积计算规范》（GB/T 50353—2005）中不以柱来确定面积的计算，而依据顶盖的水平投影面积计算。在车棚、货棚、站台、加油站、收费站内设有有围护结构的管理室、休息室等，另按相关规定计算面积。

17. 高低联跨的建筑物

高低联跨的建筑物，应以高跨结构外边线为界分别计算建筑面积；其高低跨内部连通时，其变形缝应计算在低跨面积内。

18. 幕墙、外墙外保温隔热层

以幕墙作为围护结构的建筑物，应按幕墙外边线计算建筑面积。建筑物外墙外侧有保温隔热层的，应按保温隔热层外边线计算建筑面积。

19. 变形缝

建筑物内的变形缝，应按其自然层合并在建筑物面积内计算。

注：此处所指建筑物内的变形缝是与建筑物相连通的变形缝，即暴露在建筑物内，可以看得见的变形缝。

3.1.3 不计算建筑面积的项目

（1）建筑物通道（骑楼、过街楼的底层）。

（2）建筑物内设备管道夹层。

（3）建筑物内分隔的单层房间，舞台及后台悬挂幕布、布景的天桥、挑台等。

（4）屋顶水箱、花架、凉棚、露台、露天游泳池。

（5）建筑物内的操作平台、上料平台、安装箱和罐体的平台。

（6）勒脚、附墙柱、垛、台阶、墙面抹灰、装饰面、镶贴块料面层、装饰性幕墙、空调室外机搁板（箱）、飘窗、构件、配件、宽度在 2.10m 以内的雨篷以及与建筑物内不相连的装饰性阳台、挑廊。

注：突出墙外的勒脚、附墙柱垛、台阶、墙面抹灰、装饰面、镶贴块料面层、装饰性幕墙、空调室外机搁板（箱）、飘窗、构件、配件、宽度在 2.10m 以内的雨篷以及与建筑物内不相连的装饰性阳台、挑廊等均不属于建筑结构，不应计算建筑面积。

（7）无永久性顶盖的架空走廊、室外楼梯和用于检修、消防等的室外钢楼梯、爬梯。

（8）自动扶梯、自动人行道。

注：自动扶梯（斜步道滚梯），除两端固定在楼层板或梁之外，扶梯本身属于设备，为此扶梯不宜计算建筑面积。水平步道（滚梯）属于安装在楼板上的设备，不应单独计算建筑面积。

（9）独立烟囱、烟道、地沟、油（水）罐、气柜、水塔、贮油（水）池、贮仓、栈桥、地下人防通道、地铁隧道。

3.1.4　计算建筑面积的注意事项

（1）在计算建筑面积时，是按外墙的外边线取定尺寸，而设计图纸多以轴线标注尺寸，因此，要将底层和标准层按各自墙厚尺寸转换成边线尺寸进行计算。

（2）当在同一外边轴线上有墙、柱时，要查看墙外边线是否一致，不一致时要按墙外边线、柱外边线分别取定尺寸计算建筑面积。

（3）当遇有建筑物内留有天井空间时，在计算建筑面积中应注意扣除天井面积。

（4）无柱走廊、檐廊和无围护结构的阳台，通常都按栏杆或栏板标注尺寸，其水平面积可以按栏杆或栏板墙外边线取定尺寸。如果是采用钢木花栏杆的，应以廊台板外边线取定尺寸。

（5）层高小于 2.20m 的架空层或结构层通常均不计算建筑面积。

3.1.5　建筑面积计算实例

【例 3-1】求图 3-8 所示的单层厂房的建筑面积。

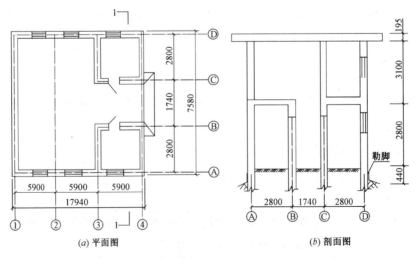

(a) 平面图　　　　　　*(b)* 剖面图

图 3-8　单层厂房图（单位：mm）

【解】

（1）底层建筑面积 S_1

$$S_1 = 17.94 \times 7.58 = 135.99(m^2)$$

（2）局部二层建筑面积 S_2

$$S_2 = (5.9 + 0.24) \times (2.8 + 0.24) \times 2 = 37.33(m^2)$$

（3）单层厂房建筑面积 S

$$S = S_1 + S_2 = 135.99 + 37.33 = 173.32(m^2)$$

【例3-2】求图3-9所示的高低跨单层厂房的建筑面积。

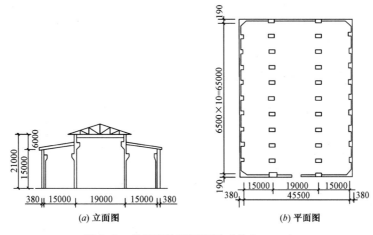

图3-9　高低跨单层厂房图（单位：mm）

【解】

此单层厂房的外墙嵌在柱间，外柱的外边就是外墙的外边。

（1）边跨的建筑面积 S_1

$$S_1 = (65.0 + 0.19 \times 2) \times (15.0 + 0.38) \times 2 = 2011.09(m^2)$$

（2）中跨的建筑面积 S_2

$$S_2 = (65.0 + 0.19 \times 2) \times 19 = 1242.22(m^2)$$

（3）总建筑面积 S

$$S = S_1 + S_2 = 2011.09 + 1242.22 = 3253.31(m^2)$$

【例3-3】如图3-10所示为某宾馆示意图，计算该宾馆的建筑面积。

【解】

（1）底层建筑面积 S_1

$$S_1 = (4 \times 8 + 0.12 \times 2) \times (4.5 \times 2 + 2.2 + 0.12 \times 2) = 368.83(m^2)$$

（2）二层建筑面积 S_2

$$S_2 = (4 \times 8 + 0.12 \times 2) \times (4.5 \times 2 + 2.2 + 0.12 \times 2) - (4 \times 2 - 0.12 \times 2) \times$$
$$(4.5 - 0.12 \times 2) = 335.77(m^2)$$

（3）三、四、五层建筑面积 S_3

$$S_3 = (4 \times 8 + 0.12 \times 2) \times (4.5 \times 2 + 2.2 + 0.12 \times 2) \times 3 = 1106.48(m^2)$$

（4）总建筑面积 S

$$S = S_1 + S_2 + S_3 = 368.83 + 335.77 + 1106.48 = 1811.08 (\text{m}^2)$$

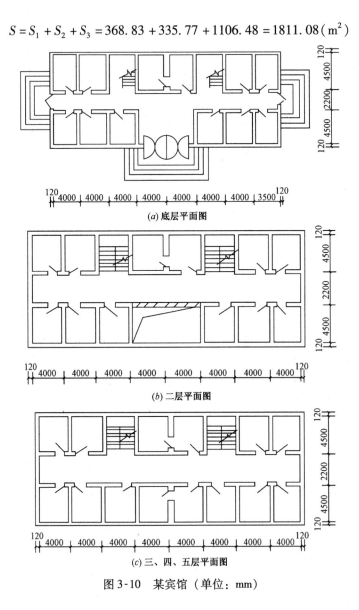

(a) 底层平面图

(b) 二层平面图

(c) 三、四、五层平面图

图 3-10 某宾馆（单位：mm）

【例3-4】如图 3-11 所示为无柱有盖的走廊、檐廊示意图，长度为 22m，宽度为 1.3m。试求该无柱有盖的走廊、檐廊的建筑面积。

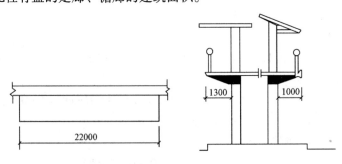

图 3-11 无柱有盖的走廊、檐廊（单位：mm）

【解】

$$S_{(走廊)} = \frac{1}{2} \times 22 \times 1.3 = 14.3 \ (m^2)$$

$$S_{(檐廊)} = \frac{1}{2} \times 22 \times 1 = 11 \ (m^2)$$

【例3-5】 如图3-12所示为舞台灯光控制室示意图，求舞台灯光控制室的建筑面积。

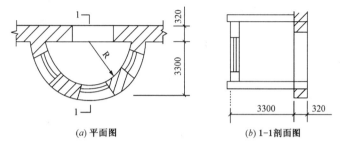

(a) 平面图　　　　　　(b) 1-1剖面图

图3-12　舞台灯光控制室（单位：mm）

【解】

$$S = \frac{3.14 \times 3.3^2}{2} = 17.10 \ (m^2)$$

【例3-6】 如图3-13所示为有柱雨篷平面示意图，求其建筑面积。

【解】

$$\begin{aligned} S_{(雨篷)} &= (1.8+0.8) \times (2.4+0.8) \\ &= 8.32(m^2) \end{aligned}$$

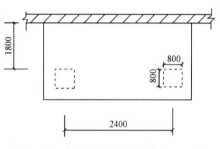

图3-13　有柱雨篷平面（单位：mm）

3.2　土石方工程清单计价工程量计算

3.2.1　土石方工程清单工程量计算规则

1. 土方工程

土方工程工程量清单项目设置、项目特征描述的内容、计量单位及工程量计算规则，应按表3-1的规定执行。

土方工程（编号：010101）　　　　　　　　表3-1

项目编码	项目名称	项目特征	计量单位	工程量计算规则	工作内容
010101001	平整场地	1. 土壤类别 2. 弃土运距 3. 取土运距	m²	按设计图示尺寸以建筑物首层面积计算	1. 土方挖填 2. 场地找平 3. 运输

项目编码	项目名称	项目特征	计量单位	工程量计算规则	工作内容
010101002	挖一般土方	1. 土壤类别 2. 挖土深度 3. 弃土运距	m³	按设计图示尺寸以体积计算	1. 排地表水 2. 土方开挖 3. 围护（挡土板）及拆除 4. 基底钎探 5. 运输
010101003	挖沟槽土方			按设计图示尺寸以基础垫层底面积乘以挖土深度计算	
010101004	挖基坑土方				
010101005	冻土开挖	1. 冻土厚度 2. 弃土运距	m³	按设计图示尺寸开挖面积乘以厚度以体积计算	1. 爆破 2. 开挖 3. 清理 4. 运输
010101006	挖淤泥、流砂	1. 挖掘深度 2. 弃淤泥、流砂距离		按设计图示位置、界限以体积计算	1. 开挖 2. 运输
010101007	管沟土方	1. 土壤类别 2. 管外径 3. 挖沟深度 4. 回填要求	1. m 2. m³	1. 以米计量，按设计图示以管道中心线长度计算 2. 以立方米计量，按设计图示管底垫层面积乘以挖土深度计算；无管底垫层按管外径的水平投影面积乘以挖土深度计算。不扣除各类井的长度，井的土方并入	1. 排地表水 2. 土方开挖 3. 围护（挡土板）、支撑 4. 运输 5. 回填

2. 石方工程

石方工程工程量清单项目设置、项目特征描述的内容、计量单位及工程量计算规则，应按表3-2的规定执行。

石方工程（编号：010102） 表3-2

项目编码	项目名称	项目特征	计量单位	工程量计算规则	工作内容
010102001	挖一般石方	1. 岩石类别 2. 开凿深度 3. 弃碴运距	m³	按设计图示尺寸以体积计算	1. 排地表水 2. 凿石 3. 运输
010102002	挖沟槽石方			按设计图示尺寸沟槽底面积乘以挖石深度以体积计算	
010102003	挖基坑石方			按设计图示尺寸基坑底面积乘以挖石深度以体积计算	
010102004	挖管沟石方	1. 岩石类别 2. 管外径 3. 挖沟深度	1. m 2. m³	1. 以米计量，按设计图示以管道中心线长度计算 2. 以立方米计量，按设计图示截面积乘以长度计算	1. 排地表水 2. 凿石 3. 回填 4. 运输

3. 回填

回填工程工程量清单项目设置、项目特征描述的内容、计量单位及工程量计算规则，应按表3-3的规定执行。

回填（编号：010103） 表3-3

项目编码	项目名称	项目特征	计量单位	工程量计算规则	工作内容
010103001	回填方	1. 密实度要求 2. 填方材料品种 3. 填方粒径要求 4. 填方来源、运距	m³	按设计图示尺寸以体积计算 1. 场地回填：回填面积乘平均回填厚度 2. 室内回填：主墙间面积乘回填厚度，不扣除间隔墙 3. 基础回填：按挖方清单项目工程量减去自然地坪以下埋设的基础体积（包括基础垫层及其他构筑物）	1. 运输 2. 回填 3. 压实
010103002	余方弃置	1. 废弃料品种 2. 运距		按挖方清单项目工程量减利用回填方体积（正数）计算	余方点装料运输至弃置点

3.2.2 土石方工程清单相关问题及说明

1. 土方工程

（1）挖土方平均厚度应按自然地面测量标高至设计地坪标高间的平均厚度确定。基础土方开挖深度应按基础垫层底表面标高至交付施工场地标高确定，无交付施工场地标高时，应按自然地面标高确定。

（2）建筑物场地厚度小于等于±300mm的挖、填、运、找平，应按"土石方工程"中平整场地项目编码列项。厚度大于±300mm的竖向布置挖土或山坡切土应按"土石方工程"中挖一般土方项目编码列项。

（3）沟槽、基坑、一般土方的划分为：底宽小于等于7m且底长大于3倍底宽为沟槽，底长小于等于3倍底宽且底面积小于等于150m²为基坑，超出上述范围则为一般土方。

（4）挖土方如需截桩头时，应按桩基工程相关项目列项。

（5）桩间挖土不扣除桩的体积，并在项目特征中加以描述。

（6）弃、取土运距可以不描述，但应注明由投标人根据施工现场实际情况自行考虑，决定报价。

（7）土壤的分类应按表3-4确定，如土壤类别不能准确划分时，招标人可注明为综合，由投标人根据地勘报告决定报价。

（8）土方体积应按挖掘前的天然密实体积计算。非天然密实土方应按表3-5折算。

（9）挖沟槽、基坑、一般土方因工作面和放坡增加的工程量（管沟工作面增加的工

土 壤 分 类 表3-4

土壤分类	土 壤 名 称	开 挖 方 法
一、二类土	粉土、砂土（粉砂、细砂、中砂、粗砂、砾砂）、粉质黏土、弱中盐渍土、软土（淤泥质土、泥炭、泥炭质土）、软塑红黏土、冲填土	用锹、少许用镐、条锄开挖。机械能全部直接铲挖满载者
三类土	黏土、碎石土（圆砾、角砾）混合土、可塑红黏土、硬塑红黏土、强盐渍土、素填土、压实填土	主要用镐、条锄、少许用锹开挖。机械需部分刨松方能铲挖满载者或可直接铲挖但不能满载者
四类土	碎石土（卵石、碎石、漂石、块石）、坚硬红黏土、超盐渍土、杂填土	全部用镐、条锄挖掘、少许用撬棍挖掘。机械须普遍刨松方能铲挖满载者

注：本表土的名称及其含义按国家标准《岩土工程勘察规范》（GB 50021—2001）（2009 年版）定义。

土方体积折算系数 表3-5

天然密实度体积	虚方体积	夯实后体积	松填体积
0.77	1.00	0.67	0.83
1.00	1.30	0.87	1.08
1.15	1.50	1.00	1.25
0.92	1.20	0.80	1.00

注：1. 虚方指未经碾压、堆积时间小于等于 1 年的土壤。

2. 本表按《全国统一建筑工程预算工程量计算规则》（GJDGZ 101—1995）整理。

3. 设计密实度超过规定的，填方体积按工程设计要求执行；无设计要求按各省、自治区、直辖市或行业建设行政主管部门规定的系数执行。

程量）是否并入各土方工程量中，应按各省、自治区、直辖市或行业建设主管部门的规定实施，如并入各土方工程量中，办理工程结算时，按经发包人认可的施工组织设计规定计算，编制工程量清单时，可按表3-6～表3-8规定计算。

放 坡 系 数 表3-6

土类别	放坡起点/m	人工挖土	机械挖土		
			在坑内作业	在坑上作业	顺沟槽在坑上作业
一、二类土	1.20	1:0.5	1:0.33	1:0.75	1:0.5
三类土	1.50	1:0.33	1:0.25	1:0.67	1:0.33
四类土	2.00	1:0.25	1:0.10	1:0.33	1:0.25

注：1. 沟槽、基坑中土类别不同时，分别按其放坡起点、放坡系数、依不同土类别厚度加权平均计算。

2. 计算放坡时，在交接处的重复工程量不予扣除，原槽、坑作基础垫层时，放坡自垫层上表面开始计算。

基础施工所需工作面宽度   表3-7

基础材料	每边各增加工作面宽度/mm	基础材料	每边各增加工作面宽度/mm
砖基础	200	混凝土基础支模板	300
浆砌毛石、条石基础	150	基础垂直面做防水层	1000（防水层面）
混凝土基础垫层支模板	300		

注：本表按《全国统一建筑工程预算工程量计算规则》（GJDGZ 101—1995）整理。

管沟施工每侧所需工作面宽度   表3-8

管道结构宽/mm 管沟材料	≤500	≤1000	≤2500	>2500
混凝土及钢筋混凝土管道/mm	400	500	600	700
其他材质管道/mm	300	400	500	600

注：1. 本表按《全国统一建筑工程预算工程量计算规则》（GJDGZ 101—1995）整理。

2. 管道结构宽：有管座的按基础外缘，无管座的按管道外径。

（10）挖方出现流砂、淤泥时，如设计未明确，在编制工程量清单时，其工程数量可为暂估量，结算时应根据实际情况由发包人与承包人双方现场签证确认工程量。

（11）管沟土方项目适用于管道（给排水、工业、电力、通信）、光（电）缆沟［包括：人（手）孔、接口坑］及连接井（检查井）等。

2. 石方工程

（1）挖石应按自然地面测量标高至设计地坪标高的平均厚度确定。基础石方开挖深度应按基础垫层底表面标高至交付施工现场地标高确定，无交付施工场地标高时，应按自然地面标高确定。

（2）厚度大于±300mm的竖向布置挖石或山坡凿石应按"土石方工程"中"挖一般石方"项目编码列项。

（3）沟槽、基坑、一般石方的划分为：底宽小于等于7m且底长大于3倍底宽为沟槽；底长小于等于3倍底宽且底面积小于等于150m^{2}为基坑；超出上述范围则为一般石方。

（4）弃碴运距可以不描述，但应注明由投标人根据施工现场实际情况自行考虑，决定报价。

（5）岩石的分类应按表3-9确定。

岩石分类   表3-9

岩石分类	代表性岩石	开挖方法
极软岩	1. 全风化的各种岩石 2. 各种半成岩	部分用手凿工具、部分用爆破法开挖

岩石分类		代表性岩石	开挖方法
软质岩	软岩	1. 强风化的坚硬岩或较硬岩 2. 中等风化-强风化的较软岩 3. 未风化-微风化的页岩、泥岩、泥质砂岩等	用风镐和爆破法开挖
	较软岩	1. 中等风化-强风化的坚硬岩或较硬岩 2. 未风化-微风化的凝灰岩、千枚岩、泥灰岩、砂质泥岩等	用爆破法开挖
硬质岩	较硬岩	1. 微风化的坚硬岩 2. 未风化-微风化的大理岩、板岩、石灰岩、白云岩、钙质砂岩等	用爆破法开挖
	坚硬岩	未风化-微风化的花岗岩、闪长岩、辉绿岩、玄武岩、安山岩、片麻岩、石英岩、石英砂岩、硅质砾岩、硅质石灰岩等	用爆破法开挖

注：本表依据国家标准《工程岩体分级标准》（GB 50218—1994）和《岩土工程勘察规范》（GB 50021—2001）（2009 年版）整理。

（6）石方体积应按挖掘前的天然密实体积计算。非天然密实石方应按表 3-10 折算。

（7）管沟石方项目适用于管道（给排水、工业、电力、通信）、光（电）缆沟［包括：人（手）孔、接口坑］及连接井（检查井）等。

石方体积折算系数 表 3-10

石方类别	天然密实度体积	虚方体积	松填体积	码　方
石方	1.00	1.54	1.31	—
块石	1.00	1.75	1.43	1.67
砂夹石	1.00	1.07	0.94	—

注：本表按原建设部颁发《爆破工程消耗量定额》（GYD 102—2008）整理。

3. 回填

（1）填方密实度要求，在无特殊要求情况下，项目特征可描述为满足设计和规范的要求。

（2）填方材料品种可以不描述，但应注明由投标人根据设计要求验方后方可填入，并符合相关工程的质量规范要求。

（3）填方粒径要求，在无特殊要求情况下，项目特征可以不描述。

（4）如需买土回填应在项目特征填方来源中描述，并注明买土方数量。

3.2.3　土石方工程工程量计算实例

【例 3-7】某工程如下：

（1）设计说明

1）某工程 ±0.00 以下基础工程施工图如图 3-14 所示，室内外标高差为 450mm。

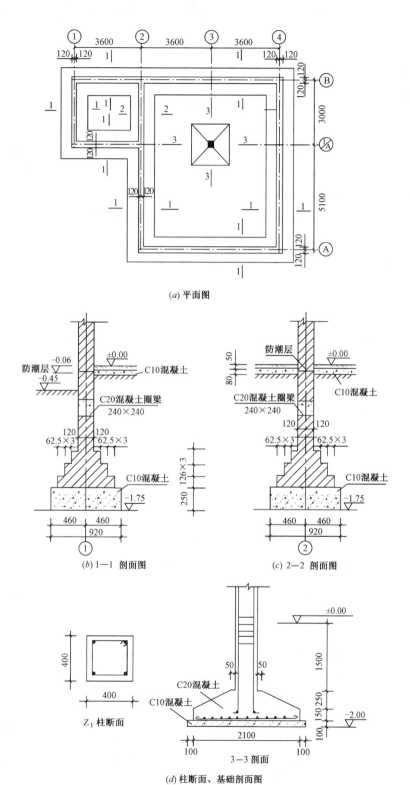

(a) 平面图

(b) 1—1 剖面图

(c) 2—2 剖面图

(d) 柱断面、基础剖面图

图 3-14 某工程 ±0.00 以下基础工程（单位：mm）

2）基础垫层为非原槽浇注，垫层支模，混凝土强度等级为 C10，地圈梁混凝土强度等级为 C20。

3）砖基础，使用普通页岩标准砖，M5 水泥砂浆砌筑。

4）独立柱基及柱为 C20 混凝土。

5）本工程建设方已完成三通一平。

6）混凝土及砂浆材料为：中砂、砾石、细砂，均现场搅拌。

（2）施工方案

1）本基础工程土方为人工开挖，非桩基工程，不考虑开挖时排地表水及基底钎探，不考虑支挡土板施工，工作面为 300mm，放坡系数为 1∶0.33。

2）开挖基础土，其中一部分土壤考虑按挖方量的 60% 进行现场运输、堆放，采用人力车运输，距离为 40m，另一部分土壤在基坑边 5m 内堆放。平整场地弃、取土运距为 5m。弃土外运 5km，回填为夯填。

3）土壤类别三类土，均属天然密实土，现场内土壤堆放时间为 3 个月。

试列出该 ±0.00 以下基础工程的平整场地、挖地槽、地坑、弃土外运、土方回填等项目的分部分项工程量清单。

【解】

清单工程量计算如表 3-11 所示，分部分项工程和单价措施项目清单与计价如表 3-12 所示。

清单工程量

表 3-11

工程名称：某工程

序号	项目编码	项目名称	计　算　式	工程量合计	计量单位
1	010101001001	平整场地	$S = 11.04 \times 3.24 + 5.1 \times 7.44 = 73.71$	73.71	m^2
2	010101003001	挖沟槽土方	$L_外 = (10.8 + 8.1) \times 2 = 37.8$ $L_内 = 3 - 0.92 - 0.3 \times 2 = 1.48$ $S_{1-1(2-2)} = (0.92 + 2 \times 0.3) \times 1.3 = 1.98$ $V = (37.8 + 1.48) \times 1.98 = 77.77$	77.77	m^3
3	010101004001	挖基坑土方	$S_下 = (2.3 + 0.3 \times 2)^2 = 2.9^2$ $S_上 = (2.3 + 0.3 \times 2 + 2 \times 0.33 \times 1.55)^2 = 3.92^2$ $V = \dfrac{1}{3} h (S_上 + S_下 + \sqrt{S_上 S_下})$ $= \dfrac{1}{3} \times 1.55 \times (2.9^2 + 3.92^2 + 2.9 \times 3.92)$ $= 18.16$	18.16	m^3

序号	项目编码	项目名称	计 算 式	工程量合计	计量单位
4	010103001001	土方回填	1. 垫层：$V = (37.8 + 2.08) \times 0.92 \times 0.250 + 2.3 \times 2.3 \times 0.1 = 9.70$ 2. 埋在土下砖基础(含圈梁)：$V = (37.8 + 2.76) \times (1.05 \times 0.24 + 0.0625 \times 3 \times 0.126 \times 4) = 40.56 \times 0.3465 = 14.05$ 3. 埋在土下的混凝土基础及柱：$V = \frac{1}{3} \times 0.25 \times (0.5^2 + 2.1^2 + 0.5 \times 2.1) + 1.05 \times 0.4 \times 0.4 + 2.1 \times 2.1 \times 0.15 = 1.31$ 基坑回填：$V = 77.77 + 18.16 - 9.7 - 14.05 - 1.31 = 70.87$ 室内回填：$V = (3.36 \times 2.76 + 7.86 \times 6.96 - 0.4 \times 0.4) \times (0.45 - 0.13) = 20.42$	91.29	m^3
5	010103002001	余方弃置	$V = 95.93 - 91.29 = 4.64$	4.64	m^3

注：1. 某省规定：挖沟槽、基坑因工作面和放坡增加的工程量，并入各土方工程量中。

2. 按表 3-6 三类土放坡起点应为 1.5m，因挖沟槽土方不应计算放坡。

分部分项工程和单价措施项目清单与计价　　　　表 3-12

工程名称：某工程

序号	项目编码	项目名称	项目特征描述	计算单位	工程量	金额/元	
						综合单价	合价
1	010101001001	平整场地	1. 土壤类别：三类土 2. 弃土运距：5m 3. 取土运距：5m	m^2	73.71		
2	010101003001	挖沟槽土方	1. 土壤类别：三类土 2. 挖土深度：1.30m 3. 弃土运距：40m	m^3	77.77		
3	010101004001	挖基坑土方	1. 土壤类别：三类土 2. 挖土深度：1.55m 3. 弃土运距：40m	m^3	18.16		
4	010103002001	余方弃置	弃土运距：5km	m^3	4.64		
5	010103001001	土方回填	1. 土质要求：满足规范及设计 2. 密实度要求：满足规范及设计 3. 粒径要求：满足规范及设计 4. 夯填（碾压）：夯填 5. 运输距离：40m	m^3	91.29		

【例3-8】 开挖的某建筑物沟槽如图3-15所示，挖深1.5m，土质为普通岩石，计算其沟槽开挖的清单工程量。

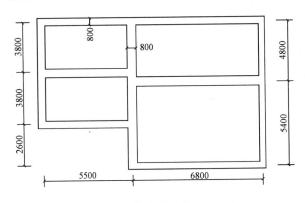

图3-15　沟槽示意（单位：mm）

【解】

外墙沟槽中心线长 $= 2 \times (5.5 + 6.8) + 5.4 + 4.8 + 3.8 \times 2 + 2.6 = 45(m)$

内墙沟槽净长 $= (5.5 - 0.8) + (6.8 - 0.8) + (3.8 + 3.8 - 0.8) = 17.5(m)$

沟槽总长度 $= 45 + 17.5 = 62.5(m)$

所以沟槽开挖工程量 $= 0.8 \times 62.5 \times 1.5 = 75(m^3)$

清单工程量计算如表3-13所示。

清单工程量　　　　　　　　　　　　　　　　　　表3-13

项目编码	项目名称	项目特征描述	工程量合计	计量单位
010102002001	挖沟槽石方	普通岩石，挖深1.5m	75	m³

3.3　地基处理与边坡支护工程清单计价工程量计算

3.3.1　地基处理与边坡支护工程清单工程量计算规则

1. 地基处理

地基处理工程量清单项目设置、项目特征描述的内容、计量单位及工程量计算规则，应按表3-14的规定执行。

地基处理（编号：010201）　　　　　　　　　　　　表3-14

项目编码	项目名称	项目特征	计量单位	工程量计算规则	工作内容
010201001	换填垫层	1. 材料种类及配比 2. 压实系数 3. 掺加剂品种	m³	按设计图示尺寸以体积计算	1. 分层铺填 2. 碾压、振密或夯实 3. 材料运输

项目编码	项目名称	项目特征	计量单位	工程量计算规则	工作内容
010201002	铺设土工合成材料	1. 部位 2. 品种 3. 规格	m²	按设计图示尺寸以面积计算	1. 挖填锚固沟 2. 铺设 3. 固定 4. 运输
010201003	预压地基	1. 排水竖井种类、断面尺寸、排列方式、间距、深度 2. 预压方法 3. 预压荷载、时间 4. 砂垫层厚度		按设计图示处理范围以面积计算	1. 设置排水竖井、盲沟、滤水管 2. 铺设砂垫层、密封膜 3. 堆载、卸载或抽气设备安拆、抽真空 4. 材料运输
010201004	强夯地基	1. 夯击能量 2. 夯击遍数 3. 夯击点布置形式、间距 4. 地耐力要求 5. 夯填材料种类			1. 铺设夯填材料 2. 强夯 3. 夯填材料运输
010201005	振冲密实（不填料）	1. 地层情况 2. 振密深度 3. 孔距			1. 振冲加密 2. 泥浆运输
010201006	振冲桩（填料）	1. 地层情况 2. 空桩长度、桩长 3. 桩径 4. 填充材料种类	1. m 2. m³	1. 以米计量，按设计图示尺寸以桩长计算 2. 以立方米计量，按设计桩截面乘以桩长以体积计算	1. 振冲成孔、填料、振实 2. 材料运输 3. 泥浆运输
010201007	砂石桩	1. 地层情况 2. 空桩长度、桩长 3. 桩径 4. 成孔方法 5. 材料种类、级配		1. 以米计量，按设计图示尺寸以桩长（包括桩尖）计算 2. 以立方米计量，按设计桩截面乘以桩长（包括桩尖）以体积计算	1. 成孔 2. 填充、振实 3. 材料运输
010201008	水泥粉煤灰碎石桩	1. 地层情况 2. 空桩长度、桩长 3. 桩径 4. 成孔方法 5. 混合料强度等级	m	按设计图示尺寸以桩长（包括桩尖）计算	1. 成孔 2. 混合料制作、灌注、养护 3. 材料运输

项目编码	项目名称	项目特征	计量单位	工程量计算规则	工作内容
010201009	深层搅拌桩	1. 地层情况 2. 空桩长度、桩长 3. 桩截面尺寸 4. 水泥强度等级、掺量	m	按设计图示尺寸以桩长计算	1. 预搅下钻、水泥浆制作、喷浆搅拌提升成桩 2. 材料运输
010201010	粉喷桩	1. 地层情况 2. 空桩长度、桩长 3. 桩径 4. 粉体种类、掺量 5. 水泥强度等级、石灰粉要求			1. 预搅下钻、喷粉搅拌提升成桩 2. 材料运输
010201011	夯实水泥土桩	1. 地层情况 2. 空桩长度、桩长 3. 桩径 4. 成孔方法 5. 水泥强度等级 6. 混合料配比		按设计图示尺寸以桩长（包括桩尖）计算	1. 成孔、夯底 2. 水泥土拌和、填料、夯实 3. 材料运输
010201012	高压喷射注浆桩	1. 地层情况 2. 空桩长度、桩长 3. 桩截面 4. 注浆类型、方法 5. 水泥强度等级		按设计图示尺寸以桩长计算	1. 成孔 2. 水泥浆制作、高压喷射注浆 3. 材料运输
010201013	石灰桩	1. 地层情况 2. 空桩长度、桩长 3. 桩径 4. 成孔方法 5. 掺和料种类、配合比		按设计图示尺寸以桩长（包括桩尖）计算	1. 成孔 2. 混合料制作、运输、夯填
010201014	灰土（土）挤密桩	1. 地层情况 2. 空桩长度、桩长 3. 桩径 4. 成孔方法 5. 灰土级配			1. 成孔 2. 灰土拌和、运输、填充、夯实
010201015	柱锤冲扩桩	1. 地层情况 2. 空桩长度、桩长 3. 桩径 4. 成孔方法 5. 桩体材料种类、配合比		按设计图示尺寸以桩长计算	1. 安、拔套管 2. 冲孔、填料、夯实 3. 桩体材料制作、运输

项目编码	项目名称	项目特征	计量单位	工程量计算规则	工作内容
010201016	注浆地基	1. 地层情况 2. 空钻深度、注浆深度 3. 注浆间距 4. 浆液种类及配比 5. 注浆方法 6. 水泥强度等级	1. m 2. m³	1. 以米计量，按设计图示尺寸以钻孔深度计算 2. 以立方米计量，按设计图示尺寸以加固体积计算	1. 成孔 2. 注浆导管制作、安装 3. 浆液制作、压浆 4. 材料运输
010201017	褥垫层	1. 厚度 2. 材料品种及比例	1. m² 2. m³	1. 以平方米计量，按设计图示尺寸以铺设面积计算 2. 以立方米计量，按设计图示尺寸以体积计算	材料拌和、运输、铺设、压实

2. 基坑与边坡支护

基坑与边坡支护工程量清单项目设置、项目特征描述的内容、计量单位及工程量计算规则，应按表3-15的规定执行。

基坑与边坡支护（编号：010202）　　　　　　　　表3-15

项目编码	项目名称	项目特征	计量单位	工程量计算规则	工作内容
010202001	地下连续墙	1. 地层情况 2. 导墙类型、截面 3. 墙体厚度 4. 成槽深度 5. 混凝土种类、强度等级 6. 接头形式	m³	按设计图示墙中心线长乘以厚度乘以槽深以体积计算	1. 导墙挖填、制作、安装、拆除 2. 挖土成槽、固壁、清底置换 3. 混凝土制作、运输、灌注、养护 4. 接头处理 5. 土方、废泥浆外运 6. 打桩场地硬化及泥浆池、泥浆沟
010202002	咬合灌注桩	1. 地层情况 2. 桩长 3. 桩径 4. 混凝土种类、强度等级 5. 部位	1. m 2. 根	1. 以米计量，按设计图示尺寸以桩长计算 2. 以根计量，按设计图示数量计算	1. 成孔、固壁 2. 混凝土制作、运输、灌注、养护 3. 套管压拔 4. 土方、废泥浆外运 5. 打桩场地硬化及泥浆池、泥浆沟

项目编码	项目名称	项目特征	计量单位	工程量计算规则	工作内容
010202003	圆木桩	1. 地层情况 2. 桩长 3. 材质 4. 尾径 5. 桩倾斜度	1. m 2. 根	1. 以米计量，按设计图示尺寸以桩长（包括桩尖）计算 2. 以根计量，按设计图示数量计算	1. 工作平台搭拆 2. 桩机移位 3. 桩靴安装 4. 沉桩
010202004	预制钢筋混凝土板桩	1. 地层情况 2. 送桩深度、桩长 3. 桩截面 4. 沉桩方法 5. 连接方式 6. 混凝土强度等级	1. m 2. 根	1. 以米计量，按设计图示尺寸以桩长（包括桩尖）计算 2. 以根计量，按设计图示数量计算	1. 工作平台搭拆 2. 桩机移位 3. 沉桩 4. 板桩连接
010202005	型钢桩	1. 地层情况或部位 2. 送桩深度、桩长 3. 规格型号 4. 桩倾斜度 5. 防护材料种类 6. 是否拔出	1. t 2. 根	1. 以吨计量，按设计图示尺寸以质量计算 2. 以根计量，按设计图示数量计算	1. 工作平台搭拆 2. 桩机移位 3. 打（拔）桩 4. 接桩 5. 刷防护材料
010202006	钢板桩	1. 地层情况 2. 桩长 3. 板桩厚度	1. t 2. m²	1. 以吨计量，按设计图示尺寸以质量计算 2. 以平方米计量，按设计图示墙中心线长乘以桩长以面积计算	1. 工作平台搭拆 2. 桩机移位 3. 打拔钢板桩
010202007	锚杆（锚索）	1. 地层情况 2. 锚杆（索）类型、部位 3. 钻孔深度 4. 钻孔直径 5. 杆体材料品种、规格、数量 6. 预应力 7. 浆液种类、强度等级	1. m 2. 根	1. 以米计量，按设计图示尺寸以钻孔深度计算 2. 以根计量，按设计图示数量计算	1. 钻孔、浆液制作、运输、压浆 2. 锚杆（锚索）制作、安装 3. 张拉锚固 4. 锚杆、锚索施工平台搭设、拆除
010202008	土钉	1. 地层情况 2. 钻孔深度 3. 钻孔直径 4. 置入方法 5. 杆体材料品种、规格、数量 6. 浆液种类、强度等级			1. 钻孔、浆液制作、运输、压浆 2. 土钉制作、安装 3. 土钉施工平台搭设、拆除

项目编码	项目名称	项目特征	计量单位	工程量计算规则	工作内容
010202009	喷射混凝土、水泥砂浆	1. 部位 2. 厚度 3. 材料种类 4. 混凝土（砂浆）类别、强度等级	m²	按设计图示尺寸以面积计算	1. 修整边坡 2. 混凝土（砂浆）制作、运输、喷射、养护 3. 钻排水孔、安装排水管 4. 喷射施工平台搭设、拆除
010202010	钢筋混凝土支撑	1. 部位 2. 混凝土种类 3. 混凝土强度等级	m³	按设计图示尺寸以体积计算	1. 模板（支架或支撑）制作、安装、拆除、堆放、运输及清理模内杂物、刷隔离剂等 2. 混凝土制作、运输、浇筑、振捣、养护
010202011	钢支撑	1. 部位 2. 钢材品种、规格 3. 探伤要求	t	按设计图示尺寸以质量计算。不扣除孔眼质量，焊条、铆钉、螺栓等不另增加质量	1. 支撑、铁件制作（摊销、租赁） 2. 支撑、铁件安装 3. 探伤 4. 刷漆 5. 拆除 6. 运输

3.3.2 地基处理与边坡支护工程清单相关问题及说明

1. 地基处理

（1）地层情况按表 3-4 和表 3-9 的规定，并根据岩土工程勘察报告按单位工程各地层所占比例（包括范围值）进行描述。对无法准确描述的地层情况，可注明由投标人根据岩土工程勘察报告自行决定报价。

（2）项目特征中的桩长应包括桩尖，空桩长度 = 孔深 − 桩长，孔深为自然地面至设计桩底的深度。

（3）高压喷射注浆类型包括旋喷、摆喷、定喷，高压喷射注浆方法包括单管法、双重管法、三重管法。

（4）如采用泥浆护壁成孔，工作内容包括土方、废泥浆外运，如采用沉管灌注成孔，工作内容包括桩尖制作、安装。

2. 基坑与边坡支护

（1）地层情况按表 3-4 和表 3-9 的规定，并根据岩土工程勘察报告按单位工程各地层所占比例（包括范围值）进行描述。对无法准确描述的地层情况，可注明由投标人根据岩土工程勘察报告自行决定报价。

（2）土钉置入方法包括钻孔置入、打入或射入等。

（3）混凝土种类：指清水混凝土、彩色混凝土等，如在同一地区既使用预拌（商品）混凝土，又允许现场搅拌混凝土时，也应注明（下同）。

（4）地下连续墙和喷射混凝土（砂浆）的钢筋网、咬合灌注桩的钢筋笼及钢筋混凝土支撑的钢筋制作、安装，按"混凝土及钢筋混凝土工程"中相关项目列项。本分部未列的基坑与边坡支护的排桩按"桩基工程"中相关项目列项。水泥土墙、坑内加固按表3-14中相关项目列项。砖、石挡土墙、护坡按"砌筑工程"中相关项目列项。混凝土挡土墙按"混凝土及钢筋混凝土工程"中相关项目列项。

3.3.3 地基处理与边坡支护工程工程量计算实例

【例3-9】某工程地基处理采用地下连续墙形式，如图3-16所示，墙体厚300mm，埋深5m，土质为二类土，计算其清单工程量。

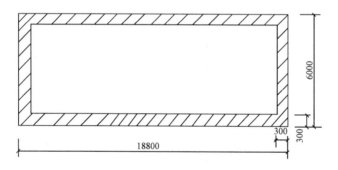

图3-16 地下连续墙平面（单位：mm）

【解】
根据工程量清单规则，按设计图示墙中心线长乘以厚度乘以槽深以体积计算。

工程量 $= \left[(18.8 - 0.3) + (6.0 - 0.3) \right] \times 2 \times 0.3 \times 5 = 72.6(\mathrm{m}^3)$

清单工程量计算如表3-16所示。

清单工程量 表3-16

项目编码	项目名称	项目特征描述	工程量合计	计量单位
010202001001	地下连接墙	1. 二类土 2. 墙体厚度300mm 3. 成槽深度5m 4. 混凝土强度等级 C30	72.6	m³

【例3-10】某幢别墅工程基底为可塑黏土，不能满足设计承载力要求，采用水泥粉煤灰碎石桩进行地基处理，桩径为400mm，桩体强度等级为C20，桩数为52根，设计桩

长为10m，桩端进入硬塑黏土层不少于1.5m，桩顶在地面以下1.5～2m，水泥粉煤灰碎石桩采用振动沉管灌注桩施工，桩顶采用200mm厚人工级配砂石（砂:碎石＝3:7，最大粒径30mm）作为褥垫层，如图3-17所示。试列出该工程地基处理分部分项工程量清单。

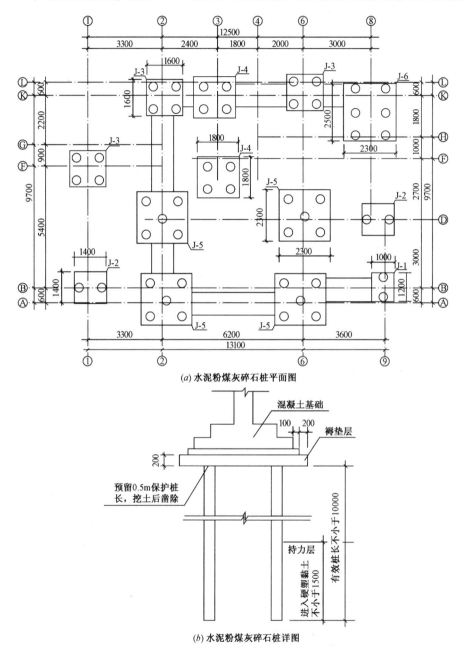

(a) 水泥粉煤灰碎石桩平面图

(b) 水泥粉煤灰碎石桩详图

图3-17　某幢别墅水泥粉煤灰碎石桩平面（单位：mm）

【解】

清单工程量计算如表3-17所示，分部分项工程和单价措施项目清单与计价如表3-18所示。

清单工程量 表3-17

序号	项目编码	项目名称	计 算 式	工程量合计	计量单位
1	010201008001	水泥粉煤灰碎石桩	$L = 52 \times 10 = 520$	520	m
2	010201017001	褥垫层	1. J-1 $1.8 \times 1.6 \times 1 = 2.88$ 2. J-2 $2.0 \times 2.0 \times 2 = 8.00$ 3. J-3 $2.2 \times 2.2 \times 3 = 14.52$ 4. J-4 $2.4 \times 2.4 \times 2 = 11.52$ 5. J-5 $2.9 \times 2.9 \times 4 = 33.64$ 6. J-6 $2.9 \times 3.1 \times 1 = 8.99$ $S = 2.88 + 8.00 + 14.52 + 11.52 + 33.64 + 8.99$ $= 79.55$	79.55	m^2
3	010301004001	截（凿）桩头	$n = 52$	52	根

分部分项工程和单价措施项目清单与计价 表3-18

工程名称：某工程

序号	项目编码	项目名称	项目特征描述	计算单位	工程量	金额/元	
						综合单价	合价
1	010201008001	水泥粉煤灰碎石桩	1. 地层情况：三类土 2. 空桩长度、桩长：1.5~2m、10m 3. 桩径：400mm 4. 成孔方法：振动沉管 5. 混合料强度等级：C20	m	520		
2	010201017001	褥垫层	1. 厚度：200mm 2. 材料品种及比例：人工级配砂石（最大粒径30mm），砂：碎石=3:7	m^2	79.55		
3	010301004001	截（凿）桩头	1. 桩类型：水泥粉煤灰碎石桩 2. 桩头截面、高度：400mm、0.5m 3. 混凝土强度等级：C20 4. 有无钢筋：无	根	52		

注：根据规范规定，可塑黏土和硬塑黏土为三类土。

【例3-11】某边坡工程采用土钉支护，根据岩土工程勘察报告，地层为带块石的碎石土，土钉成孔直径为90mm，采用1根HRB335、直径25mm的钢筋作为杆体，成孔深度均为10m，土钉入射倾角为15度，杆筋送入钻孔后，灌注M30水泥砂浆。混凝土面板采用C20喷射混凝土，厚度为120mm，如图3-18所示。试列出该边坡分部分项工程量清单（不考虑挂网及锚杆、喷射平台等内容）。

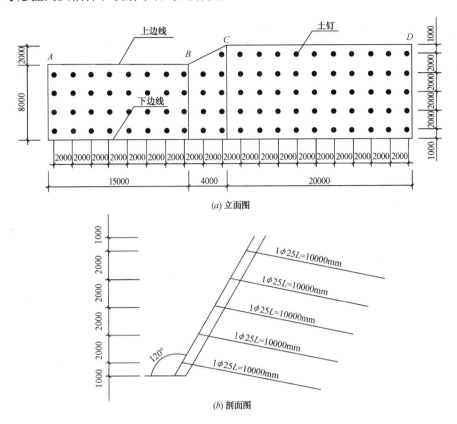

图 3-18　AD 段边坡构造示意（单位：mm）

【解】

清单工程量计算如表 3-19 所示，分部分项工程和单价措施项目清单与计价如表 3-20 所示。

清单工程量 表 3-19

工程名称：某工程

序号	项目编码	项目名称	计　算　式	工程量合计	计量单位
1	010202008001	土钉	$n = 91$	91	根
2	010202009001	喷射混凝土	1. AB 段 $S_1 = 8 \div \sin\dfrac{\pi}{3} \times 15 = 138.56$ 2. BC 段 $S_2 = (10 + 8) \div 2 \div \sin\dfrac{\pi}{3} \times 4 = 41.57$ 3. CD 段 $S_3 = 10 \div \sin\dfrac{\pi}{3} \times 20 = 230.94$ $S = 138.56 + 41.57 + 230.94 = 411.07$	411.07	

工程名称：某工程

序号	项目编码	项目名称	项目特征描述	计量单位	工程量	金额/元	
						综合单价	合价
1	010202008001	土钉	1. 地层情况：四类土 2. 钻孔深度：10m 3. 钻孔直径：90mm 4. 置入方法：钻孔置入 5. 杆体材料品种、规格、数量：1 根 HRB335，直径 25mm 的钢筋 6. 浆液种类、强度等级：M30 水泥砂浆	根	91		
2	010202009001	喷射混凝土	1. 部位：AD 段边坡 2. 厚度：120mm 3. 材料种类：喷射混凝土 4. 混凝土(砂浆)种类、强度等级:C20	m²	411.07		

注：根据规范规定，碎石土为四类土。

3.4 桩基工程清单计价工程量计算

3.4.1 桩基工程清单工程量计算规则

1. 打桩

打桩工程量清单项目设置、项目特征描述的内容、计量单位及工程量计算规则，应按表 3-21 的规定执行。

打桩（编号：010301）   表 3-21

项目编码	项目名称	项目特征	计量单位	工程量计算规则	工作内容
010301001	预制钢筋混凝土方桩	1. 地层情况 2. 送桩深度、桩长 3. 桩截面 4. 桩倾斜度 5. 沉桩方法 6. 接桩方式 7. 混凝土强度等级	1. m 2. m³ 3. 根	1. 以米计量，按设计图示尺寸以桩长（包括桩尖）计算 2. 以立方米计量，按设计图示截面积乘以桩长（包括桩尖）以实体积计算 3. 以根计量，按设计图示数量计算	1. 工作平台搭拆 2. 桩机竖拆、移位 3. 沉桩 4. 接桩 5. 送桩
010301002	预制钢筋混凝土管桩	1. 地层情况 2. 送桩深度、桩长 3. 桩外径、壁厚 4. 桩倾斜度 5. 沉桩方法 6. 桩尖类型 7. 混凝土强度等级 8. 填充材料种类 9. 防护材料种类			1. 工作平台搭拆 2. 桩机竖拆、移位 3. 沉桩 4. 接桩 5. 送桩 6. 桩尖制作安装 7. 填充材料、刷防护材料

项目编码	项目名称	项目特征	计量单位	工程量计算规则	工作内容
010301003	钢管桩	1. 地层情况 2. 送桩深度、桩长 3. 材质 4. 管径、壁厚 5. 桩倾斜度 6. 沉桩方法 7. 填充材料种类 8. 防护材料种类	1. t 2. 根	1. 以吨计量，按设计图示尺寸以质量计算 2. 以根计量，按设计图示数量计算	1. 工作平台搭拆 2. 桩机竖拆、移位 3. 沉桩 4. 接桩 5. 送桩 6. 切割钢管、精割盖帽 7. 管内取土 8. 填充材料、刷防护材料
010301004	截（凿）桩头	1. 桩类型 2. 桩头截面、高度 3. 混凝土强度等级 4. 有无钢筋	1. m³ 2. 根	1. 以立方米计量，按设计桩截面乘以桩头长度以体积计算 2. 以根计量，按设计图示数量计算	1. 截（切割）桩头 2. 凿平 3. 废料外运

2. 灌注桩

灌注桩工程量清单项目设置、项目特征描述的内容、计量单位及工程量计算规则，应按表3-22的规定执行。

灌注桩（编号：010302）　　　　　　表3-22

项目编码	项目名称	项目特征	计量单位	工程量计算规则	工作内容
010302001	泥浆护壁成孔灌注桩	1. 地层情况 2. 空桩长度、桩长 3. 桩径 4. 成孔方法 5. 护筒类型、长度 6. 混凝土种类、强度等级	1. m 2. m³ 3. 根	1. 以米计量，按设计图示尺寸以桩长（包括桩尖）计算 2. 以立方米计量，按不同截面在桩上范围内以体积计算 3. 以根计量，按设计图示数量计算	1. 护筒埋设 2. 成孔、固壁 3. 混凝土制作、运输、灌注、养护 4. 土方、废泥浆外运 5. 打桩场地硬化及泥浆池、泥浆沟
010302002	沉管灌注桩	1. 地层情况 2. 空桩长度、桩长 3. 复打长度 4. 桩径 5. 沉管方法 6. 桩尖类型 7. 混凝土种类、强度等级			1. 打（沉）拔钢管 2. 桩尖制作、安装 3. 混凝土制作、运输、灌注、养护
010302003	干作业成孔灌注桩	1. 地层情况 2. 空桩长度、桩长 3. 桩径 4. 扩孔直径、高度 5. 成孔方法 6. 混凝土种类、强度等级			1. 成孔、扩孔 2. 混凝土制作、运输、灌注、振捣、养护

项目编码	项目名称	项目特征	计量单位	工程量计算规则	工作内容
010302004	挖孔桩土（石）方	1. 地层情况 2. 挖孔深度 3. 弃土（石）运距	m³	按设计图示尺寸（含护壁）截面积乘以挖孔深度以立方米计算	1. 排地表水 2. 挖土、凿石 3. 基底钎探 4. 运输
010302005	人工挖孔灌注桩	1. 桩芯长度 2. 桩芯直径、扩底直径、扩底高度 3. 护壁厚度、高度 4. 护壁混凝土种类、强度等级 5. 桩芯混凝土种类、强度等级	1. m³ 2. 根	1. 以立方米计量，按桩芯混凝土体积计算 2. 以根计量，按设计图示数量计算	1. 护壁制作 2. 混凝土制作、运输、灌注、振捣、养护
010302006	钻孔压浆桩	1. 地层情况 2. 空钻长度、桩长 3. 钻孔直径 4. 水泥强度等级	1. m 2. 根	1. 以米计量，按设计图示尺寸以桩长计算 2. 以根计量，按设计图示数量计算	钻孔、下注浆管、投放骨料、浆液制作、运输、压浆
010302007	灌注桩后压浆	1. 注浆导管材料、规格 2. 注浆导管长度 3. 单孔注浆量 4. 水泥强度等级	孔	按设计图示以注浆孔数计算	1. 注浆导管制作、安装 2. 浆液制作、运输、压浆

3.4.2　桩基工程清单相关问题及说明

1. 打桩

（1）地层情况按表3-4和表3-9的规定，并根据岩土工程勘察报告按单位工程各地层所占比例（包括范围值）进行描述。对无法准确描述的地层情况，可注明由投标人根据岩土工程勘察报告自行决定报价。

（2）土壤级别按表3-23确定。

（3）项目特征中的桩截面、混凝土强度等级、桩类型等可直接用标准图代号或设计桩型进行描述。

（4）预制钢筋混凝土方桩、预制钢筋混凝土管桩项目以成品桩编制，应包括成品桩购置费，如果用现场预制，应包括现场预制桩的所有费用。

（5）打试验桩和打斜桩应按相应项目单独列项，并应在项目特征中注明试验桩或斜桩（斜率）。

（6）截（凿）桩头项目适用于"地基处理与边坡支护工程"、"桩基工程"所列桩的桩头截（凿）。

（7）预制钢筋混凝土管桩桩顶与承台的连接构造按"混凝土及钢筋混凝土工程"相关项目列项。

土 质 鉴 别 表 3-23

内 容		土壤级别	
		一 级 土	二 级 土
砂夹层	砂层连续厚度	<1m	>1m
	砂层中卵石含量	—	<15%
物理性能	压缩系数	>0.02	<0.02
	孔隙比	>0.70	<0.70
力学性能	静力触探值	<50	>50
	动力触探系数	<12	>12
每米纯沉桩时间平均值		<2min	>2min
说 明		桩经外力作用较易沉入的土，土壤中夹有较薄的砂层	桩经外力作用较难沉入的土，土壤中夹有不超过3m的连续厚度砂层

2. 灌注桩

（1）地层情况按表 3-4 和表 3-9 的规定，并根据岩土工程勘察报告按单位工程各地层所占比例（包括范围值）进行描述。对无法准确描述的地层情况，可注明由投标人根据岩土工程勘察报告自行决定报价。

（2）项目特征中的桩长应包括桩尖，空桩长度＝孔深－桩长，孔深为自然地面至设计桩底的深度。

（3）项目特征中的桩截面（桩径）、混凝土强度等级、桩类型等可直接用标准图代号或设计桩型进行描述。

（4）泥浆护壁成孔灌注桩是指在泥浆护壁条件下成孔，采用水下灌注混凝土的桩。其成孔方法包括冲击钻成孔、冲抓锥成孔、回旋钻成孔、潜水钻成孔、泥浆护壁的旋挖成孔等。

（5）沉管灌注桩的沉管方法包括锤击沉管法、振动沉管法、振动冲击沉管法、内夯沉管法等。

（6）干作业成孔灌注桩是指不用泥浆护壁和套管护壁的情况下，用钻机成孔后，下钢筋笼，灌注混凝土的桩，适用于地下水位以上的土层使用。其成孔方法包括螺旋钻成孔、螺旋钻成孔扩底、干作业的旋挖成孔等。

（7）混凝土种类：指清水混凝土、彩色混凝土、水下混凝土等，如在同一地区既使用预拌（商品）混凝土，又允许现场搅拌混凝土时，也应注明（下同）。

（8）混凝土灌注桩的钢筋笼制作、安装，按"混凝土及钢筋混凝土工程"中相关项目编码列项。

3.4.3 桩基工程工程量计算实例

【例 3-12】某工程桩基如图 3-19 所示，

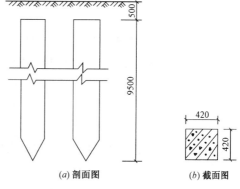

图 3-19 桩基（单位：mm）

（a）剖面图　　（b）截面图

三类土，送桩深度为4.8m，计算其桩清单工程量。

【解】

清单工程量 $= 9500 \times 2 = 19000\,(mm) = 19\,(m)$

清单工程量计算如表3-24所示。

清单工程量 表3-24

项目编码	项目名称	项目特征描述	工程量合计	计量单位
010301001001	预制钢筋混凝土方桩	1. 三类土 2. 送桩深度：4.8m；单桩长：9.5m 3. 桩截面：方形截面420mm×420mm	19	m

【例3-13】某工程采用人工挖孔桩基础，设计情况如图3-20所示，桩数10根，桩端进入中风化泥岩不少于1.5m，护壁混凝土采用现场搅拌，强度等级为C25，桩芯采用商品混凝土，强度等级为C25，土方采用场内转运。

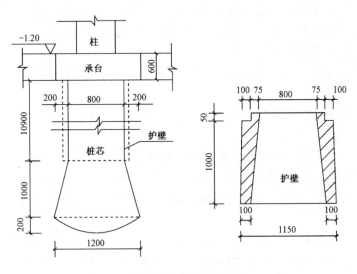

图3-20 某桩基工程示意（单位：mm）

地层情况自上而下为：卵石层（四类土）厚5~7m，强风化泥岩（极软岩）厚3~5m，以下为中风化泥岩（软岩）。试列出该桩基础分部分项工程量清单。

【解】

清单工程量计算如表3-25所示，分部分项工程和单价措施项目清单与计价如表3-26所示。

【例3-14】某工程采用排桩进行基坑支护，排桩采用旋挖钻孔灌注桩进行施工。场地地面标高为495.50~496.10m，旋挖桩桩径为1000mm，桩长为20m，采用水下商品混凝土C30，桩顶标高为493.50 m。桩数为206根，超灌高度不少于1m。根据地质情况，采用5mm厚钢护筒，护筒长度不少于3m。

清单工程量 表3-25

工程名称：某工程

序号	项目编码	项目名称	计 算 式	工程量合计	计量单位
1	010302004001	挖孔桩土（石）方	1. 直芯 $V_1 = \pi \times \left(\dfrac{1.15}{2}\right)^2 \times 10.9 = 11.32$ 2. 扩大头 $V_2 = \dfrac{1}{3} \times 1 \times (\pi \times 0.4^2 + \pi \times 0.6^2 + \pi \times 0.4 \times 0.6) = 0.80$ 3. 扩大头球冠 $V_3 = \pi \times 0.2^2 \times \left(R - \dfrac{0.2}{3}\right)$ $R = \dfrac{0.6^2 + 0.2^2}{2 \times 0.2} = 1$ $V_3 = 3.14 \times 0.2 \times \left(1 - \dfrac{0.2}{3}\right) = 0.12$ $V = V_1 + V_2 + V_3 = (11.32 + 0.8 + 0.12) \times 10$ $= 122.40$	122.40	m³
2	010302005001	人工挖孔灌注桩	1. 护桩壁 C20 混凝土 $V = \pi \times \left[\left(\dfrac{1.15}{2}\right)^2 - \left(\dfrac{0.875}{2}\right)^2\right] \times 10.9 \times 10$ $= 47.65$ 2. 桩芯混凝土 $V = 122.4 - 47.65 = 74.75$	74.75	m³

分部分项工程和单价措施项目清单与计价 表3-26

工程名称：某工程

序号	项目编码	项目名称	项目特征描述	计算单位	工程量	金额/元	
						综合单价	合价
1	010302004001	挖孔桩土（石）方	1. 土石类别：四类土厚5～7m，极软岩厚3～5m，软岩厚1.5m 2. 挖孔深度：12.1m 3. 弃土（石）运距：场内转运	m³	122.40		
2	010302005001	人工挖孔灌注桩	1. 桩芯长度：12.1m 2. 桩芯直径：800mm，扩底直径：1200mm，扩底高度：1000mm 3. 护壁厚度：175mm/100mm，护壁高度：10.9m 4. 护壁混凝土种类、强度等级：现场搅拌 C25 5. 桩芯混凝土种类、强度等级：商品混凝土 C25	m³	74.75		

根据地质资料和设计情况，一、二类土约占 25%，三类土约占 20%，四类土约占 55%。试列出该排桩分部分项工程量清单。

【解】

清单工程量计算如表 3-27 所示，分部分项工程和单价措施项目清单与计价如表 3-28 所示。

清单工程量

表 3-27

工程名称：某工程

序号	项目编码	项目名称	计 算 式	工程量合计	计量单位
1	010302001001	泥浆护壁成孔灌注桩（旋挖桩）	$n = 206$	206	根
2	010301004001	截（凿）桩头	$V = \pi \times 0.5^2 \times 1 \times 206 = 161.79$	161.79	m^3

分部分项工程和单价措施项目清单与计价

表 3-28

工程名称：某工程

序号	项目编码	项目名称	项目特征描述	计算单位	工程量	金额/元 综合单价	金额/元 合价
1	010302001001	泥浆护壁成孔灌注桩（旋挖桩）	1. 地层情况：一、二类土约占 25%，三类土约占 20%，四类土约占 55% 2. 空桩长度：2~2.6m，桩长：20m 3. 桩径：1000mm 4. 成孔方法：旋挖钻孔 5. 护筒类型、长度：5mm 厚钢护筒、不少于 3m 6. 混凝土种类、强度等级：水下商品混凝土 C30	根	206		
2	010301004001	截（凿）桩头	1. 桩类型：旋挖桩 2. 桩头截面、高度：1000mm、不少于 1m 3. 混凝土强度等级：C30 4. 有无钢筋：有	m^3	161.79		

3.5 砌筑工程清单计价工程量计算

3.5.1 砌筑工程清单工程量计算规则

1. 砖砌体

砖砌体工程量清单项目设置、项目特征描述的内容、计量单位及工程量计算规则，应按表3-29的规定执行。

砖砌体（编号：010401）   表3-29

项目编码	项目名称	项目特征	计量单位	工程量计算规则	工作内容
010401001	砖基础	1. 砖品种、规格、强度等级 2. 基础类型 3. 砂浆强度等级 4. 防潮层材料种类	m³	按设计图示尺寸以体积计算 包括附墙垛基础宽出部分体积，扣除地梁（圈梁）、构造柱所占体积，不扣除基础大放脚T形接头处的重叠部分及嵌入基础内的钢筋、铁件、管道、基础砂浆防潮层和单个面积小于等于0.3m²的孔洞所占体积，靠墙暖气沟的挑檐不增加基础长度；外墙按外墙中心线，内墙按内墙净长线计算	1. 砂浆制作、运输 2. 砌砖 3. 防潮层铺设 4. 材料运输
010401002	砖砌挖孔桩护壁	1. 砖品种、规格、强度等级 2. 砂浆强度等级		按设计图示尺寸以立方米计算	1. 砂浆制作、运输 2. 砌砖 3. 材料运输
010401003	实心砖墙	1. 砖品种、规格、强度等级 2. 墙体类型 3. 砂浆强度等级、配合比		按设计图示尺寸以体积计算 扣除门窗、洞口、嵌入墙内的钢筋混凝土柱、梁、圈梁、挑梁、过梁及凹进墙内的壁龛、管槽、暖气槽、消火栓箱所占体积，不扣除梁头、板头、檩头、垫木、木楞头、沿缘木、木砖、门窗走头、砖墙内加固钢筋、木筋、铁件、钢管及单个面积小于等于0.3m²的孔洞所占的体积。凸出墙面的腰线、挑檐、压顶、窗台线、虎头砖、门窗套的体积亦不增加。凸出墙面的砖垛并入墙体体积内计算	1. 砂浆制作、运输 2. 砌砖 3. 刮缝 4. 砖压顶砌筑 5. 材料运输

项目编码	项目名称	项目特征	计量单位	工程量计算规则	工作内容
010401004	多孔砖墙	1. 砖品种、规格、强度等级 2. 墙体类型 3. 砂浆强度等级、配合比	m³	1. 墙长度:外墙按中心线、内墙按净长计算 2. 墙高度: 　(1)外墙:斜(坡)屋面无檐口天棚者算至屋面板底;有屋架且室内外均有天棚者算至屋架下弦底另加 200mm;无天棚者算至屋架下弦底另加 300mm,出檐宽度超过 600mm 时按实砌高度计算;与钢筋混凝土楼板隔层者算至板顶。平屋顶算至钢筋混凝土板底 　(2)内墙:位于屋架下弦者,算至屋架下弦底;无屋架者算至天棚底另加 100mm;有钢筋混凝土楼板隔层者算至楼板顶;有框架梁时算至梁底 　(3)女儿墙:从屋面板上表面算至女儿墙顶面(如有混凝土压顶时算至压顶下表面) 　(4)内、外山墙:按其平均高度计算 3. 框架间墙:不分内外墙按墙体净尺寸以体积计算 4. 围墙:高度算至压顶上表面(如有混凝土压顶时算至压顶下表面),围墙柱并入围墙体积内	1. 砂浆制作、运输 2. 砌砖 3. 刮缝 4. 砖压顶砌筑 5. 材料运输
010401005	空心砖墙				
010401006	空斗墙	1. 砖品种、规格、强度等级 2. 墙体类型 3. 砂浆强度等级、配合比		按设计图示尺寸以空斗墙外形体积计算。墙角、内外墙交接处、门窗洞口立边、窗台砖、屋檐处的实砌部分体积并入空斗墙体积内	1. 砂浆制作、运输 2. 砌砖 3. 装填充料 4. 刮缝 5. 材料运输
010401007	空花墙			按设计图示尺寸以空花部分外形体积计算,不扣除空洞部分体积	
010401008	填充墙	1. 砖品种、规格、强度等级 2. 墙体类型 3. 填充材料种类及厚度 4. 砂浆强度等级、配合比		按设计图示尺寸以填充墙外形体积计算	1. 砂浆制作、运输 2. 砌砖 3. 装填充料 4. 刮缝 5. 材料运输

项目编码	项目名称	项目特征	计量单位	工程量计算规则	工作内容
010401009	实心砖柱	1. 砖品种、规格、强度等级	m³	按设计图示尺寸以体积计算。扣除混凝土及钢筋混凝土梁垫、梁头、板头所占体积	1. 砂浆制作运输 2. 砌砖 3. 刮缝 4. 材料运输
010401010	多孔砖柱	2. 柱类型 3. 砂浆强度等级、配合比			
010401011	砖检查井	1. 井截面、深度 2. 砖品种、规格、强度等级 3. 垫层材料种类、厚度 4. 底板厚度 5. 井盖安装 6. 混凝土强度等级 7. 砂浆强度等级 8. 防潮层材料种类	座	按设计图示数量计算	1. 砂浆制作、运输 2. 铺设垫层 3. 底板混凝土制作、运输、浇筑、振捣、养护 4. 砌砖 5. 刮缝 6. 井池底、壁抹灰 7. 抹防潮层 8. 材料运输
010401012	零星砌砖	1. 零星砌砖名称、部位 2. 砖品种、规格、强度等级 3. 砂浆强度等级、配合比	1. m³ 2. m² 3. m 4. 个	1. 以立方米计量，按设计图示尺寸截面积乘以长度计算 2. 以平方米计量，按设计图示尺寸水平投影面积计算 3. 以米计量，按设计图示尺寸长度计算 4. 以个计量，按设计图示数量计算	1. 砂浆制作、运输 2. 砌砖 3. 刮缝 4. 材料运输
010401013	砖散水、地坪	1. 砖品种、规格、强度等级 2. 垫层材料种类、厚度 3. 散水、地坪厚度 4. 面层种类、厚度 5. 砂浆强度等级	m²	按设计图示尺寸以面积计算	1. 土方挖、运、填 2. 地基找平、夯实 3. 铺设垫层 4. 砌砖散水、地坪 5. 抹砂浆面层
010401014	砖地沟、明沟	1. 砖品种、规格、强度等级 2. 沟截面尺寸 3. 垫层材料种类、厚度 4. 混凝土强度等级 5. 砂浆强度等级	m	以米计量，按设计图示以中心线长度计算	1. 土方挖、运、填 2. 铺设垫层 3. 底板混凝土制作、运输、浇筑、振捣、养护 4. 砌砖 5. 刮缝、抹灰 6. 材料运输

2. 砌块砌体

砌块砌体工程量清单项目设置、项目特征描述的内容、计量单位及工程量计算规则，应按表3-30的规定执行。

砌块砌体（编号：010402）　　　　　　　　　　　　　　表3-30

项目编码	项目名称	项目特征	计量单位	工程量计算规则	工作内容
010402001	砌块墙	1. 砌块品种、规格、强度等级 2. 墙体类型 3. 砂浆强度等级	m³	按设计图示尺寸以体积计算 　扣除门窗、洞口、嵌入墙内的钢筋混凝土柱、梁、圈梁、挑梁、过梁及凹进墙内的壁龛、管槽、暖气槽、消火栓箱所占体积，不扣除梁头、板头、檩头、垫木、木楞头、沿缘木、木砖、门窗走头、砌块墙内加固钢筋、木筋、铁件、钢管及单个面积小于等于0.3m² 的孔洞所占的体积。凸出墙面的腰线、挑檐、压顶、窗台线、虎头砖、门窗套的体积亦不增加。凸出墙面的砖垛并入墙体体积内计算 　1. 墙长度：外墙按中心线、内墙按净长计算 　2. 墙高度： 　（1）外墙：斜（坡）屋面无檐口天棚者算至屋面板底；有屋架且室内外均有天棚者算至屋架下弦底另加200mm；无天棚者算至屋架下弦底另加300mm；出檐宽度超过600mm时按实砌高度计算；与钢筋混凝土楼板隔层者算至板顶；平屋面算至钢筋混凝土板底 　（2）内墙：位于屋架下弦者，算至屋架下弦底；无屋架者算至天棚底另加100mm；有钢筋混凝土楼板隔层者算至楼板顶；有框架梁时算至梁底 　（3）女儿墙：从屋面板上表面算至女儿墙顶面（如有混凝土压顶时算至压顶下表面） 　（4）内、外山墙：按其平均高度计算 　3. 框架间墙：不分内外墙按墙体净尺寸以体积计算 　4. 围墙：高度算至压顶上表面（如有混凝土压顶时算至压顶下表面），围墙柱并入围墙体积内	1. 砂浆制作、运输 2. 砌砖、砌块 3. 勾缝 4. 材料运输
010402002	砌块柱			按设计图示尺寸以体积计算 　扣除混凝土及钢筋混凝土梁垫、梁头、板头所占体积	

94

3. 石砌体

石砌体工程量清单项目设置、项目特征描述的内容、计量单位及工程量计算规则，应按表3-31的规定执行。

石砌体（编号：010403） 表3-31

项目编码	项目名称	项目特征	计量单位	工程量计算规则	工作内容
010403001	石基础	1. 石料种类、规格 2. 基础类型 3. 砂浆强度等级		按设计图示尺寸以体积计算 包括附墙垛基础宽出部分体积，不扣除基础砂浆防潮层及单个面积小于等于0.3m²的孔洞所占体积，靠墙暖气沟的挑檐不增加体积。基础长度：外墙按中心线，内墙按净长计算	1. 砂浆制作、运输 2. 吊装 3. 砌石 4. 防潮层铺设 5. 材料运输
010403002	石勒脚	1. 石料种类、规格 2. 石表面加工要求 3. 勾缝要求 4. 砂浆强度等级、配合比		按设计图示尺寸以体积计算，扣除单个面积大于0.3m²的孔洞所占的体积	1. 砂浆制作、运输 2. 吊装 3. 砌石 4. 石表面加工 5. 勾缝 6. 材料运输
010403003	石墙	1. 石料种类、规格 2. 石表面加工要求 3. 勾缝要求 4. 砂浆强度等级、配合比	m³	按设计图示尺寸以体积计算 扣除门窗、洞口嵌入墙内的钢筋混凝土柱、梁、圈梁、挑梁、过梁及凹进墙内的壁龛、管槽、暖气槽、消火栓箱所占体积，不扣除梁头、板头、檩头、垫木、木楞头、沿缘木、木砖、门窗走头、石墙内加固钢筋、木筋、铁件、钢管及单个面积小于等于0.3m²的孔洞所占的体积。凸出墙面的腰线、挑檐、压顶、窗台线、虎头砖、门窗套的体积亦不增加。凸出墙面的砖垛并入墙体体积内计算 1. 墙长度：外墙按中心线、内墙按净长计算 2. 墙高度： （1）外墙：斜（坡）屋面无檐口天棚者算至屋面板底；有屋架且室内外均有天棚者算至屋架下弦底另加200mm；无天棚者算至屋架下弦底另加300mm，出檐宽度超过600mm时按实砌高度计算；有钢筋混凝土楼板隔层者算至板顶；平屋顶算至钢筋混凝土板底 （2）内墙：位于屋架下弦者，算至屋架下弦底；无屋架者算至天棚底另加100mm；有钢筋混凝土楼板隔层者算至楼板顶；有框架梁时算至梁底 （3）女儿墙：从屋面板上表面算至女儿墙顶面（如有混凝土压顶时算至压顶下表面） （4）内、外山墙：按其平均高度计算 3. 围墙：高度算至压顶上表面（如有混凝土压顶时算至压顶下表面），围墙柱并入围墙体积内	1. 砂浆制作、运输 2. 吊装 3. 砌石 4. 石表面加工 5. 勾缝 6. 材料运输

项目编码	项目名称	项目特征	计量单位	工程量计算规则	工作内容
010403004	石挡土墙	1. 石料种类、规格 2. 石表面加工要求 3. 勾缝要求 4. 砂浆强度等级、配合比	m³	按设计图示尺寸以体积计算	1. 砂浆制作、运输 2. 吊装 3. 砌石 4. 变形缝、泄水孔、压顶抹灰 5. 滤水层 6. 勾缝 7. 材料运输
010403005	石柱				1. 砂浆制作、运输 2. 吊装 3. 砌石 4. 石表面加工 5. 勾缝 6. 材料运输
010403006	石栏杆		m	按设计图示以长度计算	
010403007	石护坡	1. 垫层材料种类、厚度 2. 石料种类、规格 3. 护坡厚度、高度 4. 石表面加工要求 5. 勾缝要求 6. 砂浆强度等级、配合比	m³	按设计图示尺寸以体积计算	
010403008	石台阶				1. 铺设垫层 2. 石料加工 3. 砂浆制作、运输 4. 砌石 5. 石表面加工 6. 勾缝 7. 材料运输
010403009	石坡道		m²	按设计图示以水平投影面积计算	
010403010	石地沟、明沟	1. 沟截面尺寸 3. 土壤类别、运距 4. 垫层材料种类、厚度 5. 石料种类、规格 6. 石表面加工要求 7. 勾缝要求 8. 砂浆强度等级、配合比	m	按设计图示以中心线长度计算	1. 土方挖、运 2. 砂浆制作、运输 3. 铺设垫层 4. 砌石 5. 石表面加工 6. 勾缝 7. 回填 8. 材料运输

4. 垫层

垫层工程量清单项目设置、项目特征描述的内容、计量单位及工程量计算规则，应按表

3-32 的规定执行。

垫层（编号：010404）　　　　　　　　　表 3-32

项目编码	项目名称	项目特征	计量单位	工程量计算规则	工作内容
010404001	垫层	垫层材料种类、配合比、厚度	m³	按设计图示尺寸以立方米计算	1. 垫层材料的拌制 2. 垫层铺设 3. 材料运输

注：除混凝土垫层应按"混凝土及钢筋混凝土工程"中相关项目编码列项外，没有包括垫层要求的清单项目应按"垫层"项目编码列项。

3.5.2　砌筑工程清单相关问题及说明

1．砖砌体

（1）标准砖尺寸应为 240mm×115mm×53mm。标准砖墙厚度应按表 3-33 计算。

标准墙计算厚度　　　　　　　　　表 3-33

砖数/厚度	1/4	1/2	3/4	1	$1\frac{1}{2}$	2	$2\frac{1}{2}$	3
计算厚度/mm	53	115	180	240	365	490	615	740

（2）"砖基础"项目适用于各种类型砖基础：柱基础、墙基础、管道基础等。

（3）基础与墙（柱）身使用同一种材料时，以设计室内地面为界（有地下室者，以地下室室内设计地面为界），以下为基础，以上为墙（柱）身。基础与墙身使用不同材料时，位于设计室内地面高度小于等于 ±300mm 时，以不同材料为分界线，高度大于±300mm 时，以设计室内地面为分界线。

（4）砖围墙以设计室外地坪为界，以下为基础，以上为墙身。

（5）框架外表面的镶贴砖部分，按零星项目编码列项。

（6）附墙烟囱、通风道、垃圾道应按设计图示尺寸以体积（扣除孔洞所占体积）计算并入所依附的墙体体积内。当设计规定孔洞内需抹灰时，应按《房屋建筑与装饰工程工程量计算规范》（GB 50854—2013）附录 M 中"零星抹灰"项目编码列项。

（7）空斗墙的窗间墙、窗台下、楼板下、梁头下等的实砌部分，按"零星砌砖"项目编码列项。

（8）"空花墙"项目适用于各种类型的空花墙，使用混凝土花格砌筑的空花墙，实砌墙体与混凝土花格应分别计算，混凝土花格按"混凝土及钢筋混凝土工程"中预制构件相关项目编码列项。

（9）台阶、台阶挡墙、梯带、锅台、炉灶、蹲台、池槽、池槽腿、砖胎模、花台、花池、楼梯栏板、阳台栏板、地垄墙、小于等于 0.3m² 的孔洞填塞等，应按"零星砌砖"项目编码列项。砖砌锅台与炉灶可按外形尺寸以个计算，砖砌台阶可按水平投影面积以平方米计算，小便槽、地垄墙可按长度计算、其他工程以立方米计算。

（10）砖砌体内钢筋加固，应按"混凝土及钢筋混凝土工程"中相关项目编码列项。

（11）砖砌体勾缝按"墙、柱面装饰与隔断、幕墙工程"中相关项目编码列项。

（12）检查井内的爬梯按"混凝土及钢筋混凝土工程"中相关项目编码列项；井内的混凝土构件按"混凝土及钢筋混凝土工程"中混凝土及钢筋混凝土预制构件编码列项。

（13）如施工图设计标注做法见标准图集时，应在项目特征描述中注明标注图集的编码、页号及节点大样。

2. 砌块砌体

（1）砌体内加筋、墙体拉结的制作、安装，应按"混凝土及钢筋混凝土工程"中相关项目编码列项。

（2）砌块排列应上、下错缝搭砌，如果搭错缝长度满足不了规定的压搭要求，应采取压砌钢筋网片的措施，具体构造要求按设计规定。若设计无规定时，应注明由投标人根据工程实际情况自行考虑；钢筋网片按"金属结构工程"中相应编码列项。

（3）砌体垂直灰缝宽大于 30mm 时，采用 C20 细石混凝土灌实。灌注的混凝土应按"混凝土及钢筋混凝土工程"相关项目编码列项。

3. 石砌体

（1）石基础、石勒脚、石墙的划分：基础与勒脚应以设计室外地坪为界。勒脚与墙身应以设计室内地面为界。石围墙内外地坪标高不同时，应以较低地坪标高为界，以下为基础；内外标高之差为挡土墙时，挡土墙以上为墙身。

（2）"石基础"项目适用于各种规格（粗料石、细料石等）、各种材质（砂石、青石等）和各种类型（柱基、墙基、直形、弧形等）基础。

（3）"石勒脚"、"石墙"项目适用于各种规格（粗料石、细料石等）、各种材质（砂石、青石、大理岩、花岗岩等）和各种类型（直形、弧形等）勒脚和墙体。

（4）"石挡土墙"项目适用于各种规格（粗料石、细料石、块石、毛石、卵石等）、各种材质（砂石、青石、石灰石等）和各种类型（直形、弧形、台阶形等）挡土墙。

（5）"石柱"项目适用于各种规格、各种石质、各种类型的石柱。

（6）"石栏杆"项目适用于无雕饰的一般石栏杆。

（7）"石护坡"项目适用于各种石质和各种石料（粗料石、细料石、片石、块石、毛石、卵石等）。

（8）"石台阶"项目包括石梯带（垂带），不包括石梯膀，石梯膀应按"石砌体"石挡土墙项目编码列项。

（9）如施工图设计标注做法见标准图集时，应在项目特征描述中注明标注图集的编码、页号及节点大样。

4. 垫层

除混凝土垫层应按"混凝土及钢筋混凝土工程"中相关项目编码列项外，没有包括垫层要求的清单项目应按"垫层"项目编码列项。

3.5.3 砌筑工程工程量计算实例

【例3-15】如图3-21所示，该图是某酒店雨篷下独立砖柱，试计算该砖柱的清单工程量。

【解】

（1）独立砖基础工程量：

$$V_{基础} = [1.3 \times 1.3 \times 0.18 + (1.3 - 0.15 \times 2) \times (1.3 - 0.15 \times 2) \times 0.18$$
$$+ (1.3 - 0.15 \times 4) \times (1.3 - 0.15 \times 4) \times 0.18 + 0.4 \times 0.4 \times (0.75 - 0.18 \times 3)]$$
$$= 0.61 (m^3)$$

（2）砖柱工程量：

$$V_{砖柱} = 0.4 \times 0.4 \times 5 = 0.80 \ (m^2)$$

清单工程量计算如表3-34所示。

清单工程量　　　　　　　　　　　　　　　　　　　表3-34

序号	项目编码	项目名称	项目特征描述	工程量合计	计量单位
1	010401001001	砖基础	独立基础，基础深750mm，实心砖柱	0.61	m³
2	010401009001	实心砖柱	柱截面400mm×400mm，柱高5m	0.80	m³

【例3-16】某石柱如图3-22所示，试计算其毛石石柱工程量。

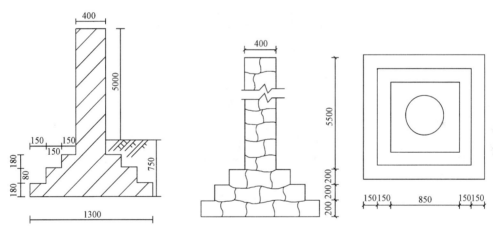

图3-21　独立砖柱示意　　　　　　　图3-22　石柱示意（单位：mm）
（单位：mm）

【解】

（1）圆形毛石柱基础工程量：

$$V_{基础} = (0.85 + 0.15 \times 4) \times (0.85 + 0.15 \times 4) \times 0.2 + (0.85 + 0.15 \times 2)$$
$$\times (0.85 + 0.15 \times 2) \times 0.2 + 0.85 \times 0.85 \times 0.2 = 0.83 (m^3)$$

（2）圆形毛石柱柱身工程量：

$$V_{石柱} = \pi \times 0.2^2 \times 5.5 = 0.69 \ (m^3)$$

清单工程量计算如表3-35所示。

清单工程量　　　　　　　　　　　　　　　　　　　　　　　表 3-35

序号	项目编码	项目名称	项目特征描述	计量单位	工程量
1	010403001001	石基础	毛石基础，基础深 0.6m，独立基础	m³	0.83
2	010403005001	石柱	毛石柱	m³	0.69

【例 3-17】某工程 ±0.00 以下条形基础平面、剖面大样图详图如图 3-23 所示，室内外高差为 150mm。基础垫层为原槽浇注，清条石 1000mm×300mm×300mm，基础使用水泥砂浆 M7.5 砌筑，页岩标砖，砖强度等级 MU7.5，基础为 M5 水泥砂浆砌筑。本工程室外标高为 −0.15m。垫层为 3:7 灰土，现场拌和。试列出该工程基础垫层、石基础、砖基础的分部分项工程量清单。

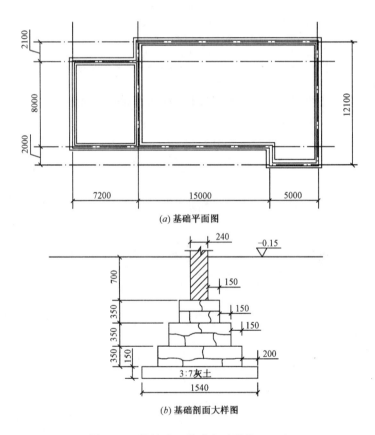

(a) 基础平面图

(b) 基础剖面大样图

图 3-23　某基础工程示意（单位：mm）

【解】

清单工程量计算如表 3-36 所示，分部分项工程和单价措施项目清单与计价如表 3-37所示。

工程名称：某工程

序号	项目编码	项目名称	计　算　式	工程量合计	计量单位
1	010404001001	垫层	$L_{外} = (27.2 + 12.1) \times 2 = 78.6$ $L_{内} = 8 - 1.54 = 6.46$ $V = (78.6 + 6.46) \times 1.54 \times 0.15 = 19.65$	19.65	m^3
2	010403001001	石基础	$L_{外} = 78.6$ $L_{内1} = 8 - 1.14 = 6.86$ $L_{内2} = 8 - 0.84 = 7.16$ $L_{内3} = 8 - 0.54 = 7.46$ $V = (78.6 + 6.86) \times 1.14 \times 0.35 + (78.6 + 7.16)$ $\times 0.84 \times 0.35 + (78.6 + 7.46) \times 0.54$ $\times 0.35 = 34.10 + 25.21 + 16.27 = 75.58$	75.58	m^3
3	010401001001	砖基础	$L_{外} = 78.6$ $L_{内} = 8 - 0.24 = 7.76$ $V = (78.6 + 7.76) \times 0.24 \times 0.85 = 17.62$	17.62	m^3

分部分项工程和单价措施项目清单与计价　　　　表 3-37

工程名称：某工程

序号	项目编码	项目名称	项目特征描述	计量单位	工程量	金额/元 综合单价	金额/元 合价
1	010404001001	垫层	垫层材料种类、配合比、厚度：3:7 灰土，150mm 厚	m^3	19.65		
2	010403001001	石基础	1. 石料种类、规格：清条石、1000mm × 300mm × 300mm 2. 基础类型：条形基础 3. 砂浆强度等级：M7.5 水泥砂浆	m^3	75.58		
3	010401001001	砖基础	1. 砖品种、规格、强度等级：页岩砖、240mm × 115mm × 53mm、MU7.5 2. 基础类型：条形 3. 砂浆强度等级：M5 水泥砂浆	m^3	17.62		

3.6 混凝土及钢筋混凝土工程清单计价工程量计算

3.6.1 混凝土及钢筋混凝土工程清单工程量计算规则

1. 现浇混凝土基础

现浇混凝土基础工程量清单项目设置、项目特征描述的内容、计量单位及工程量计算规则应按表 3-38 的规定执行。

现浇混凝土基础（编号：010501）　　　表 3-38

项目编码	项目名称	项目特征	计量单位	工程量计算规则	工作内容
010501001	垫层	1. 混凝土种类 2. 混凝土强度等级	m³	按设计图示尺寸以体积计算。不扣除伸入承台基础的桩头所占体积	1. 模板及支撑制作、安装、拆除、堆放、运输及清理模内杂物、刷隔离剂等 2. 混凝土制作、运输、浇筑、振捣、养护
010501002	带形基础				
010501003	独立基础				
010501004	满堂基础				
010501005	桩承台基础				
010501006	设备基础	1. 混凝土种类 2. 混凝土强度等级 3. 灌浆材料及其强度等级			

2. 现浇混凝土柱

现浇混凝土柱工程量清单项目设置、项目特征描述的内容、计量单位及工程量计算规则应按表 3-39 的规定执行。

现浇混凝土柱（编号：010502）　　　表 3-39

项目编码	项目名称	项目特征	计量单位	工程量计算规则	工作内容
010502001	矩形柱	1. 混凝土种类 2. 混凝土强度等级	m³	按设计图示尺寸以体积计算 柱高： 1. 有梁板的柱高，应自柱基上表面（或楼板上表面）至上一层楼板上表面之间的高度计算 2. 无梁板的柱高，应自柱基上表面（或楼板上表面）至柱帽下表面之间的高度计算 3. 框架柱的柱高：应自柱基上表面至柱顶高度计算 4. 构造柱按全高计算，嵌接墙体部分（马牙槎）并入柱身体积 5. 依附柱上的牛腿和升板的柱帽，并入柱身体积计算	1. 模板及支架（撑）制作、安装、拆除、堆放、运输及清理模内杂物、刷隔离剂等 2. 混凝土制作、运输、浇筑、振捣、养护
010502002	构造柱				
010502003	异形柱	1. 柱形状 2. 混凝土种类 3. 混凝土强度等级			

3. 现浇混凝土梁

现浇混凝土梁工程量清单项目设置、项目特征描述的内容、计量单位及工程量计算规则应按表 3-40 的规定执行。

4. 现浇混凝土墙

现浇混凝土墙工程量清单项目设置、项目特征描述的内容、计量单位及工程量计算规则应按表 3-41 的规定执行。

项目编码	项目名称	项目特征	计量单位	工程量计算规则	工作内容
010503001	基础梁	1. 混凝土种类 2. 混凝土强度等级	m^3	按设计图示尺寸以体积计算。伸入墙内的梁头、梁垫并入梁体积内梁长： 1. 梁与柱连接时，梁长算至柱侧面 2. 主梁与次梁连接时，次梁长算至主梁侧面	1. 模板及支架（撑）制作、安装、拆除、堆放、运输及清理模内杂物、刷隔离剂等 2. 混凝土制作、运输、浇筑、振捣、养护
010503002	矩形梁				
010503003	异形梁				
010503004	圈梁				
010503005	过梁				
010503006	弧形、拱形梁				

项目编码	项目名称	项目特征	计量单位	工程量计算规则	工作内容
010504001	直形墙	1. 混凝土种类 2. 混凝土强度等级	m^3	按设计图示尺寸以体积计算 扣除门窗洞口及单个面积大于 $0.3m^2$ 的孔洞所占体积，墙垛及突出墙面部分并入墙体积内计算	1. 模板及支架（撑）制作、安装、拆除、堆放、运输及清理模内杂物、刷隔离剂等 2. 混凝土制作、运输、浇筑、振捣、养护
010504002	弧形墙				
010504003	短肢剪力墙				
010504004	挡土墙				

5. 现浇混凝土板

现浇混凝土板工程量清单项目设置、项目特征描述的内容、计量单位及工程量计算规则应按表 3-42 的规定执行。

项目编码	项目名称	项目特征	计量单位	工程量计算规则	工作内容
010505001	有梁板	1. 混凝土种类 2. 混凝土强度等级	m^3	按设计图示尺寸以体积计算，不扣除单个面积小于等于 $0.3m^2$ 的柱、垛以及孔洞所占体积 压形钢板混凝土楼板扣除构件内压形钢板所占体积 有梁板（包括主、次梁与板）按梁、板体积之和计算，无梁板按板和柱帽体积之和计算，各类板伸入墙内的板头并入板体积内，薄壳板的肋、基梁并入薄壳体积内计算	1. 模板及支架（撑）制作、安装、拆除、堆放、运输及清理模内杂物、刷隔离剂等 2. 混凝土制作、运输、浇筑、振捣、养护
010505002	无梁板				
010505003	平板				
010505004	拱板				
010505005	薄壳板				
010505006	栏板				
010505007	天沟（檐沟）、挑檐板			按设计图示尺寸以体积计算	
010505008	雨篷、悬挑板、阳台板			按设计图示尺寸以墙外部分体积计算。包括伸出墙外的牛腿和雨篷反挑檐的体积	
010505009	空心板			按设计图示尺寸以体积计算。空心板（GBF高强薄壁蜂巢芯板等）应扣除空心部分体积	
010505010	其他板			按设计图示尺寸以体积计算	

6. 现浇混凝土楼梯

现浇混凝土楼梯工程量清单项目设置、项目特征描述的内容、计量单位及工程量计算规则应按表3-43的规定执行。

现浇混凝土楼梯（编号：010506）　　　　　　　表3-43

项目编码	项目名称	项目特征	计量单位	工程量计算规则	工作内容
010506001	直形楼梯	1. 混凝土种类 2. 混凝土强度等级	1. m^2 2. m^3	1. 以平方米计量，按设计图示尺寸以水平投影面积计算。不扣除宽度小于等于500mm的楼梯井，伸入墙内部分不计算 2. 以立方米计量，按设计图示尺寸以体积计算	1. 模板及支架（撑）制作、安装、拆除、堆放、运输及清理模内杂物、刷隔离剂等 2. 混凝土制作、运输、浇筑、振捣、养护
010506002	弧形楼梯				

7. 现浇混凝土其他构件

现浇混凝土其他构件工程量清单项目设置、项目特征描述的内容、计量单位及工程量计算规则应按表3-44的规定执行。

现浇混凝土其他构件（编号：010507）　　　　　　　表3-44

项目编码	项目名称	项目特征	计量单位	工程量计算规则	工作内容
010507001	散水、坡道	1. 垫层材料种类、厚度 2. 面层厚度 3. 混凝土种类 4. 混凝土强度等级 5. 变形缝填塞材料种类	m^2	按设计图示尺寸以水平投影面积计算。不扣除单个小于等于$0.3m^2$的孔洞所占面积	1. 地基夯实 2. 铺设垫层 3. 模板及支撑制作、安装、拆除、堆放、运输及清理模内杂物、刷隔离剂等 4. 混凝土制作、运输、浇筑、振捣、养护 5. 变形缝填塞
010507002	室外地坪	1. 地坪厚度 2. 混凝土强度等级			
010507003	电缆沟、地沟	1. 土壤类别 2. 沟截面净空尺寸 3. 垫层材料种类、厚度 4. 混凝土种类 5. 混凝土强度等级 6. 防护材料种类	m	按设计图示以中心线长度计算	1. 挖填、运土石方 2. 铺设垫层 3. 模板及支撑制作、安装、拆除、堆放、运输及清理模内杂、刷隔离剂等 4. 混凝土制作、运输、浇筑、振捣、养护 5. 刷防护材料

项目编码	项目名称	项目特征	计量单位	工程量计算规则	工作内容
010507004	台阶	1. 踏步高、宽 2. 混凝土种类 3. 混凝土强度等级	1. m² 2. m³	1. 以平方米计量，按设计图示尺寸水平投影面积计算 2. 以立方米计量，按设计图示尺寸以体积计算	1. 模板及支撑制作、安装、拆除、堆放、运输及清理模内杂物、刷隔离剂等 2. 混凝土制作、运输、浇筑、振捣、养护
010507005	扶手、压顶	1. 断面尺寸 2. 混凝土种类 3. 混凝土强度等级	1. m 2. m³	1. 以米计量，按设计图示的中心线延长米计算 2. 以立方米计量，按设计图示尺寸以体积计算	1. 模板及支架（撑）制作、安装、拆除、堆放、运输及清理模内杂物、刷隔离剂等 2. 混凝土制作、运输、浇筑、振捣、养护
010507006	化粪池、检查井	1. 断面尺寸 2. 混凝土强度等级 3. 防水、抗渗要求	1. m³ 2. 座	1. 按设计图示尺寸以体积计算 2. 以座计量，按设计图示数量计算	
010507007	其他构件	1. 构件的类型 2. 构件规格 3. 部位 4. 混凝土种类 5. 混凝土强度等级	m³		

8. 后浇带

后浇带工程量清单项目设置、项目特征描述的内容、计量单位及工程量计算规则应按表3-45的规定执行。

后浇带（编号：010508）　　　　　　　　　　表3-45

项目编码	项目名称	项目特征	计量单位	工程量计算规则	工作内容
010508001	后浇带	1. 混凝土种类 2. 混凝土强度等级	m³	按设计图示尺寸以体积计算	1. 模板及支架（撑）制作、安装、拆除、堆放、运输及清理模内杂物、刷隔离剂等 2. 混凝土制作、运输、浇筑、振捣、养护及混凝土交接面、钢筋等的清理

9. 预制混凝土柱

预制混凝土柱工程量清单项目设置、项目特征描述的内容、计量单位及工程量计算规则应按表3-46的规定执行。

项目编码	项目名称	项目特征	计量单位	工程量计算规则	工作内容
010509001	矩形柱	1. 图代号 2. 单件体积 3. 安装高度 4. 混凝土强度等级 5. 砂浆（细石混凝土）强度等级、配合比	1. m³ 2. 根	1. 以立方米计量，按设计图示尺寸以体积计算 2. 以根计量，按设计图示尺寸以数量计算	1. 模板制作、安装、拆除、堆放、运输及清理模内杂物、刷隔离剂等 2. 混凝土制作、运输、浇筑、振捣、养护 3. 构件运输、安装 4. 砂浆制作、运输 5. 接头灌缝、养护
010509002	异形柱				

10. 预制混凝土梁

预制混凝土梁工程量清单项目设置、项目特征描述的内容、计量单位及工程量计算规则应按表 3-47 的规定执行。

项目编码	项目名称	项目特征	计量单位	工程量计算规则	工作内容
010510001	矩形梁	1. 图代号 2. 单件体积 3. 安装高度 4. 混凝土强度等级 5. 砂浆（细石混凝土）强度等级、配合比	1. m³ 2. 根	1. 以立方米计量，按设计图示尺寸以体积计算 2. 以根计量，按设计图示尺寸以数量计算	1. 模板制作、安装、拆除、堆放、运输及清理模内杂物、刷隔离剂等 2. 混凝土制作、运输、浇筑、振捣、养护 3. 构件运输、安装 4. 砂浆制作、运输 5. 接头灌缝、养护
010510002	异形梁				
010510003	过梁				
010510004	拱形梁				
010510005	鱼腹式吊车梁				
010510006	其他梁				

11. 预制混凝土屋架

预制混凝土屋架工程量清单项目设置、项目特征描述的内容、计量单位及工程量计算规则应按表 3-48 的规定执行。

项目编码	项目名称	项目特征	计量单位	工程量计算规则	工作内容
010511001	折线型	1. 图代号 2. 单件体积 3. 安装高度 4. 混凝土强度等级 5. 砂浆（细石混凝土）强度等级、配合比	1. m³ 2. 榀	1. 以立方米计量，按设计图示尺寸以体积计算 2. 以榀计量，按设计图示尺寸以数量计算	1. 模板制作、安装、拆除、堆放、运输及清理模内杂物、刷隔离剂等 2. 混凝土制作、运输、浇筑、振捣、养护 3. 构件运输、安装 4. 砂浆制作、运输 5. 接头灌缝、养护
010511002	组合				
010511003	薄腹				
010511004	门式刚架				
010511005	天窗架				

12. 预制混凝土板

预制混凝土板工程量清单项目设置、项目特征描述的内容、计量单位及工程量计算规则应按表3-49的规定执行。

预制混凝土板（编号：010512） 表 3-49

项目编码	项目名称	项目特征	计量单位	工程量计算规则	工作内容
010512001	平板	1. 图代号 2. 单件体积 3. 安装高度 4. 混凝土强度等级 5. 砂浆（细石混凝土）强度等级、配合比	1. m³ 2. 块	1. 以立方米计量，按设计图示尺寸以体积计算。不扣除单个面积小于等于300mm×300mm的孔洞所占体积，扣除空心板空洞体积 2. 以块计量，按设计图示尺寸以数量计算	1. 模板制作、安装、拆除、堆放、运输及清理模内杂物、刷隔离剂等 2. 混凝土制作、运输、浇筑、振捣、养护 3. 构件运输、安装 4. 砂浆制作、运输 5. 接头灌缝、养护
010512002	空心板				
010512003	槽形板				
010512004	网架板				
010512005	折线板				
010512006	带肋板				
010512007	大型板				
010512008	沟盖板、井盖板、井圈	1. 单件体积 2. 安装高度 3. 混凝土强度等级 4. 砂浆强度等级、配合比	1. m³ 2. 块（套）	1. 以立方米计量，按设计图示尺寸以体积计算 2. 以块计量，按设计图示尺寸以数量计算	

13. 预制混凝土楼梯

预制混凝土楼梯工程量清单项目设置、项目特征描述的内容、计量单位及工程量计算规则，应按表3-50的规定执行。

预制混凝土楼梯（编号：010513） 表 3-50

项目编码	项目名称	项目特征	计量单位	工程量计算规则	工作内容
010513001	楼梯	1. 楼梯类型 2. 单件体积 3. 混凝土强度等级 4. 砂浆（细石混凝土）强度等级	1. m³ 2. 段	1. 以立方米计量，按设计图示尺寸以体积计算。扣除空心踏步板空洞体积 2. 以段计量，按设计图示数量计算	1. 模板制作、安装、拆除、堆放、运输及清理模内杂物、刷隔离剂等 2. 混凝土制作、运输、浇筑、振捣、养护 3. 构件运输、安装 4. 砂浆制作、运输 5. 接头灌缝、养护

14. 其他预制构件

其他预制构件工程量清单项目设置、项目特征描述的内容、计量单位及工程量计算规则应按表3-51的规定执行。

项目编码	项目名称	项目特征	计量单位	工程量计算规则	工作内容
010514001	垃圾道、通风道、烟道	1. 单件体积 2. 混凝土强度等级 3. 砂浆强度等级	1. m³ 2. m² 3. 根（块、套）	1. 以立方米计量，按设计图示尺寸以体积计算。不扣除单个面积小于等于300mm×300mm的孔洞所占体积，扣除烟道、垃圾道、通风道的孔洞所占体积 2. 以平方米计量，按设计图示尺寸以面积计算。不扣除单个面积小于等于300mm×300mm的孔洞所占面积 3. 以根计量，按设计图示尺寸以数量计算	1. 模板制作、安装、拆除、堆放、运输及清理模内杂物、刷隔离剂等 2. 混凝土制作、运输、浇筑、振捣、养护 3. 构件运输、安装 4. 砂浆制作、运输 5. 接头灌缝、养护
010514002	其他构件	1. 单件体积 2. 构件的类型 3. 混凝土强度等级 4. 砂浆强度等级			

15. 钢筋工程

钢筋工程工程量清单项目设置、项目特征描述的内容、计量单位及工程量计算规则应按表3-52的规定执行。

钢筋工程（编号：010515）　　　　　表3-52

项目编码	项目名称	项目特征	计量单位	工程量计算规则	工作内容
010515001	现浇构件钢筋	钢筋种类、规格	t	按设计图示钢筋（网）长度（面积）乘单位理论质量计算	1. 钢筋制作、运输 2. 钢筋安装 3. 焊接（绑扎）
010515002	预制构件钢筋				
010515003	钢筋网片				1. 钢筋网制作、运输 2. 钢筋网安装 3. 焊接（绑扎）
010515004	钢筋笼				1. 钢筋笼制作、运输 2. 钢筋笼安装 3. 焊接（绑扎）
010515005	先张法预应力钢筋	1. 钢筋种类、规格 2. 锚具种类		按设计图示钢筋长度乘单位理论质量计算	1. 钢筋制作、运输 2. 钢筋张拉

项目编码	项目名称	项目特征	计量单位	工程量计算规则	工作内容
010515006	后张法预应力钢筋			按设计图示钢筋（丝束、绞线）长度乘单位理论质量计算 1. 低合金钢筋两端均采用螺杆锚具时，钢筋长度按孔道长度减0.35m计算，螺杆另行计算 2. 低合金钢筋一端采用镦头插片，另一端采用螺杆锚具时，钢筋长度按孔道长度计算，螺杆另行计算 3. 低合金钢筋一端采用镦头插片，另一端采用帮条锚具时，钢筋增加0.15m计算；两端均采用帮条锚具时，钢筋长度按孔道长度增加0.3m计算 4. 低合金钢筋采用后张混凝土自锚时，钢筋长度按孔道长度增加0.35m计算 5. 低合金钢筋（钢绞线）采用JM、XM、QM型锚具，孔道长度小于等于20m时，钢筋长度增加1m计算，孔道长度大于20m时，钢筋长度增加1.8m计算 6. 碳素钢丝采用锥形锚具，孔道长度小于等于20m时，钢丝束长度按孔道长度增加1m计算，孔道长度大于20m时，钢丝束长度按孔道长度增加1.8m计算 7. 碳素钢丝采用镦头锚具时，钢丝束长度按孔道长度增加0.35m计算	
010515007	预应力钢丝				
010515008	预应力钢绞线	1. 钢筋种类、规格 2. 钢丝种类、规格 3. 钢绞线种类、规格 4. 锚具种类 5. 砂浆强度等级	t		1. 钢筋、钢丝、钢绞线制作、运输 2. 钢筋、钢丝、钢绞线安装 3. 预埋管孔道铺设 4. 锚具安装 5. 砂浆制作、运输 6. 孔道压浆、养护
010515009	支撑钢筋（铁马）	1. 钢筋种类 2. 规格		按钢筋长度乘单位理论质量计算	钢筋制作、焊接、安装
010515010	声测管	1. 材质 2. 规格型号		按设计图示尺寸以质量计算	1. 检测管截断、封头 2. 套管制作、焊接 3. 定位、固定

16. 螺栓、铁件

螺栓、铁件工程量清单项目设置、项目特征描述的内容、计量单位及工程量计算规则应按表3-53的规定执行。

项目编码	项目名称	项目特征	计量单位	工程量计算规则	工作内容
010516001	螺栓	1. 螺栓种类 2. 规格	t	按设计图示尺寸以质量计算	1. 螺栓、铁件制作、运输 2. 螺栓、铁件安装
010516002	预埋铁件	1. 钢材种类 2. 规格 3. 铁件尺寸			
010516003	机械连接	1. 连接方式 2. 螺纹套筒种类 3. 规格	个	按数量计算	1. 钢筋套丝 2. 套筒连接

3.6.2 混凝土及钢筋混凝土工程清单相关问题及说明

1. 现浇混凝土基础

（1）有肋带形基础、无肋带形基础应按"现浇混凝土基础"中相关项目列项，并注明肋高。

（2）箱式满堂基础中柱、梁、墙、板按"现浇混凝土柱"、"现浇混凝土梁"、"现浇混凝土墙"、"现浇混凝土板"相关项目分别编码列项，箱式满堂基础底板按"现浇混凝土基础"的"满堂基础"项目列项。

（3）框架式设备基础中柱、梁、墙、板分别按"现浇混凝土柱"、"现浇混凝土梁"、"现浇混凝土墙"、"现浇混凝土板"相关项目编码列项，基础部分按"现浇混凝土基础"相关项目编码列项。

（4）如为毛石混凝土基础，项目特征应描述毛石所占比例。

2. 现浇混凝土柱

混凝土种类：指清水混凝土、彩色混凝土等，如在同一地区既使用预拌（商品）混凝土，又允许现场搅拌混凝土时，也应注明（下同）。

3. 现浇混凝土墙

短肢剪力墙是指截面厚度不大于 300mm、各肢截面高度与厚度之比的最大值大于 4 但不大于 8 的剪力墙，各肢截面高度与厚度之比的最大值不大于 4 的剪力墙按柱项目编码列项。

4. 现浇混凝土板

现浇挑檐、天沟板、雨篷、阳台与板（包括屋面板、楼板）连接时，以外墙外边线为分界线；与圈梁（包括其他梁）连接时，以梁外边线为分界线。外边线以外为挑檐、天沟、雨篷或阳台。

5. 现浇混凝土楼梯

整体楼梯（包括直形楼梯、弧形楼梯）水平投影面积包括休息平台、平台梁、斜梁和楼梯的连接梁。当整体楼梯与现浇楼板无梯梁连接时，以楼梯的最后一个踏步边缘加 300mm 为界。

6. 现浇混凝土其他构件

（1）现浇混凝土小型池槽、垫块、门框等，应按"现浇混凝土其他构件"中"其他构件"项目编码列项。

（2）架空式混凝土台阶，按现浇楼梯计算。

7. 预制混凝土柱、梁

以根计量，必须描述单件体积。

8. 预制混凝土屋架

（1）以榀计量，必须描述单件体积。

（2）三角形屋架按"预制混凝土屋架"中"折线型"屋架项目编码列项。

9. 预制混凝土板

（1）以块、套计量，必须描述单件体积。

（2）不带肋的预制遮阳板、雨篷板、挑檐板、拦板等，应按"预制混凝土板"中"平板"项目编码列项。

（3）预制 F 形板、双 T 形板、单肋板和带反挑檐的雨篷板、挑檐板、遮阳板等，应按"预制混凝土板"中"带肋板"项目编码列项。

（4）预制大型墙板、大型楼板、大型屋面板等，应按"预制混凝土板"中"大型板"项目编码列项。

10. 预制混凝土楼梯

以块计量，必须描述单件体积。

11. 其他预制构件

（1）以块、根计量，必须描述单件体积。

（2）预制钢筋混凝土小型池槽、压顶、扶手、垫块、隔热板、花格等，按"其他预制构件"中"其他构件"项目编码列项。

12. 钢筋工程

（1）现浇构件中伸出构件的锚固钢筋应并入钢筋工程量内。除设计（包括规范规定）标明的搭接外，其他施工搭接不计算工程量，在综合单价中综合考虑。

（2）现浇构件中固定位置的支撑钢筋、双层钢筋用的"铁马"在编制工程量清单时，如果设计未明确，其工程数量可为暂估量，结算时按现场签证数量计算。

13. 螺栓、铁件

编制工程量清单时，如果设计未明确，其工程数量可为暂估量，实际工程量按现场签证数量计算。

14. 其他相关问题及说明

预制混凝土构件或预制钢筋混凝土构件，如施工图设计标注做法见标准图集时，项目特征注明标准图集的编码、页号及节点大样即可。

现浇或预制混凝土和钢筋混凝土构件，不扣除构件内钢筋、螺栓、预埋铁件、张拉孔道所占体积，但应扣除劲性骨架的型钢所占体积。

3.6.3 混凝土及钢筋混凝土工程工程量计算实例

【例3-18】已知，如图3-24所示，预制 T 形梁，计算其工程量。

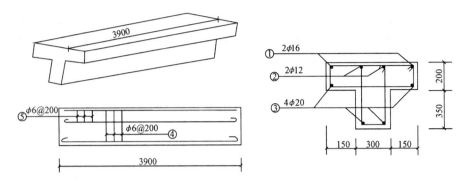

图 3-24　预制 T 形梁及配筋示意（单位：mm）

【解】

（1）异形梁

$$V = (0.2 \times 0.6 + 0.3 \times 0.35) \times 3.9 = 0.88 (\text{m}^3)$$

（2）预制构件钢筋

1）$\phi 6 : \rho = 0.222\text{kg/m}$

$$\phi 6_1 : [(3.9 - 0.05) \div 0.2 + 1] \times 1.704 \times 0.222 = 7.66 (\text{kg})$$

$$\phi 6_2 : [(3.9 - 0.05) \div 0.2 + 1] \times 1.604 \times 0.222 = 7.21 (\text{kg})$$

$$\phi 6 : 7.66 + 7.21 = 14.87 (\text{kg})$$

2）$\phi 12 : \rho = 0.888\text{kg/m}$

$$\phi 12 : (3.9 - 0.05) \times 2 \times 0.888 = 6.84 (\text{kg})$$

3）$\phi 16 : \rho = 1.578\text{kg/m}$

$$\phi 16 : (3.9 - 0.05) \times 2 \times 1.578 = 12.15 (\text{kg})$$

4）$\phi 20 : \rho = 2.466\text{kg/m}$

$$\phi 20 : (3.9 - 0.05 + 6.25 \times 0.02 \times 2) \times 4 \times 2.466 = 40.44 (\text{kg})$$

清单工程量计算如表 3-54 所示。

清单工程量　　　　　　　　　　　　　　　　　　　表 3-54

序号	项目编码	项目名称	项目特征	工程量合计	计量单位
1	010510002001	异形梁	预制 T 型梁	0.88	m³
2	010516002001	预制构件钢筋	$\phi 6$	0.015	t
3	010516002002	预制构件钢筋	$\phi 12$	0.007	t
4	010516002003	预制构件钢筋	$\phi 16$	0.012	t
5	010516002004	预制构件钢筋	$\phi 20$	0.040	t

【例 3-19】 某工程钢筋混凝土框架（KJ_1）2 根，尺寸如图 3-25 所示，混凝土强度等级柱为 C40，梁为 C30，混凝土采用泵送商品混凝土，由施工企业自行采购，根据招标文件要求，现浇混凝土构件实体项目包含模板工程。试列出该钢筋混凝土框架（KJ_1）柱、梁的分部分项工程量清单。

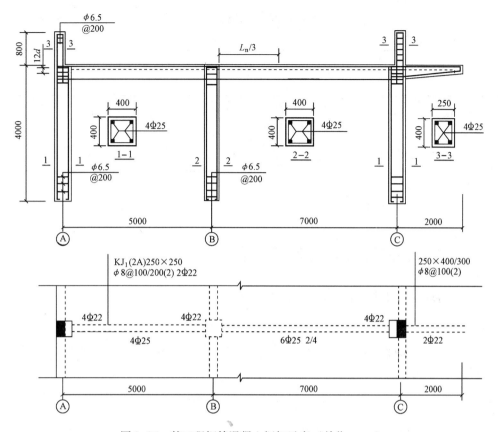

图 3-25 某工程钢筋混凝土框架示意（单位：mm）

【解】

清单工程量计算如表 3-55 所示，分部分项工程和单价措施项目清单与计价如表 3-56 所示。

清单工程量

表 3-55

工程名称：某工程

序号	项目编码	项目名称	计 算 式	工程量合计	计量单位
1	010502001001	矩形柱	$V = (0.4 \times 0.4 \times 4 \times 3 + 0.4 \times 0.25 \times 0.8 \times 2) \times 2$ $= 4.16$	4.16	m³
2	010503002001	矩形梁	$V_1 = (4.6 \times 0.25 \times 0.5 + 6.6 \times 0.25 \times 0.50) \times 2$ $= 2.8$ $V_2 = \dfrac{1}{3} \times 1.8 \times (0.4 \times 0.25 + 0.25 \times 0.3 + \sqrt{0.4 \times 0.25 \times 0.25 \times 0.3}) \times 2$ $= 0.31$ $V = 2.8 + 0.31 = 3.11$	3.11	m³

注：根据《房屋建筑与装饰工程工程量计算规范》（GB 50854—2013）的规定，①梁与柱连接时，梁长算至柱侧面；②不扣除构件内钢筋所占体积。

工程名称：某工程

序号	项目编码	项目名称	项目特征描述	计算单位	工程量	金额/元	
						综合单价	合价
1	010502001001	矩形柱	1. 混凝土种类：商品混凝土 2. 混凝土强度等级：C40	m³	4.16		
2	010503002001	矩形梁	1. 混凝土种类：商品混凝土 2. 混凝土强度等级：C30	m³	3.11		

注：根据《房屋建筑与装饰工程工程量计算规范》（GB 50854—2013）要求，现浇混凝土模板项目不单列，现浇混凝土工程项目的综合单价中应包括模板工程费用。

3.7 金属结构工程清单计价工程量计算

3.7.1 金属结构工程清单工程量计算规则

1. 钢网架

钢网架工程量清单项目设置、项目特征描述的内容、计量单位及工程量计算规则应按表 3-57 的规定执行。

钢 网 架（编号：010601） 表 3-57

项目编码	项目名称	项目特征	计量单位	工程量计算规则	工程内容
010601001	钢网架	1. 钢材品种、规格 2. 网架节点形式、连接方式 3. 网架跨度、安装高度 4. 探伤要求 5. 防火要求	t	按设计图示尺寸以质量计算。不扣除孔眼的质量，焊条、铆钉等不另增加质量	1. 拼装 2. 安装 3. 探伤 4. 补刷油漆

2. 钢屋架、钢托架、钢桁架、钢架桥

钢屋架、钢托架、钢桁架、钢架桥工程量清单项目设置、项目特征描述的内容、计量单位及工程量计算规则应按表 3-58 的规定执行。

钢屋架、钢托架、钢桁架、钢架桥（编号：010602） 表 3-58

项目编码	项目名称	项目特征	计量单位	工程量计算规则	工程内容
010602001	钢屋架	1. 钢材品种、规格 2. 单榀质量 3. 屋架跨度、安装高度 4. 螺栓种类 5. 探伤要求 6. 防火要求	1. 榀 2. t	1. 以榀计量，按设计图示数量计算 2. 以吨计量，按设计图示尺寸以质量计算。不扣除孔眼的质量，焊条、铆钉、螺栓等不另增加质量	1. 拼装 2. 安装 3. 探伤 4. 补刷油漆

项目编码	项目名称	项目特征	计量单位	工程量计算规则	工程内容
010602002	钢托架	1. 钢材品种、规格 2. 单榀质量 3. 安装高度 4. 螺栓种类 5. 探伤要求 6. 防火要求	t	按设计图示尺寸以质量计算。不扣除孔眼的质量,焊条、铆钉、螺栓等不另增加质量	1. 拼装 2. 安装 3. 探伤 4. 补刷油漆
010602003	钢桁架				
010602004	钢架桥	1. 桥类型 2. 钢材品种、规格 3. 单榀质量 4. 安装高度 5. 螺栓种类 6. 探伤要求			

3. 钢柱

钢柱工程量清单项目设置、项目特征描述的内容、计量单位及工程量计算规则应按表3-59 的规定执行。

钢　柱（编号：010603）　　　　　　　表3-59

项目编码	项目名称	项目特征	计量单位	工程量计算规则	工程内容
010603001	实腹钢柱	1. 柱类型 2. 钢材品种、规格 3. 单根柱质量 4. 螺栓种类 5. 探伤要求 6. 防火要求	t	按设计图示尺寸以质量计算。不扣除孔眼的质量,焊条、铆钉、螺栓等不另增加质量,依附在钢柱上的牛腿及悬臂梁等并入钢柱工程量内	1. 拼装 2. 安装 3. 探伤 4. 补刷油漆
010603002	空腹钢柱				
010603003	钢管柱	1. 钢材品种、规格 2. 单根柱质量 3. 螺栓种类 4. 探伤要求 5. 防火要求		按设计图示尺寸以质量计算。不扣除孔眼的质量,焊条、铆钉、螺栓等不另增加质量,钢管柱上的节点板、加强环、内衬管、牛腿等并入钢管柱工程量内	

4. 钢梁

钢梁工程量清单项目设置、项目特征描述的内容、计量单位及工程量计算规则应按表3-60 的规定执行。

5. 钢板楼板、墙板

钢板楼板、墙板工程量清单项目设置、项目特征描述的内容、计量单位及工程量计算规则应按表3-61 的规定执行。

项目编码	项目名称	项目特征	计量单位	工程量计算规则	工程内容
010604001	钢梁	1. 梁类型 2. 钢材品种、规格 3. 单根质量 4. 螺栓种类 5. 安装高度 6. 探伤要求 7. 防火要求	t	按设计图示尺寸以质量计算。不扣除孔眼的质量，焊条、铆钉、螺栓等不另增加质量，制动梁、制动板、制动桁架、车挡并入钢吊车梁工程量内	1. 拼装 2. 安装 3. 探伤 4. 补刷油漆
010604002	钢吊车梁	1. 钢材品种、规格 2. 单根质量 3. 螺栓种类 4. 安装高度 5. 探伤要求 6. 防火要求			

项目编码	项目名称	项目特征	计量单位	工程量计算规则	工程内容
010605001	钢板楼板	1. 钢材品种、规格 2. 钢板厚度 3. 螺栓种类 4. 防火要求	m²	按设计图示尺寸以铺设水平投影面积计算。不扣除单个面积小于等于 0.3m² 柱、垛及孔洞所占面积	1. 拼装 2. 安装 3. 探伤 4. 补刷油漆
010605002	钢板墙板	1. 钢材品种、规格 2. 钢板厚度、复合板厚度 3. 螺栓种类 4. 复合板夹芯材料种类、层数、型号、规格 5. 防火要求		按设计图示尺寸以铺挂展开面积计算。不扣除单个面积小于等于 0.3m² 的梁、孔洞所占面积，包角、包边、窗台泛水等不另加面积	

6. 钢构件

钢构件工程量清单项目设置、项目特征描述的内容、计量单位及工程量计算规则应按表 3-62 的规定执行。

7. 金属制品

金属制品工程量清单项目设置、项目特征描述的内容、计量单位及工程量计算规则应按表 3-63 的规定执行。

项目编码	项目名称	项目特征	计量单位	工程量计算规则	工程内容
010606001	钢支撑、钢拉条	1. 钢材品种、规格 2. 构件类型 3. 安装高度 4. 螺栓种类 5. 探伤要求 6. 防火要求	t	按设计图示尺寸以质量计算。不扣除孔眼的质量，焊条、铆钉、螺栓等不另增加质量	1. 拼装 2. 安装 3. 探伤 4. 补刷油漆
010606002	钢檩条	1. 钢材品种、规格 2. 构件类型 3. 单根质量 4. 安装高度 5. 螺栓种类 6. 探伤要求 7. 防火要求			
010606003	钢天窗架	1. 钢材品种、规格 2. 单榀质量 3. 安装高度 4. 螺栓种类 5. 探伤要求 6. 防火要求			
010606004	钢挡风架	1. 钢材品种、规格 2. 单榀质量 3. 螺栓种类 4. 探伤要求 5. 防火要求			
010606005	钢墙架				
010606006	钢平台	1. 钢材品种、规格 2. 螺栓种类 3. 防火要求			
010606007	钢走道				
010606008	钢梯	1. 钢材品种、规格 2. 钢梯形式 3. 螺栓种类 4. 防火要求			
010606009	钢栏杆	1. 钢材品种、规格 2. 防火要求			
010606010	钢漏斗	1. 钢材品种、规格 2. 漏斗、天沟形式 3. 安装高度 4. 探伤要求		按设计图示尺寸以质量计算。不扣除孔眼的质量，焊条、铆钉、螺栓等不另增加质量，依附漏斗或天沟的型钢并入漏斗或天沟工程量内	
010606011	钢板天沟				
010606012	钢支架	1. 钢材品种、规格 2. 安装高度 3. 防火要求		按设计图示尺寸以质量计算。不扣除孔眼的质量，焊条、铆钉、螺栓等不另增加质量	
010606013	零星钢构件	1. 构件名称 2. 钢材品种、规格			

项目编码	项目名称	项目特征	计量单位	工程量计算规则	工程内容
010607001	成品空调金属百页护栏	1. 材料品种、规格 2. 边框材质	m²	按设计图示尺寸以框外围展开面积计算	1. 安装 2. 校正 3. 预埋铁件及安螺栓
010607002	成品栅栏	1. 材料品种、规格 2. 边框及立柱型钢品种、规格		按设计图示尺寸以框外围展开面积计算	1. 安装 2. 校正 3. 预埋铁件 4. 安螺栓及金属立柱
010607003	成品雨篷	1. 材料品种、规格 2. 雨篷宽度 3. 晾衣杆品种、规格	1. m 2. m²	1. 以米计量，按设计图示接触边以米计算 2. 以平方米计量，按设计图示尺寸以展开面积计算	1. 安装 2. 校正 3. 预埋铁件及安螺栓
010607004	金属网栏	1. 材料品种、规格 2. 边框及立柱型钢品种、规格		按设计图示尺寸以框外围展开面积计算	1. 安装 2. 校正 3. 安螺栓及金属立柱
010607005	砌块墙钢丝网加固	1. 材料品种、规格 2. 加固方式	m²	按设计图示尺寸以面积计算	1. 铺贴 2. 铆固
010607006	后浇带金属网				

3.7.2 金属结构工程清单相关问题及说明

1. 钢屋架、钢托架、钢桁架、钢架桥

以榀计量，按标准图设计的应注明标准图代号，按非标准图设计的项目特征必须描述单榀屋架的质量。

2. 钢柱

（1）实腹钢柱类型指十字、T、L、H 形等。

（2）空腹钢柱类型指箱形、格构等。

（3）型钢混凝土柱浇筑钢筋混凝土，其混凝土和钢筋应按"混凝土及钢筋混凝土工程"中相关项目编码列项。

3. 钢梁

（1）梁类型指 H、L、T 形、箱形、格构式等。

（2）型钢混凝土梁浇筑钢筋混凝土，其混凝土和钢筋应按"混凝土及钢筋混凝土工程"中相关项目编码列项。

4. 钢板楼板、墙板

（1）钢板楼板上浇筑钢筋混凝土，其混凝土和钢筋应按"混凝土及钢筋混凝土工程"中相关项目编码列项。

（2）压型钢楼板按"钢板楼板、墙板"中"钢板楼板"项目编码列项。

5. 钢构件

（1）钢墙架项目包括墙架柱、墙架梁和连接杆件。

（2）钢支撑、钢拉条类型指单式、复式，钢檩条类型指型钢式、格构式，钢漏斗形式指方形、圆形；天沟形式指矩形沟或半圆形沟。

（3）加工铁件等小型构件，按"钢构件"中"零星钢构件"项目编码列项。

6. 金属制品

抹灰钢丝网加固按"金属制品"中"砌块墙钢丝网加固"项目编码列项。

7. 其他相关问题及说明

（1）金属构件的切边，不规则及多边形钢板发生的损耗在综合单价中考虑。

（2）防火要求指耐火极限，钢结构耐火极限如表3-64所示。

钢结构耐火极限　　　　　　　　　　　　　　表3-64

构 件 名 称		耐火极限/h	燃烧性能
柱	无保护层的钢柱	0.25	不燃烧体
	有保护层的钢柱：		
	1）用普通黏土砖作保护层，其厚度为120mm	2.85	不燃烧体
	2）用陶粒混凝土作保护层，其厚度为100mm	3.00	不燃烧体
	3）用C20混凝土作保护层，其厚度为：		
	100mm	2.85	不燃烧体
	50mm	2.00	不燃烧体
	25mm	0.80	不燃烧体
	4）用加气混凝土作保护层，其厚度为：		
	40mm	1.00	不燃烧体
	50mm	1.40	不燃烧体
	70mm	2.00	不燃烧体
	80mm	2.30	不燃烧体
	5）用金属网抹C10砂浆作保护层，其厚度为：25mm	0.80	不燃烧体
	50mm	1.30	不燃烧体
	6）用薄涂型钢结构防火涂料作保护层，其厚度为：		
	5.5mm	1.00	不燃烧体
	7.0mm	1.50	不燃烧体
	7）用厚涂型钢结构防火涂料作保护层，其厚度为：15mm	1.00	不燃烧体
	20mm	1.50	不燃烧体
	30mm	2.00	不燃烧体
	40mm	2.50	不燃烧体
	50mm	3.00	不燃烧体

构件名称	耐火极限/h	燃烧性能
无保护层的钢梁、楼梯	0.25	不燃烧体
1）用厚涂型钢结构防火涂料保护的钢梁，保护层厚度为： 15mm	1.00	不燃烧体
20mm	1.50	不燃烧体
30mm	2.00	不燃烧体
40mm	2.50	不燃烧体
50mm	3.00	不燃烧体
2）用薄涂型钢结构防火涂料保护的钢梁，保护层厚度为： 5.5mm	1.00	不燃烧体
7.0mm	1.50	不燃烧体
3）用防火板包裹保护的钢梁，保护层厚度为： 20mm	1.00	不燃烧体
9mm（板内侧衬50mm岩棉（100kg/m³））	1.50	不燃烧体
20mm（钢梁表面涂刷8mm高温胶）	2.00	不燃烧体

（左侧合并单元格为"梁"）

3.7.3 金属结构工程工程量计算实例

【例3-20】某工程空腹钢柱如图3-26所示（最底层钢板为−12mm厚），共2根，加工厂制作，运输到现场拼装、安装、超声波探伤、耐火极限为二级。钢材单位理论质量如表3-65所示。试列出该工程空腹钢柱的分部分项工程量清单。

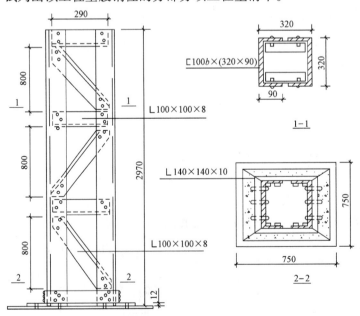

图3-26 空腹钢柱（单位：mm）

			钢材单位理论质量			表3-65
规格/mm	单位质量	备注	规格/mm	单位质量	备注	
[100b×(320×90)	43.25kg/m	槽钢	∟140×140×10	21.49kg/m	角钢	
∟100×100×8	12.28kg/m	角钢	—12	94.20kg/m²	钢板	

【解】

清单工程量计算如表3-66所示，分部分项工程和单价措施项目清单与计价如表3-67所示。

清单工程量　　　　　　　　　　　表3-66

工程名称：某工程

序号	项目编码	项目名称	计　算　式	工程量合计	计量单位
1	010603002001	空腹钢柱	1. [100b×(320×90):G_1=2.97×2×43.25×2 =513.81kg 2. ∟100×1130×8:G_2=(0.29×6+$\sqrt{0.8^2+0.29^2}$ ×6)×12.28×2=168.13kg 3. ∟140×140×10:G_3=(0.32+0.14×2)×4× 21.49×2=103.15kg 4. —12:G_4=0.75×0.75×94.20×2=105.98kg $G=G_1+G_2+G_3+G_4$=513.81+168.13+103.15 +105.98=891.07kg	0.891	t

分部分项工程和单价措施项目清单与计价　　　　　　　表3-67

工程名称：某工程

序号	项目编码	项目名称	项目特征描述	计算单位	工程量	金额/元	
						综合单价	合价
1	010603002001	空腹钢柱	1. 柱类型：简易箱形 2. 钢材品种、规格：槽钢、角钢、钢板，规格详图 3. 单根柱质量：0.45t 4. 螺栓种类：普通螺栓 5. 探伤要求：超声波探伤 6. 防火要求：耐火极限为二级	t	0.891		

【例3-21】 某工程钢支撑如图3-27所示，钢屋架刷一遍防锈漆，一遍防火漆，试编制工程量清单综合单价及合价。

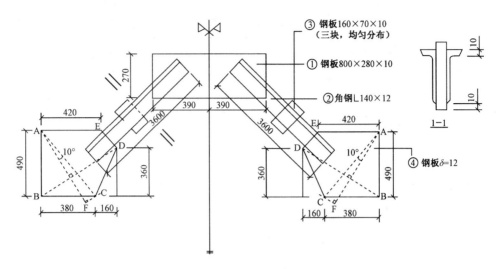

图 3-27 某工程钢支撑（单位：mm）

【解】

（1）工程量计算

角钢（∟140×12）:3.6×2×2×25.552=367.95（kg）

钢板（—10）:0.8×0.28×78.5=17.58（kg）

钢板（—10）:0.16×0.07×3×2×78.5=5.28（kg）

钢板（—12）:(0.16+0.38)×0.49×2×94.2=49.85（kg）

工程量合计:440.66（kg）=0.441（t）

（2）钢支撑

1）钢屋架支撑制作安装：

人工费：165.19×0.441=72.85（元）

材料费：4716.47×0.441=2079.96（元）

机械费：181.84×0.441=80.19（元）

2）钢支撑刷一遍防锈漆：

人工费：26.34×0.441=11.62（元）

材料费：69.11×0.441=30.48（元）

机械费：2.86×0.441=1.26（元）

3）钢屋架支撑刷二遍防火漆：

人工费：49.23×0.441=21.71（元）

材料费：133.64×0.441=58.94（元）

机械费：5.59×0.441=2.47（元）

4）钢屋架支撑刷防火漆减一遍：

人工费：25.48×0.441=11.24（元）

材料费：67.71×0.441=29.86（元）

机械费：2.85×0.441=1.26（元）

（3）综合

直接费合计：2401.84（元）

管理费：2401.84×34%＝816.63（元）

利润：2401.84×8%＝192.15（元）

总计：2401.84＋816.63＋192.15＝3410.62（元）

综合单价：3410.62÷0.441＝7733.83（元）

分部分项工程和单价措施项目清单与计价如表3-68所示，综合单价分析如表3-69所示。

分部分项工程和单价措施项目清单与计价 表3-68

序号	项目编号	项目名称	项目特征描述	计算单位	工程量	金额/元		
						综合单价	合价	其中暂估价
1	010606001001	钢支撑、钢拉条	钢材品种，规格为：角钢∟140×12；钢板厚10mm：0.80×0.28；钢板厚10mm：0.16×0.07；钢板厚12mm：(0.16+0.38)×0.49；钢支撑刷一遍防锈漆、防火漆	t	0.441	7733.83	3410.62	

综合单价分析 表3-69

项目编码	010606001001	项目名称	钢支撑、钢拉条	计量单位	t	工程量	0.441

清单综合单价组成明细

定额编号	定额项目名称	定额单位	数量	单价				合价			
				人工费	材料费	机械费	管理费和利润	人工费	材料费	机械费	管理费和利润
—	钢屋架支撑制作安装	t	1	165.19	4716.47	181.84	2126.67	165.19	4716.47	181.84	2126.67
—	钢支撑刷一遍防锈漆	t	1	26.34	69.11	2.86	41.29	26.34	69.11	2.86	41.29
—	钢屋架支撑刷两遍防火漆	t	1	49.23	133.64	5.59	79.15	49.23	133.64	5.59	79.15
—	钢屋架支撑刷防火漆，减一遍	t	1	25.48	67.71	2.85	40.34	25.48	67.71	2.85	40.34
人工单价		小计						266.24	4986.93	193.14	2287.45
22.47元/工日		未计价材料费									
		清单项目综合单价						7733.83			

3.8 木结构工程清单计价工程量计算

3.8.1 木结构工程清单工程量计算规则

1. 木屋架

木屋架工程量清单项目设置、项目特征描述的内容、计量单位及工程量计算规则应按表 3-70 的规定执行。

木 屋 架 （编号：010701）

表 3-70

项目编码	项目名称	项目特征	计量单位	工程量计算规则	工程内容
010701001	木屋架	1. 跨度 2. 材料品种、规格 3. 刨光要求 4. 拉杆及夹板种类 5. 防护材料种类	1. 榀 2. m³	1. 以榀计量，按设计图示数量计算 2. 以立方米计量，按设计图示的规格尺寸以体积计算	1. 制作 2. 运输 3. 安装 4. 刷防护材料
010701002	钢木屋架	1. 跨度 2. 木材品种、规格 3. 刨光要求 4. 钢材品种、规格 5. 防护材料种类	榀	以榀计量，按设计图示数量计算	

2. 木构件

木构件工程量清单项目设置、项目特征描述的内容、计量单位及工程量计算规则应按表 3-71 的规定执行。

木 构 件 （编号：010702）

表 3-71

项目编码	项目名称	项目特征	计量单位	工程量计算规则	工程内容
010702001	木柱	1. 构件规格尺寸 2. 木材种类 3. 刨光要求 4. 防护材料种类	m³	按设计图示尺寸以体积计算	1. 制作 2. 运输 3. 安装 4. 刷防护材料
010702002	木梁		m³	按设计图示尺寸以体积计算	
010702003	木檩		1. m³ 2. m	1. 以立方米计量，按设计图示尺寸以体积计算 2. 以米计量，按设计图示尺寸以长度计算	
010702004	木楼梯	1. 楼梯形式 2. 木材种类 3. 刨光要求 4. 防护材料种类	m²	按设计图示尺寸以水平投影面积计算。不扣除宽度小于等于 300mm 的楼梯井，伸入墙内部分不计算	
010702005	其他木构件	1. 构件名称 2. 构件规格尺寸 3. 木材种类 4. 刨光要求 5. 防护材料种类	1. m³ 2. m	1. 以立方米计量，按设计图示尺寸以体积计算 2. 以米计量，按设计图示尺寸以长度计算	

3. 屋面木基层

屋面木基层工程量清单项目设置、项目特征描述的内容、计量单位及工程量计算规则应按表3-72的规定执行。

屋面木基层（编号：010703）　　　　　　　　　　　表3-72

项目编码	项目名称	项目特征	计量单位	工程量计算规则	工程内容
010703001	屋面木基层	1. 椽子断面尺寸及椽距 2. 望板材料种类、厚度 3. 防护材料种类	m²	按设计图示尺寸以斜面积计算 不扣除房上烟囱、风帽底座、风道、小气窗、斜沟等所占面积。小气窗的出檐部分不增加面积	1. 椽子制作、安装 2. 望板制作、安装 3. 顺水条和挂瓦条制作、安装 4. 刷防护材料

3.8.2　木结构工程清单相关问题及说明

1. 木屋架

（1）木屋架的跨度应以上、下弦中心线两交点之间的距离计算。

（2）带气楼的木屋架和马尾、折角以及正交部分的半屋架，按相关屋架相目编码列项。

（3）以榀计量，按标准图设计的应注明标准图代号，按非标准图设计的项目特征必须按"木屋架"要求予以描述。

2. 木构件

（1）木楼梯的栏杆（栏板）、扶手，应按"其他装饰工程"中相关项目编码列项。

（2）以米计量，项目特征必须描述构件规格尺寸。

3.8.3　木结构工程工程量计算实例

【例3-22】某厂房，方木屋架如图3-28所示，共4榀，现场制作，不刨光，拉杆为 $\phi10$ 的圆钢，铁件刷防锈漆一遍，轮胎式起重机安装，安装高度6m。试列出该工程方木屋架以立方米计量的分部分项工程量清单。

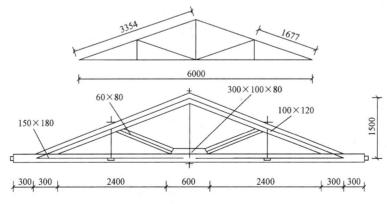

图3-28　方木屋架（单位：mm）

【解】

清单工程量计算如表3-73所示，分部分项工程和单价措施项目清单与计价如表3-74所示。

清单工程量 表3-73

工程名称：某工程

序号	清单项目编码	清单项目名称	计算式	工程量合计	计量单位
1	010701001001	方木屋架	1. 下弦杆体积 = 0.15×0.18×6.6×4 = 0.713 2. 上弦杆体积 = 0.10×0.12×3.354×2×4 = 0.322 3. 斜撑体积 = 0.06×0.08×1.677×2×4 = 0.064 4. 元宝垫木体积 = 0.30×0.10×0.08×4 = 0.010 体积 = 0.713 + 0.322 + 0.064 + 0.010 = 1.11	1.11	m³

注：依据《房屋建筑与装饰工程工程量计算规范》（GB 50854—2013）规定，以立方米计量，按设计图示的规格尺寸以体积计算。

分部分项工程和单价措施项目清单与计价 表3-74

序号	项目编码	项目名称	项目特征描述	计算单位	工程量	金额/元	
						综合单价	合价
1	010701001001	方木屋架	1. 跨度：6m 2. 材料品种、规格：方木、规格详图 3. 刨光要求：不刨光 4. 拉杆种类：φ10圆钢 5. 防护材料种类：铁件刷防锈漆一遍	m³	1.11		

注：依据《房屋建筑与装饰工程工程量计算规范》（GB 50854—2013）规定，屋架的跨度以上、下弦中心线两交点之间的距离计算。

3.9 门窗工程清单计价工程量计算

3.9.1 门窗工程清单工程量计算规则

1. 木门

木门工程量清单项目设置、项目特征描述的内容、计量单位及工程量计算规则应按表3-75中的规定执行。

2. 金属门

金属门工程量清单项目设置、项目特征描述的内容、计量单位及工程量计算规则应按表3-76中的规定执行。

木 门（编号：010801）　　　　　　　　表 3-75

项目编码	项目名称	项目特征	计量单位	工程量计算规则	工程内容
010801001	木质门	1. 门代号及洞口尺寸 2. 镶嵌玻璃品种、厚度	1. 樘 2. m²	1. 以樘计量，按设计图示数量计算 2. 以平方米计量，按设计图示洞口尺寸以面积计算	1. 门安装 2. 玻璃安装 3. 五金安装
010801002	木质门带套				
010801003	木质连窗门				
010801004	木质防火门				
010801005	木门框	1. 门代号及洞口尺寸 2. 框截面尺寸 3. 防护材料种类	1. 樘 2. m	1. 以樘计量，按设计图示数量计算 2. 以米计量，按设计图示框的中心线以延长米计算	1. 木门框制作、安装 2. 运输 3. 刷防护材料
010801006	门锁安装	1. 锁品种 2. 锁规格	个（套）	按设计图示数量计算	安装

金 属 门（编号：010802）　　　　　　　　表 3-76

项目编码	项目名称	项目特征	计量单位	工程量计算规则	工程内容
010802001	金属（塑钢）门	1. 门代号及洞口尺寸 2. 门框或扇外围尺寸 3. 门框、扇材质 4. 玻璃品种、厚度	1. 樘 2. m²	1. 以樘计量，按设计图示数量计算 2. 以平方米计，按设计图示洞口尺寸以面积计算	1. 门安装 2. 五金安装 3. 玻璃安装
010802002	彩板门	1. 门代号及洞口尺寸 2. 门框或扇外围尺寸			
010802003	钢质防火门	1. 门代号及洞口尺寸 2. 门框或扇外围尺寸 3. 门框、扇材质			1. 门安装 2. 五金安装
010802004	防盗门				

3. 金属卷帘（闸）门

金属卷帘（闸）门工程量清单项目设置、项目特征描述的内容、计量单位及工程量计算规则应按表 3-77 中的规定执行。

金属卷帘（闸）门（编号：010803）　　　　　　　　表 3-77

项目编码	项目名称	项目特征	计量单位	工程量计算规则	工程内容
010803001	金属卷帘（闸）门	1. 门代号及洞口尺寸 2. 门材质 3. 启动装置品种、规格	1. 樘 2. m²	1. 以樘计量，按设计图示数量计算 2. 以平方米计量，按设计图示洞口尺寸以面积计算	1. 门运输、安装 2. 启动装置、活动小门、五金安装
010803002	防火卷帘（闸）门				

4. 厂库房大门、特种门

厂库房大门、特种门工程量清单项目设置、项目特征描述的内容、计量单位及工程量计算规则应按表3-78的规定执行。

厂库房大门、特种门（编号：010804）

表3-78

项目编码	项目名称	项目特征	计量单位	工程量计算规则	工程内容
010804001	木板大门	1. 门代号及洞口尺寸 2. 门框或扇外围尺寸 3. 门框、扇材质 4. 五金种类、规格 5. 防护材料种类	1. 樘 2. m²	1. 以樘计量，按设计图示数量计算 2. 以平方米计量，按设计图示洞口尺寸以面积计算	1. 门（骨架）制作、运输 2. 门、五金配件安装 3. 刷防护材料
010804002	钢木大门				
010804003	全钢板大门			1. 以樘计量，按设计图示数量计算 2. 以平方米计量，按设计图示门框或扇以面积计算	
010804004	防护铁丝门				
010804005	金属格栅门	1. 门代号及洞口尺寸 2. 门框或扇外围尺寸 3. 门框、扇材质 4. 启动装置的品种、规格		1. 以樘计量，按设计图示数量计算 2. 以平方米计量，按设计图示洞口尺寸以面积计算	1. 门安装 2. 启动装置、五金配件安装
010804006	钢质花饰大门	1. 门代号及洞口尺寸 2. 门框或扇外围尺寸 3. 门框、扇材质		1. 以樘计量，按设计图示数量计算 2. 以平方米计量，按设计图示门框或扇以面积计算	1. 门安装 2. 五金配件安装
010804007	特种门			1. 以樘计量，按设计图示数量计算 2. 以平方米计量，按设计图示洞口尺寸以面积计算	

5. 其他门

其他门工程量清单项目设置、项目特征描述的内容、计量单位及工程量计算规则应按表3-79中的规定执行。

6. 木窗

木窗工程量清单项目设置、项目特征描述的内容、计量单位及工程量计算规则应按表3-80中的规定执行。

7. 金属窗

金属窗工程量清单项目设置、项目特征描述的内容、计量单位及工程量计算规则应按表3-81中的规定执行。

项目编码	项目名称	项目特征	计量单位	工程量计算规则	工程内容
010805001	电子感应门	1. 门代号及洞口尺寸 2. 门框或扇外围尺寸 3. 门框、扇材质	1. 樘 2. m²	1. 以樘计量，按设计图示数量计算 2. 以平方米计量，按设计图示洞口尺寸以面积计算	1. 门安装 2. 启动装置、五金、电子配件安装
010805002	旋转门	4. 玻璃品种、厚度 5. 启动装置的品种、规格 6. 电子配件品种、规格			
010805003	电子对讲门	1. 门代号及洞口尺寸 2. 门框或扇外围尺寸 3. 门材质			
010805004	电动伸缩门	4. 玻璃品种、厚度 5. 启动装置的品种、规格 6. 电子配件品种、规格			
010805005	全玻自由门	1. 门代号及洞口尺寸 2. 门框或扇外围尺寸 3. 框材质 4. 玻璃品种、厚度			1. 门安装 2. 五金安装
010805006	镜面不锈钢饰面门	1. 门代号及洞口尺寸 2. 门框或扇外围尺寸			
010805007	复合材料门	3. 框、扇材质 4. 玻璃品种、厚度			

项目编码	项目名称	项目特征	计量单位	工程量计算规则	工程内容
010806001	木质窗	1. 窗代号及洞口尺寸 2. 玻璃品种、厚度	1. 樘 2. m²	1. 以樘计量，按设计图示数量计算 2. 以平方米计量，按设计图示洞口尺寸以面积计算	1. 窗安装 2. 五金、玻璃安装
010806002	木飘（凸）窗			1. 以樘计量，按设计图示数量计算 2. 以平方米计量，按设计图示尺寸以框外围展开面积计算	
010806003	木橱窗	1. 窗代号 2. 框截面及外围展开面积 3. 玻璃品种、厚度 4. 防护材料种类			1. 窗制作、运输、安装 2. 五金、玻璃安装 3. 刷防护材料
010806004	木纱窗	1. 窗代号及框的外围尺寸 2. 窗纱材料品种、规格		1. 以樘计量，按设计图示数量计算 2. 以平方米计量，按框的外围尺寸以面积计算	1. 窗安装 2. 五金安装

项目编码	项目名称	项目特征	计量单位	工程量计算规则	工程内容
010807001	金属（塑钢、断桥）窗	1. 窗代号及洞口尺寸 2. 框、扇材质 3. 玻璃品种、厚度	1. 樘 2. m²	1. 以樘计量，按设计图示数量计算 2. 以平方米计量，按设计图示洞口尺寸以面积计算	1. 窗安装 2. 五金、玻璃安装
010807002	金属防火窗				
010807003	金属百叶窗				1. 窗安装 2. 五金安装
010807004	金属纱窗	1. 窗代号及框的外围尺寸 2. 框材质 3. 窗纱材料品种、规格		1. 以樘计量，按设计图示数量计算 2. 以平方米计量，按框的外围尺寸以面积计算	1. 窗安装 2. 五金安装
010807005	金属格栅窗	1. 窗代号及洞口尺寸 2. 框外围尺寸 3. 框、扇材质		1. 以樘计量，按设计图示数量计算 2. 以平方米计量，按设计图示洞口尺寸以面积计算	
010807006	金属（塑钢、断桥）橱窗	1. 窗代号 2. 框外围展开面积 3. 框、扇材质 4. 玻璃品种、厚度 5. 防护材料种类		1. 以樘计量，按设计图示数量计算 2. 以平方米计量，按设计图示尺寸以框外围展开面积计算	1. 窗制作、运输、安装 2. 五金、玻璃安装 3. 刷防护材料
010807007	金属（塑钢、断桥）飘（凸）窗	1. 窗代号 2. 框外围展开面积 3. 框、扇材质 4. 玻璃品种、厚度			1. 窗安装 2. 五金、玻璃安装
010807008	彩板窗	1. 窗代号及洞口尺寸 2. 框外围尺寸 3. 框、扇材质 4. 玻璃品种、厚度		1. 以樘计量，按设计图示数量计算 2. 以平方米计量，按设计图示洞口尺寸或框外围以面积计算	
010807009	复合材料窗				

8. 门窗套

门窗套工程量清单项目设置、项目特征描述的内容、计量单位及工程量计算规则应按表 3-82 中的规定执行。

9. 窗台板

窗台板工程量清单项目设置、项目特征描述的内容、计量单位及工程量计算规则应按表 3-83 中的规定执行。

10. 窗帘、窗帘盒、轨

窗帘、窗帘盒、轨工程量清单项目设置、项目特征描述的内容、计量单位及工程量计算规则应按表 3-84 中的规定执行。

项目编码	项目名称	项目特征	计量单位	工程量计算规则	工程内容
010808001	木门窗套	1. 窗代号及洞口尺寸 2. 门窗套展开宽度 3. 基层材料种类 4. 面层材料品种、规格 5. 线条品种、规格 6. 防护材料种类	1. 樘 2. m² 3. m	1. 以樘计量，按设计图示数量计算 2. 以平方米计量，按设计图示尺寸以展开面积计算 3. 以米计量，按设计图示中心以延长米计算	1. 清理基层 2. 立筋制作、安装 3. 基层板安装 4. 面层铺贴 5. 线条安装 6. 刷防护材料
010808002	木筒子板	1. 筒子板宽度 2. 基层材料种类 3. 面层材料品种、规格 4. 线条品种、规格 5. 防护材料种类			
010808003	饰面夹板筒子板				
010808004	金属门窗套	1. 窗代号及洞口尺寸 2. 门窗套展开宽度 3. 基层材料种类 4. 面层材料品种、规格 5. 防护材料种类			1. 清理基层 2. 立筋制作、安装 3. 基层板安装 4. 面层铺贴 5. 刷防护材料
010808005	石材门窗套	1. 窗代号及洞口尺寸 2. 门窗套展开宽度 3. 粘结层厚度、砂浆配合比 4. 面层材料品种、规格 5. 线条品种、规格			1. 清理基层 2. 立筋制作、安装 3. 基层抹灰 4. 面层铺贴 5. 线条安装
010808006	门窗木贴脸	1. 门窗代号及洞口尺寸 2. 贴脸板宽度 3. 防护材料种类	1. 樘 2. m	1. 以樘计量，按设计图示数量计算 2. 以米计量，按设计图示尺寸以延长米计算	安装
010808007	成品木门窗套	1. 门窗代号及洞口尺寸 2. 门窗套展开宽度 3. 门窗套材料品种、规格	1. 樘 2. m² 3. m	1. 以樘计量，按设计图示数量计算 2. 以平方米计量，按设计图示尺寸以展开面积计算 3. 以米计量，按设计图示中心以延长米计算	1. 清理基层 2. 立筋制作、安装 3. 板安装

窗 台 板（编号：010809） 表 3-83

项目编码	项目名称	项目特征	计量单位	工程量计算规则	工程内容
010809001	木窗台板	1. 基层材料种类 2. 窗台面板材质、规格、颜色 3. 防护材料种类	m²	按设计图示尺寸以展开面积计算	1. 基层清理 2. 基层制作、安装 3. 窗台板制作、安装 4. 刷防护材料
010809002	铝塑窗台板				
010809003	金属窗台板				
010809004	石材窗台板	1. 粘结层厚度、砂浆配合比 2. 窗台板材质、规格、颜色			1. 基层清理 2. 抹找平层 3. 窗台板制作、安装

窗帘、窗帘盒、轨（编号：010810） 表 3-84

项目编码	项目名称	项目特征	计量单位	工程量计算规则	工程内容
010810001	窗帘	1. 窗帘材质 2. 窗帘高度、宽度 3. 窗帘层数 4. 带幔要求	1. m 2. m²	1. 以米计量，按设计图示尺寸以成活后长度计算 2. 以平方米计量，按图示尺寸以成活后展开面积计算	1. 制作、运输 2. 安装
010810002	木窗帘盒	1. 窗帘盒材质、规格 2. 防护材料种类	m	按设计图示尺寸以长度计算	1. 制作、运输、安装 2. 刷防护材料
010810003	饰面夹板、塑料窗帘盒				
010810004	铝合金窗帘盒				
010810005	窗帘轨	1. 窗帘轨材质、规格 2. 轨的数量 3. 防护材料种类			

3.9.2 门窗工程清单相关问题及说明

1. 木门

（1）木质门应区分镶板木门、企口木板门、实木装饰门、胶合板门、夹板装饰门、木纱门、全玻门（带木质扇框）、木质半玻门（带木质扇框）等项目，分别编码列项。

（2）木门五金应包括：折页、插销、门碰珠、弓背拉手、搭机、木螺丝、弹簧折页（自动门）、管子拉手（自由门、地弹门）、地弹簧（地弹门）、角铁、门轧头（地弹门、自由门）等。

（3）木质门带套计量按洞口尺寸以面积计算，不包括门套的面积，但门套应计算在综合单价中。

（4）以樘计量，项目特征必须描述洞口尺寸；以平方米计量，项目特征可不描述洞口尺寸。

（5）单独制作安装木门框按"木门框"项目编码列项。

132

2. 金属门

（1）金属门应区分金属平开门、金属推拉门、金属地弹门、全玻门（带金属扇框）、金属半玻门（带扇框）等项目，分别编码列项。

（2）铝合金门五金包括：地弹簧、门锁、拉手、门插、门铰、螺丝等。

（3）金属门五金包括L型执手插锁（双舌）、执手锁（单舌）、门轨头、地锁、防盗门机、门眼（猫眼）、门碰珠、电子锁（磁卡锁）、闭门器、装饰拉手等。

（4）以樘计量，项目特征必须描述洞口尺寸，没有洞口尺寸必须描述门框或扇外围尺寸，以平方米计量，项目特征可不描述洞口尺寸及框、扇的外围尺寸。

（5）以平方米计量，无设计图示洞口尺寸，按门框、扇外围以面积计算。

3. 金属卷帘（闸）门

以樘计量，项目特征必须描述洞口尺寸；以平方米计量，项目特征可不描述洞口尺寸。

4. 厂库房大门、特种门

（1）特种门应区分冷藏门、冷冻间门、保温门、变电室门、隔音门、防射线门、人防门、金库门等项目，分别编码列项。

（2）以樘计量，项目特征必须描述洞口尺寸，没有洞口尺寸必须描述门框或扇外围尺寸；以平方米计量，项目特征可不描述洞口尺寸及框、扇的外围尺寸。

（3）以平方米计量，无设计图示洞口尺寸，按门框、扇外围以面积计算。

5. 其他门

（1）以樘计量，项目特征必须描述洞口尺寸，没有洞口尺寸必须描述门框或扇外围尺寸；以平方米计量，项目特征可不描述洞口尺寸及框、扇的外围尺寸。

（2）以平方米计量，无设计图示洞口尺寸，按门框、扇外围以面积计算。

6. 木窗

（1）木质窗应区分木百叶窗、木组合窗、木天窗、木固定窗、木装饰空花窗等项目，分别编码列项。

（2）以樘计量，项目特征必须描述洞口尺寸，没有洞口尺寸必须描述窗框外围尺寸；以平方米计量，项目特征可不描述洞口尺寸及框的外围尺寸。

（3）以平方米计量，无设计图示洞口尺寸，按窗框外围以面积计算。

（4）木橱窗、木飘（凸）窗以樘计量，项目特征必须描述框截面及外围展开面积。

（5）木窗五金包括：折页、插销、风钩、木螺丝、滑轮滑轨（推拉窗）等。

7. 金属窗

（1）金属窗应区分金属组合窗、防盗窗等项目，分别编码列项。

（2）以樘计量，项目特征必须描述洞口尺寸，没有洞口尺寸必须描述窗框外围尺寸；以平方米计量，项目特征可不描述洞口尺寸及框的外围尺寸。

（3）以平方米计量，无设计图示洞口尺寸，按窗框外围以面积计算。

（4）金属橱窗、飘（凸）窗以樘计量，项目特征必须描述框外围展开面积。

（5）金属窗五金包括：折页、螺丝、执手、卡锁、铰拉、风撑、滑轮、滑轨、拉把、拉手、角码、牛角制等。

8. 门窗套

（1）以樘计量，项目特征必须描述洞口尺寸、门窗套展开宽度。

（2）以平方米计量，项目特征可不描述洞口尺寸、门窗套展开宽度。

（3）以米计量，项目特征必须描述门窗套展开宽度、筒子板及贴脸宽度。

（4）木门窗套适用于单独门窗套的制作、安装。

9. 窗帘、窗帘盒、轨

（1）窗帘若是双层，项目特征必须描述每层材质。

（2）窗帘以米计量，项目特征必须描述窗帘高度和宽。

3.9.3 门窗工程工程量计算实例

【例3-23】某工程某户居室门窗布置如图3-29所示，分户门为成品钢质防盗门，室内门为成品实木门带套，⑥轴上Ⓑ轴至Ⓒ轴间为成品塑钢门带窗（无门套）；①轴上轴Ⓒ至轴Ⓔ间为塑钢门，框边安装成品门套，展开宽度为350mm；所有窗为成品塑钢窗，具体尺寸详见表3-85。试列出该户居室的门窗、门窗套的分部分项工程量清单。

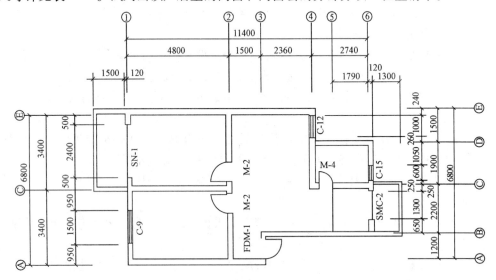

图3-29　某户居室门窗平面布置（单位：mm）

某户居室门窗　　　　　　　　　　　　　　　　　　　　　表3-85

名　　称	代　号	洞口尺寸/mm	备　　注
成品钢质防盗门	FDM-1	800×2100	含锁、五金
成品实木门带套	M-2	800×2100	含锁、普通五金
	M-4	700×2100	
成品平开塑钢窗	C-9	1500×1500	夹胶玻璃（6+2.5+6），型材为钢塑90系列，普通五金
	C-12	1000×1500	
	C-15	600×1500	
成品塑钢门带窗	SMC-2	门（700×2100）、窗（600×1500）	
成品塑钢门	SM-1	2400×2100	

【解】

清单工程量计算如表 3-86 所示，分部分项工程和单价措施项目清单与计价如表 3-87 所示。

清单工程量 表 3-86

工程名称：某工程

序号	项目编码	项目名称	计 算 式	工程量合计	计量单位
1	010802004001	成品钢质防盗门	$S = 0.8 \times 2.1 = 1.68$	1.68	m²
2	010801002001	成品实木门带套	$S = 0.8 \times 2.1 \times 2 + 0.7 \times 2.1 \times 1 = 4.83$	4.83	m²
3	010807001001	成品平开塑钢窗	$S = 1.5 \times 1.5 + 1 \times 1.5 + 0.6 \times 1.5 \times 2 = 5.55$	5.55	m²
4	010802001001	成品塑钢门	$S = 0.7 \times 2.1 + 2.4 \times 2.1 = 6.51$	6.51	m²
5	010808007001	成品门套	$n = 1$	1	樘

分部分项工程和单价措施项目清单与计价 表 3-87

工程名称：某工程

序号	项目编码	项目名称	项目特征描述	计算单位	工程量	金额/元 综合单价	金额/元 合价
1	010802004001	成品钢质防盗门	1. 门代号及洞口尺寸： FDM-1（800mm×2100mm） 2. 门框、扇材质：钢质	m²	1.68		
2	010801002001	成品实木门带套	门代号及洞口尺寸： M-2（800mm×2100mm）、 M-4（700mm×2100mm）	m²	4.83		
3	010807001001	成品平开塑钢窗	1. 窗代号及洞口尺寸： C-9（1500mm×1500mm） C-12（1000mm×1500mm） C-15（600mm×1500mm） 2. 框扇材质：塑钢90系列 3. 玻璃品种、厚度：夹胶玻璃（6+2.5+6）	m²	5.55		
4	010802001001	成品塑钢门	1. 门代号及洞口尺寸： SM-1、SMC-2：洞口尺寸详门窗表 2. 门框、扇材质：塑钢90系列 3. 玻璃品种、厚度；夹胶玻璃（6+2.5+6）	m²	6.51		
5	010808007001	成品门套	1. 门代号及洞口尺寸：SM-1（2400mm×2100mm） 2. 门套展开宽度：350mm 3. 门套材料品种：成品实木门套	樘	1		

【例 3-24】冷藏门尺寸如图 3-30 所示，保温层厚 130mm，试编制工程量清单计价表及综合单价计算表。

【解】

（1）清单工程量计算：1 樘

（2）冷藏库门：

人工费：98.87×1＝98.87（元）

材料费：616.44×1＝616.44（元）

机械费：无

（3）综合

直接费：715.31（元）

管理费：715.31×35%＝250.36（元）

利润：715.31×5%＝35.77（元）

合价：715.31＋250.36＋35.77＝1001.44（元）

综合单价：1001.44÷1＝1001.44（元）

分部分项工程量清单计价如表 3-88 所示。

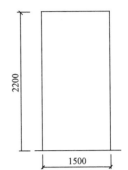

图 3-30　冷藏门（单位：mm）

分部分项工程量清单与计价　　　　　表 3-88

工程名称：　　　　　　　　标段：　　　　　　第　页　共　页

序号	项目编号	项目名称	项目特征描述	计算单位	工程量	金额/元		
						综合单价	合价	其中暂估价
1	010804007001	冷藏门	开启方式：推拉式有框、一扇门	樘	1	1001.44	1001.44	
合　计								

分部分项工程量清单综合单价计算如表 3-89 所示。

工程量清单综合单价分析　　　　　表 3-89

工程名称：　　　　　　　　标段：　　　　　　第　页　共　页

项目编码	010804007001	项目名称	冷藏门	计量单位	m²	工程量	1

清单综合单价组成明细

定额编号	定额名称	定额单位	数量	单价				合价			
				人工费	材料费	机械费	管理费和利润	人工费	材料费	机械费	管理费和利润
—	冷藏门	樘	1	98.87	616.44	—	286.12	98.87	616.44	—	286.12
人工单价		小计						98.87	616.44	—	286.12
22.47 元/工日		未计价材料费									
清单项目综合单价								1001.44			

3.10 屋面及防水工程清单计价工程量计算

3.10.1 屋面及防水工程清单工程量计算规则

1. 瓦、型材及其他屋面

瓦、型材及其他屋面工程量清单项目设置、项目特征描述的内容、计量单位及工程量计算规则应按表 3-90 的规定执行。

瓦、型材及其他屋面（编号：010901） 表 3-90

项目编码	项目名称	项目特征	计量单位	工程量计算规则	工程内容
010901001	瓦屋面	1. 瓦品种、规格 2. 粘结层砂浆的配合比	m²	按设计图示尺寸以斜面积计算 不扣除房上烟囱、风帽底座、风道、小气窗、斜沟等所占面积。小气窗的出檐部分不增加面积	1. 砂浆制作、运输、摊铺、养护 2. 安瓦、作瓦脊
010901002	型材屋面	1. 型材品种、规格 2. 金属檩条材料品种、规格 3. 接缝、嵌缝材料种类			1. 檩条制作、运输、安装 2. 屋面型材安装 3. 接缝、嵌缝
010901003	阳光板屋面	1. 阳光板品种、规格 2. 骨架材料品种、规格 3. 接缝、嵌缝材料种类 4. 油漆品种、刷漆遍数		按设计图示尺寸以斜面积计算 不扣除屋面面积小于等于 0.3m² 孔洞所占面积	1. 骨架制作、运输、安装、刷防护材料、油漆 2. 阳光板安装 3. 接缝、嵌缝
010901004	玻璃钢屋面	1. 玻璃钢品种、规格 2. 骨架材料品种、规格 3. 玻璃钢固定方式 4. 接缝、嵌缝材料种类 5. 油漆品种、刷漆遍数			1. 骨架制作、运输、安装、刷防护材料、油漆 2. 玻璃钢制作、安装 3. 接缝、嵌缝
010901005	膜结构屋面	1. 膜布品种、规格 2. 支柱（网架）钢材品种、规格 3. 钢丝绳品种、规格 4. 锚固基座做法 5. 油漆品种、刷漆遍数		按设计图示尺寸以需要覆盖的水平投影面积计算	1. 膜布热压胶接 2. 支柱（网架）制作、安装 3. 膜布安装 4. 穿钢丝绳、锚头锚固 5. 锚固基座、挖土、回填 6. 刷防护材料、油漆

2. 屋面防水及其他

屋面防水剂及其他工程量清单项目设置、项目特征描述的内容、计量单位及工程量计算规则应按表 3-91 的规定执行。

3. 墙面防水、防潮

墙面防水、防潮工程量清单项目设置、项目特征描述的内容、计量单位及工程量计算规则应按表 3-92 的规定执行。

137

项目编码	项目名称	项目特征	计量单位	工程量计算规则	工程内容
010902001	屋面卷材防水	1. 卷材品种、规格、厚度 2. 防水层数 3. 防水层做法	m²	按设计图示尺寸以面积计算 1. 斜屋顶（不包括平屋顶找坡）按斜面积计算，平屋顶按水平投影面积计算 2. 不扣除房上烟囱、风帽底座、风道、屋面小气窗和斜沟所占面积 3. 屋面的女儿墙、伸缩缝和天窗等处的弯起部分，并入屋面工程量内	1. 基层处理 2. 刷底油 3. 铺油毡卷材、接缝
010902002	屋面涂膜防水	1. 防水膜品种 2. 涂膜厚度、遍数 3. 增强材料种类			1. 基层处理 2. 刷基层处理剂 3. 铺布、喷涂防水层
010902003	屋面刚性层	1. 刚性层厚度 2. 混凝土种类 3. 混凝土强度等级 4. 嵌缝材料种类 5. 钢筋规格、型号		按设计图示尺寸以面积计算。不扣除房上烟囱、风帽底座、风道等所占面积	1. 基层处理 2. 混凝土制作、运输、铺筑、养护 3. 钢筋制安
010902004	屋面排水管	1. 排水管品种、规格 2. 雨水斗、山墙出水口品种、规格 3. 接缝、嵌缝材料种类 4. 油漆品种、刷漆遍数	m	按设计图示尺寸以长度计算。如设计未标注尺寸，以檐口至设计室外散水上表面垂直距离计算	1. 排水管及配件安装、固定 2. 雨水斗、山墙出水口、雨水箅子安装 3. 接缝、嵌缝 4. 刷漆
010902005	屋面排（透）气管	1. 排（透）气管品种、规格 2. 接缝、嵌缝材料种类 3. 油漆品种、刷漆遍数		按设计图示尺寸以长度计算	1. 排（透）气管及配件安装、固定 2. 铁件制作、安装 3. 接缝、嵌缝 4. 刷漆
010902006	屋面(廊、阳台)泄(吐)水管	1. 吐水管品种、规格 2. 接缝、嵌缝材料种类 3. 吐水管长度 4. 油漆品种、刷漆遍数	根（个）	按设计图示数量计算	1. 水管及配件安装、固定 2. 接缝、嵌缝 3. 刷漆
010902007	屋面天沟、檐沟	1. 材料品种、规格 2. 接缝、嵌缝材料种类	m²	按设计图示尺寸以展开面积计算	1. 天沟材料铺设 2. 天沟配件安装 3. 接缝、嵌缝 4. 刷防护材料
010902008	屋面变形缝	1. 嵌缝材料种类 2. 止水带材料种类 3. 盖缝材料 4. 防护材料种类	m	按设计图示以长度计算	1. 清缝 2. 填塞防水材料 3. 止水带安装 4. 盖缝制作、安装 5. 刷防护材料

项目编码	项目名称	项目特征	计量单位	工程量计算规则	工程内容
010903001	墙面卷材防水	1. 卷材品种、规格、厚度 2. 防水层数 3. 防水层做法	m²	按设计图示尺寸以面积计算	1. 基层处理 2. 刷粘结剂 3. 铺防水卷材 4. 接缝、嵌缝
010903002	墙面涂膜防水	1. 防水膜品种 2. 涂膜厚度、遍数 3. 增强材料种类			1. 基层处理 2. 刷基层处理剂 3. 铺布、喷涂防水层
010903003	墙面砂浆防水（防潮）	1. 防水层做法 2. 砂浆厚度、配合比 3. 钢丝网规格			1. 基层处理 2. 挂钢丝网片 3. 设置分格缝 4. 砂浆制作、运输、摊铺、养护
010903004	墙面变形缝	1. 嵌缝材料种类 2. 止水带材料种类 3. 盖缝材料 4. 防护材料种类	m	按设计图示以长度计算	1. 清缝 2. 填塞防水材料 3. 止水带安装 4. 盖缝制作、安装 5. 刷防护材料

4. 楼（地）面防水、防潮

楼（地）面防水、防潮工程量清单项目设置、项目特征描述的内容、计量单位及工程量计算规则应按表 3-93 的规定执行。

项目编码	项目名称	项目特征	计量单位	工程量计算规则	工程内容
010904001	楼（地）面卷材防水	1. 卷材品种、规格、厚度 2. 防水层数 3. 防水层做法 4. 反边高度	m²	按设计图示尺寸以面积计算 1. 楼（地）面防水:按主墙间净空面积计算,扣除凸出地面的构筑物、设备基础等所占面积,不扣除间壁墙及单个面积小于等于 0.3m² 柱、垛、烟囱和孔洞所占面积 2. 楼（地）面防水反边高度小于等于 300mm 算作地面防水,反边高度大于 300mm 按墙面防水计算	1. 基层处理 2. 刷粘结剂 3. 铺防水卷材 4. 接缝、嵌缝
010904002	楼（地）面涂膜防水	1. 防水膜品种 2. 涂膜厚度、遍数 3. 增强材料种类 4. 反边高度			1. 基层处理 2. 刷基层处理剂 3. 铺布、喷涂防水层
010904003	楼（地）面砂浆防水（防潮）	1. 防水层做法 2. 砂浆厚度、配合比 3. 反边高度			1. 基层处理 2. 砂浆制作、运输、摊铺、养护
010904004	楼（地）面变形缝	1. 嵌缝材料种类 2. 止水带材料种类 3. 盖缝材料 4. 防护材料种类	m	按设计图示以长度计算	1. 清缝 2. 填塞防水材料 3. 止水带安装 4. 盖缝制作、安装 5. 刷防护材料

3.10.2 屋面及防水工程清单相关问题及说明

1. 瓦、型材及其他屋面

（1）瓦屋面若是在木基层上铺瓦，项目特征不必描述粘结层砂浆的配合比，瓦屋面铺防水层，按"屋面防水及其他"中相关项目编码列项。

（2）型材屋面、阳光板屋面、玻璃钢屋面的柱、梁、屋架，按"金属结构工程"、"木结构工程"中相关项目编码列项。

2. 屋面防水及其他

（1）屋面刚性层无钢筋，其钢筋项目特征不必描述。

（2）屋面找平层按"楼地面装饰工程"中"平面砂浆找平层"项目编码列项。

（3）屋面防水搭接及附加层用量不另行计算，在综合单价中考虑。

（4）屋面保温找坡层按"保温、隔热、防腐工程"中"保温隔热屋面"项目编码列项。

3. 墙面防水、防潮

（1）墙面防水搭接及附加层用量不另行计算，在综合单价中考虑。

（2）墙面变形缝，若做双面，工程量乘系数2。

（3）墙面找平层按"墙、柱面装饰与隔断、幕墙工程"中"立面砂浆找平层"项目编码列项。

4. 楼（地）面防水、防潮

（1）楼（地）面防水找平层按"楼地面装饰工程"中"平面砂浆找平层"项目编码列项。

（2）楼（地）面防水搭接及附加层用量不另行计算，在综合单价中考虑。

3.10.3 屋面及防水工程工程量计算实例

【例3-25】某工程SBS改性沥青卷材防水屋面平面、剖面如图3-31所示，其自结构层由下向上的做法为：钢筋混凝土板上用1∶12水泥珍珠岩找坡，坡度2%，最薄处60mm；保温隔热层上抹1∶3水泥砂浆找平层（反边高300mm），在找平层上刷冷底子油，加热烤铺，贴3mm厚SBS改性沥青防水卷材一道（反边高300mm），在防水卷材上抹1∶2.5水泥砂浆找平层（反边高300mm）。不考虑嵌缝，砂浆以使用中砂为拌和料，女儿墙不计算，未列项目不补充。试列出该屋面找平层、保温及卷材防水分部分项工程量。

【解】

清单工程量计算如表3-94所示，分部分项工程和单价措施项目清单与计价如表3-95所示。

清单工程量　　　　　　　　　　　　　　表3-94

工程名称：某工程

序号	项目编码	项目名称	计 算 式	工程量合计	计量单位
1	011001001001	屋面保温	$S = 16 \times 9 = 144$	144	m²
2	010902001001	屋面卷材防水	$S = 16 \times 9 + (16 + 9) \times 2 \times 0.3 = 159$	159	m²
3	011101006001	屋面找平层	$S = 16 \times 9 + (16 + 9) \times 2 \times 0.3 = 159$	159	m²

表3-95

分部分项工程和单价措施项目清单与计价

工程名称：某工程

序号	项目编码	项目名称	项目特征描述	计算单位	工程量	金额/元	
						综合单价	合价
1	011001001001	屋面保温	1. 材料品种：1:12 水泥珍珠岩 2. 保温厚度：最薄处 60mm	m²	144		
2	010902001001	屋面卷材防水	1. 卷材品种、规格、厚度：3mm 厚 SBS 改性沥青防水卷材 2. 防水层数：一道 3. 防水层做法：卷材底刷冷底子油、加热烤铺	m²	159		
3	011101006001	屋面找平层	找平层厚度、砂浆配合比：20mm 厚 1:3 水泥砂浆找平层（防水底层）、25mm 厚 1:2.5 水泥砂浆找平层（防水面层）	m²	159		

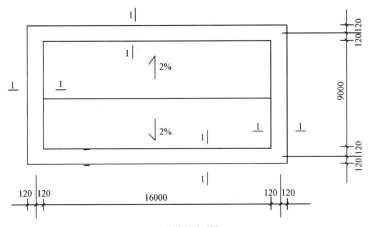

(a) 屋面平面图

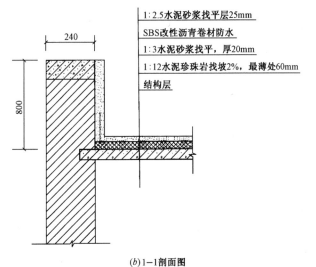

(b) 1—1剖面图

图 3-31　屋面平面、剖面（单位：mm）

3.11 保温、隔热、防腐工程清单计价工程量计算

3.11.1 保温、隔热、防腐工程清单工程量计算规则

1. 保温、隔热

保温、隔热工程量清单项目设置、项目特征描述的内容、计量单位及工程量计算规则应按表 3-96 的规定执行。

保温、隔热（编号：011001）　　　　　　　　　　　表 3-96

项目编码	项目名称	项目特征	计量单位	工程量计算规则	工程内容
011001001	保温隔热屋面	1. 保温隔热材料品种、规格、厚度 2. 隔气层材料品种、厚度 3. 粘结材料种类、做法 4. 防护材料种类、做法		按设计图示尺寸以面积计算。扣除面积大于 0.3m² 孔洞及占位面积	1. 基层清理 2. 刷粘结材料 3. 铺粘保温层 4. 铺、刷（喷）防护材料
011001002	保温隔热天棚	1. 保温隔热面层材料品种、规格、性能 2. 保温隔热材料品种、规格及厚度 3. 粘结材料种类及做法 4. 防护材料种类及做法		按设计图示尺寸以面积计算。扣除面积大于 0.3m² 上柱、垛、孔洞所占面积，与天棚相连的梁按展开面积计算并入天棚工程量内	
011001003	保温隔热墙面	1. 保温隔热部位 2. 保温隔热方式 3. 踢脚线、勒脚线保温做法 4. 龙骨材料品种、规格 5. 保温隔热面层材料品种、规格、性能 6. 保温隔热材料品种、规格及厚度 7. 增强网及抗裂防水砂浆种类 8. 粘结材料种类及做法 9. 防护材料种类及做法	m²	按设计图示尺寸以面积计算。扣除门窗洞口以及面积大于 0.3m² 梁、孔洞所占面积；门窗洞口侧壁以及与墙相连的柱，并入保温墙体工程量内	1. 基层清理 2. 刷界面剂 3. 安装龙骨 4. 填贴保温材料 5. 保温板安装 6. 粘贴面层 7. 铺设增强格网、抹抗裂防水砂浆面层 8. 嵌缝 9. 铺、刷（喷）防护材料
011001004	保温柱、梁			按设计图示尺寸以面积计算 1. 柱按设计图示柱断面保温层中心线展开长度乘保温层高度以面积计算，扣除面积大于 0.3m² 梁所占面积 2. 梁按设计图示梁断面保温层中心线展开长度乘保温层长度以面积计算	
011001005	保温隔热楼地面	1. 保温隔热部位 2. 保温隔热材料品种、规格、厚度 3. 隔气层材料品种、厚度 4. 粘结材料种类、做法 5. 防护材料种类、做法		按设计图示尺寸以面积计算。扣除面积大于 0.3m² 柱、垛、孔洞所占面积。门洞、空圈、暖气包槽、壁龛的开口部分不增加面积	1. 基层清理 2. 刷粘结材料 3. 铺粘保温层 4. 铺、刷（喷）防护材料

项目编码	项目名称	项目特征	计量单位	工程量计算规则	工程内容
011001006	其他保温隔热	1. 保温隔热部位 2. 保温隔热方式 3. 隔气层材料品种、厚度 4. 保温隔热面层材料品种、规格、性能 5. 保温隔热材料品种、规格及厚度 6. 粘结材料种类及做法 7. 增强网及抗裂防水砂浆种类 8. 防护材料种类及做法	m²	按设计图示尺寸以展开面积计算。扣除面积大于0.3m²孔洞及占位面积	1. 基层清理 2. 刷界面剂 3. 安装龙骨 4. 填贴保温材料 5. 保温板安装 6. 粘贴面层 7. 铺设增强格网、抹抗裂防水砂浆面层 8. 嵌缝 9. 铺、刷（喷）防护材料

2. 防腐面层

防腐面层工程量清单项目设置、项目特征描述的内容、计量单位及工程量计算规则应按表3-97的规定执行。

防腐面层（编号：011002） 表3-97

项目编码	项目名称	项目特征	计量单位	工程量计算规则	工程内容
011002001	防腐混凝土面层	1. 防腐部位 2. 面层厚度 3. 混凝土种类 4. 胶泥种类、配合比	m²	按设计图示尺寸以面积计算 1. 平面防腐：扣除凸出地面的构筑物、设备基础等以及面积大于0.3m²孔洞、柱、垛等所占面积，门洞、空圈、暖气包槽、壁龛的开口部分不增加面积 2. 立面防腐：扣除门、窗、洞口以及面积大于0.3m²孔洞、梁所占面积，门、窗、洞口侧壁、垛突出部分按展开面积并入墙面积内	1. 基层清理 2. 基层刷稀胶泥 3. 混凝土制作、运输、摊铺、养护
011002002	防腐砂浆面层	1. 防腐部位 2. 面层厚度 3. 砂浆、胶泥种类、配合比			
011002003	防腐胶泥面层	1. 防腐部位 2. 面层厚度 3. 胶泥种类、配合比			1. 基层清理 2. 胶泥调制、摊铺
011002004	玻璃钢防腐面层	1. 防腐部位 2. 玻璃钢种类 3. 贴布材料的种类、层数 4. 面层材料品种			1. 基层清理 2. 刷底漆、刮腻子 3. 胶浆配制、涂刷 4. 粘布、涂刷面层

项目编码	项目名称	项目特征	计量单位	工程量计算规则	工程内容
011002005	聚氯乙烯板面层	1. 防腐部位 2. 面层材料品种、厚度 3. 粘结材料种类	m²	按设计图示尺寸以面积计算 1. 平面防腐：扣除凸出地面的构筑物、设备基础等以及面积大于 0.3m² 孔洞、柱、垛等所占面积，门洞、空圈、暖气包槽、壁龛的开口部分不增加面积 2. 立面防腐：扣除门、窗、洞口以及面积大于 0.3m² 孔洞、梁所占面积，门、窗、洞口侧壁、垛突出部分按展开面积并入墙面积内	1. 基层清理 2. 配料、涂胶 3. 聚氯乙烯板铺设
011002006	块料防腐面层	1. 防腐部位 2. 块料品种、规格 3. 粘结材料种类 4. 勾缝材料种类			1. 基层清理 2. 铺贴块料 3. 胶泥调制、勾缝
011002007	池、槽块料防腐面层	1. 防腐池、槽名称、代号 2. 块料品种、规格 3. 粘结材料种类 4. 勾缝材料种类		按设计图示尺寸以展开面积计算	

3. 其他防腐

其他防腐工程量清单项目设置、项目特征描述的内容、计量单位及工程量计算规则应按表3-98的规定执行。

其他防腐（编号：011003）　　　　　　　　表3-98

项目编码	项目名称	项目特征	计量单位	工程量计算规则	工程内容
011003001	隔离层	1. 隔离层部位 2. 隔离层材料品种 3. 隔离层做法 4. 粘贴材料种类	m²	按设计图示尺寸以面积计算 1. 平面防腐：扣除凸出地面的构筑物、设备基础等以及面积大于 0.3m² 孔洞、柱、垛等所占面积，门洞、空圈、暖气包槽、壁龛的开口部分不增加面积 2. 立面防腐：扣除门、窗、洞口及面积大于 0.3m² 孔洞、梁所占面积，门、窗、洞口侧壁、垛突出部分按展开面积并入墙面积内	1. 基层清理、刷油 2. 煮沥青 3. 胶泥调制 4. 隔离层铺设

项目编码	项目名称	项目特征	计量单位	工程量计算规则	工程内容
011003002	砌筑沥青浸渍砖	1. 砌筑部位 2. 浸渍砖规格 3. 胶泥种类 4. 浸渍砖砌法	m³	按设计图示尺寸以体积计算	1. 基层清理 2. 胶泥调制 3. 浸渍砖铺砌
011003003	防腐涂料	1. 涂刷部位 2. 基层材料类型 3. 刮腻子的种类、遍数 4. 涂料品种、刷涂遍数	m²	按设计图示尺寸以面积计算 1. 平面防腐：扣除凸出地面的构筑物、设备基础等以及面积大于 0.3m² 孔洞、柱、垛等所占面积，门洞、空圈、暖气包槽、壁龛的开口部分不增加面积 2. 立面防腐：扣除门、窗、洞口以及面积大于 0.3m² 孔洞、梁所占面积，门、窗、洞口侧壁、垛突出部分按展开面积并入墙面积内	1. 基层清理 2. 刮腻子 3. 刷涂料

3.11.2 保温、隔热、防腐工程清单相关问题及说明

1. 保温、隔热

（1）保温隔热装饰面层，按"楼地面装饰工程"、"墙、柱面装饰与隔断、幕墙工程"、"天棚工程"、"油漆、涂料、裱糊工程"以及"其他装饰工程"中相关项目编码列项；仅做找平层按"楼地面装饰工程"中"平面砂浆找平层"或"墙、柱面装饰与隔断、幕墙工程"中"立面砂浆找平层"项目编码列项。

（2）柱帽保温隔热应并入天棚保温隔热工程量内。

（3）池槽保温隔热应按其他保温隔热项目编码列项。

（4）保温隔热方式：指内保温、外保温、夹心保温。

（5）保温柱、梁适用于不与墙、天棚相连的独立柱、梁。

2. 防腐面层

防腐踢脚线，应按"楼地面装饰工程"中"踢脚线"项目编码列项。

3. 其他防腐

浸渍砖砌法指平砌、立砌。

3.11.3 保温、隔热、防腐工程工程量计算实例

【例3-26】某库房地面做 1:0.533:0.533:3.121 不发火沥青砂浆防腐面层，踢脚线抹 1:0.3:1.5:4 铁屑砂浆，厚度均为 20mm，踢脚线高度 200mm，如图 3-32 所示。墙厚均为

240mm，门洞地面做防腐面层，侧边不做踢脚线。试列出该库房工程防腐面层及踢脚线的分部分项工程量清单。

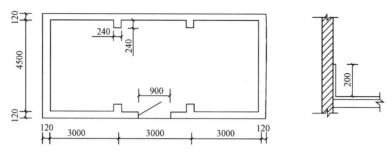

图 3-32　某库房平面（单位：mm）

【解】

清单工程量计算如表 3-99 所示，分部分项工程和单价措施项目清单与计价如表 3-100 所示。

清单工程量　　　　　　表 3-99

工程名称：某工程

序号	项目编码	项目名称	计　算　式	工程量合计	计量单位
1	011002002001	防腐砂浆面层	$S = (9.00 - 0.24) \times (4.50 - 0.24) = 37.32$	37.32	m²
2	011105001001	砂浆踢脚线	$L = (9.00 - 0.24 + 0.24 \times 4 + 4.5 - 0.24)$ $\times 2 - 0.90 = 27.06$	27.06	m

注：依据《房屋建筑与装饰工程工程量计算规范》（GB 80854—2013）规定，防腐地面不扣除面积小于等于 0.3m² 垛，不增加门洞开口部分面积。

分部分项工程和单价措施项目清单与计价　　　　　　表 3-100

工程名称：某工程

序号	项目编码	项目名称	项目特征描述	计算单位	工程量	金额/元	
						综合单价	合价
1	011002002001	防腐砂浆面层	1. 防腐部位：地面 2. 厚度：20mm 3. 砂浆种类、配合比：不发火沥青砂浆 1:0.533:0.533:3.121	m²	37.32		
2	011105001001	砂浆踢脚线	1. 踢脚线高度：200mm 2. 厚度、砂浆配合比；20mm，铁屑砂浆 1:0.3:1.5:4	m	27.06		

【例 3-27】某工程建筑如图 3-33 所示，该工程外墙保温做法：①基层表面清理；②

刷界面砂浆 5mm；③刷 30mm 厚胶粉聚苯颗粒；④门窗边做保温，宽度为 120mm。试列出该工程外墙外保温的分部分项工程量清单。

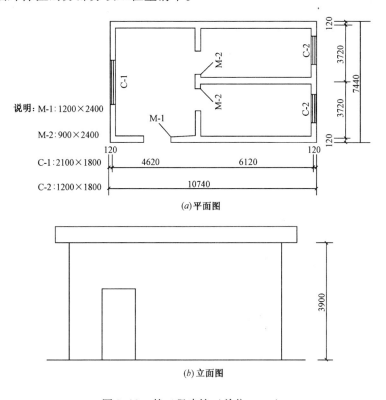

图 3-33　某工程建筑（单位：mm）

【解】

清单工程量计算如表 3-101 所示，分部分项工程和单价措施项目清单与计价如表 3-102 所示。

清单工程量

表 3-101

工程名称：某工程

序号	项目编码	项目名称	计　算　式	工程量合计	计量单位
1	011001003001	保温墙面	墙面：$S_1 = [(10.74+0.24)+(7.44+0.24)]$ $\times 2 \times 3.90 - (1.2 \times 2.4 + 2.1 \times 1.8 + 1.2 \times 1.8 \times 2) = 134.57$ 门窗侧边：$S_2 = [(2.1+1.8) \times 2 + (1.2+1.8) \times 4 + (2.4 \times 2 + 1.2)] \times 0.12 = 3.10$ $S = S_1 + S_2 = 134.57 + 3.10 = 137.67$	137.67	m²

注：依据《房屋建筑与装饰工程工程量计算规范》（GB 80854—2013）规定，门窗洞口侧壁保温并入墙体工程量内。

工程名称：某工程

序号	项目编码	项目名称	项目特征描述	计算单位	工程量	金额/元	
						综合单价	合价
1	011001003001	保温墙面	1. 保温隔热部位：墙面 2. 保温隔热方式：外保温 3. 保温隔热材料品种、厚度：30mm 厚胶粉聚苯颗粒 4. 基层材料：5mm 厚界面砂浆	m²	137.67		

3.12　措施项目清单计价工程量计算

3.12.1　措施项目清单工程量计算规则

1. 脚手架工程

脚手架工程工程量清单项目设置、项目特征描述的内容、计量单位及工程量计算规则应按表 3-103 的规定执行。

脚手架工程（编号：011701）　　　　　表 3-103

项目编码	项目名称	项目特征	计量单位	工程量计算规则	工程内容
011701001	综合脚手架	1. 建筑结构形式 2. 檐口高度	m²	按建筑面积计算	1. 场内、场外材料搬运 2. 搭、拆脚手架、斜道、上料平台 3. 安全网的铺设 4. 选择附墙点与主体连接 5. 测试电动装置、安全锁等 6. 拆除脚手架后材料的堆放
011701002	外脚手架	1. 搭设方式 2. 搭设高度 3. 脚手架材质		按所服务对象的垂直投影面积计算	1. 场内、场外材料搬运 2. 搭、拆脚手架、斜道、上料平台 3. 安全网的铺设 4. 拆除脚手架后材料的堆放
011701003	里脚手架				
011701004	悬空脚手架	1. 搭设方式 2. 悬挑宽度 3. 脚手架材质		按搭设的水平投影面积计算	
011701005	挑脚手架		m	按搭设长度乘以搭设层数以延长米计算	
011701006	满堂脚手架	1. 搭设方式 2. 搭设高度 3. 脚手架材质	m²	按搭设的水平投影面积计算	

项目编码	项目名称	项目特征	计量单位	工程量计算规则	工程内容
011701007	整体提升架	1. 搭设方式及启动装置 2. 搭设高度	m²	按所服务对象的垂直投影面积计算	1. 场内、场外材料搬运 2. 选择附墙点与主体连接 3. 搭、拆脚手架、斜道、上料平台 4. 安全网的铺设 5. 测试电动装置、安全锁等 6. 拆除脚手架后材料的堆放
011701008	外装饰吊篮	1. 升降方式及启动装置 2. 搭设高度及吊篮型号			1. 场内、场外材料搬运 2. 吊篮的安装 3. 测试电动装置、安全锁、平衡控制器等 4. 吊篮的拆卸

2. 混凝土模板及支架（撑）

混凝土模板及支架（撑）工程量清单项目设置、项目特征描述的内容、计量单位及工程量计算规则应按表3-104的规定执行。

混凝土模板及支架（撑）（编号：011702）　　　　表3-104

项目编码	项目名称	项目特征	计量单位	工程量计算规则	工程内容
011702001	基础	基础类型	m²	按模板与现浇混凝土构件的接触面积计算 1. 现浇钢筋混凝土墙、板单孔面积小于等于0.3m²的孔洞不予扣除，洞侧壁模板亦不增加；单孔面积大于0.3m²时应予扣除，洞侧壁模板面积并入墙、板工程量内计算 2. 现浇框架分别按梁、板、柱有关规定计算；附墙柱、暗梁、暗柱并入墙内工程量内计算 3. 柱、梁、墙、板相互连接的重叠部分，均不计算模板面积 4. 构造柱按图示外露部分计算模板面积	1. 模板制作 2. 模板安装、拆除、整理堆放及场内外运输 3. 清理模板粘结物及模内杂物、刷隔离剂等
011702002	矩形柱	—			
011702003	构造柱				
011702004	异形柱	柱截面形状			
011702005	基础梁	梁截面形状			
011702006	矩形梁	支撑高度			
011702007	异形梁	1. 梁截面形状 2. 支撑高度			
011702008	圈梁	—			
011702009	过梁				
011702010	弧形、拱形梁	1. 梁截面形状 2. 支撑高度			
011702011	直形墙	—			
011702012	弧形墙				
011702013	短肢剪力墙、电梯井壁				

项目编码	项目名称	项目特征	计量单位	工程量计算规则	工程内容
011702014	有梁板	支撑高度	m²	按模板与现浇混凝土构件的接触面积计算 1. 现浇钢筋混凝土墙、板单孔面积小于等于0.3m²的孔洞不予扣除,洞侧壁模板亦不增加;单孔面积大于0.3m²时应予扣除,洞侧壁模板面积并入墙、板工程量内计算 2. 现浇框架分别按梁、板、柱有关规定计算;附墙柱、暗梁、暗柱并入墙内工程量内计算 3. 柱、梁、墙、板相互连接的重叠部分,均不计算模板面积 4. 构造柱按图示外露部分计算模板面积	1. 模板制作 2. 模板安装、拆除、整理堆放及场内外运输 3. 清理模板粘结物及模内杂物、刷隔离剂等
011702015	无梁板				
011702016	平板				
011702017	拱板				
011702018	薄壳板				
011702019	空心板				
011702020	其他板				
011702021	栏板	—			
011702022	天沟、檐沟	构件类型		按模板与现浇混凝土构件的接触面积计算	
011702023	雨篷、悬挑板、阳台板	1. 构件类型 2. 板厚度		按图示外挑部分尺寸的水平投影面积计算,挑出墙外的悬臂梁及板边不另计算	
011702024	楼梯	类型		按楼梯(包括休息平台、平台梁、斜梁和楼层板的连接梁)的水平投影面积计算,不扣除宽度小于等于500mm的楼梯井所占面积,楼梯踏步、踏步板、平台梁等侧面模板不另计算,伸入墙内部分亦不增加	
011702025	其他现浇构件	构件类型		按模板与现浇混凝土构件的接触面积计算	
011702026	电缆沟、地沟	1. 沟类型 2. 沟截面		按模板与电缆沟、地沟接触的面积计算	
011702027	台阶	台阶踏步宽		按图示台阶水平投影面积计算,台阶端头两侧不另计算模板面积。架空式混凝土台阶,按现浇楼梯计算	
011702028	扶手	扶手断面尺寸		按模板与扶手的接触面积计算	
011702029	散水	—		按模板与散水的接触面积计算	
011702030	后浇带	后浇带部位		按模板与后浇带的接触面积计算	
011702031	化粪池	1. 化粪池部位 2. 化粪池规格		按模板与混凝土的接触面积计算	
011702032	检查井	1. 检查井部位 2. 检查井规格			

3. 垂直运输

垂直运输工程量清单项目设置、项目特征描述的内容、计量单位及工程量计算规则应按表3-105的规定执行。

垂直运输（编号：011703） 表3-105

项目编码	项目名称	项目特征	计量单位	工程量计算规则	工程内容
011703001	垂直运输	1. 建筑物建筑类型及结构形式 2. 地下室建筑面积 3. 建筑物檐口高度、层数	1. m² 2. 天	1. 按建筑面积计算 2. 按施工工期日历天数计算	1. 垂直运输机械的固定装置、基础制作、安装 2. 行走式垂直运输机械轨道的铺设、拆除、摊销

4. 超高施工增加

超高施工增加工程量清单项目设置、项目特征描述的内容、计量单位及工程量计算规则应按表3-106的规定执行。

超高施工增加（编号：011704） 表3-106

项目编码	项目名称	项目特征	计量单位	工程量计算规则	工程内容
011704001	超高施工增加	1. 建筑物建筑类型及结构形式 2. 建筑物檐口高度、层数 3. 单层建筑物檐口高度超过20m，多层建筑物超过6层部分的建筑面积	m²	按建筑物超高部分的建筑面积计算	1. 建筑物超高引起的人工工效降低以及由于人工工效降低引起的机械降效 2. 高层施工用水加压水泵的安装、拆除及工作台班 3. 通讯联络设备的使用及摊销

5. 大型机械设备进出场及安拆

大型机械设备进出场及安拆工程量清单项目设置、项目特征描述的内容、计量单位及工程量计算规则应按表3-107的规定执行。

大型机械设备进出场及安拆（编号：011705） 表3-107

项目编码	项目名称	项目特征	计量单位	工程量计算规则	工程内容
011705001	大型机械设备进出场及安拆	1. 机械设备名称 2. 机械设备规格型号	台次	按使用机械设备的数量计算	1. 安拆费包括施工机械、设备在现场进行安装拆卸所需人工、材料、机械和试运转费用以及机械辅助设施的折旧、搭设、拆除等费用 2. 进出场费包括施工机械、设备整体或分体自停放地点运至施工现场或由一施工地点运至另一施工地点所发生的运输、装卸、辅助材料等费用

6. 施工排水、降水

施工排水、降水工程量清单项目设置、项目特征描述的内容、计量单位及工程量计算规则应按表3-108的规定执行。

施工排水、降水（编号：011706）　　　　　　　　　　　表3-108

项目编码	项目名称	项目特征	计量单位	工程量计算规则	工程内容
011706001	成井	1. 成井方式 2. 地层情况 3. 成井直径 4. 井（滤）管类型、直径	m	按设计图示尺寸以钻孔深度计算	1. 准备钻孔机械、埋设护筒、钻机就位；泥浆制作、固壁；成孔、出渣、清孔等 2. 对接上、下井管（滤管），焊接，安放，下滤料，洗井，连接试抽等
011706002	排水、降水	1. 机械规格型号 2. 降排水管规格	昼夜	按排、降水日历天数计算	1. 管道安装、拆除，场内搬运等 2. 抽水、值班、降水设备维修等

7. 安全文明施工及其他措施项目

安全文明施工及其他措施项目工程量清单项目设置、工作内容及包含范围应按表3-109的规定执行。

安全文明施工及其他措施项目（编号：011707）　　　　　　表3-109

项目编码	项目名称	工作内容及包含范围
011707001	安全文明施工	1. 环境保护：现场施工机械设备降低噪声、防扰民措施；水泥和其他易飞扬细颗粒建筑材料密闭存放或采取覆盖措施等；工程防扬尘洒水；土石方、建渣外运车辆防护措施等；现场污染源的控制、生活垃圾清理外运、场地排水排污措施；其他环境保护措施 2. 文明施工："五牌一图"；现场围挡的墙面美化（包括内外粉刷、刷白、标语等）、压顶装饰，现场厕所便槽刷白、贴面砖，水泥砂浆地面或地砖，建筑物内临时便溺设施；其他施工现场临时设施的装饰装修、美化措施；现场生活卫生设施；符合卫生要求的饮水设备、淋浴、消毒等设施；生活用洁净燃料；防煤气中毒、防蚊虫叮咬等措施；施工现场操作作业地的硬化；现场绿化、治安综合治理；现场配备医药保健器材、物品和急救人员培训；现场工人的防暑降温、电风扇、空调等设备及用电；其他文明施工措施 3. 安全施工：安全资料、特殊作业专项方案的编制，安全施工标志的购置及安全宣传；"三宝"（安全帽、安全带、安全网）、"四口"（楼梯口、电梯井口、通道口、预留洞口）、"五临边"（阳台围边、楼板围边、屋面围边、槽坑围边、卸料平台两侧），水平防护架、垂直防护架、外架封闭等防护；施工安全用电，包括配电箱三级配电、两级保护装置要求、外电防护措施；起重机、塔吊等起重设备（含井架、门架）及外用电梯的安全防护措施（含警示标志）及卸料平台的临边防护、层间安全门、防护棚等设施；建筑工地起重机械的检验检测；施工机具防护棚及其围栏的安全保护设施；施工安全防护通道；工人的安全防护用品、用具购置；消防设施与消防器材的配置；电气保护、安全照明设施；其他安全防护措施 4. 临时设施：施工现场采用彩色、定型钢板，砖、混凝土砌块等围挡的安砌、维修、拆除；施工现场临时建筑物、构筑物的搭设、维修、拆除，如临时宿舍、办公室、食堂、厨房、厕所、诊疗所、临时文化福利用房、临时仓库、加工场、搅拌台、临时简易水塔、水池等；施工现场临时设施的搭设、维修、拆除，如临时供水管道、临时供电管线、小型临时设施等；施工现场规定范围内临时简易道路铺设，临时排水沟、排水设施安砌、维修、拆除；其他临时设施搭设、维修、拆除

项目编码	项目名称	工作内容及包含范围
011707002	夜间施工	1. 夜间固定照明灯具和临时可移动照明灯具的设置、拆除 2. 夜间施工时，施工现场交通标志、安全标牌、警示灯等的设置、移动、拆除 3. 包括夜间照明设备及照明用电、施工人员夜班补助、夜间施工劳动效率降低等
011707003	非夜间施工照明	为保证工程施工正常进行，在地下室等特殊施工部位施工时所采用的照明设备的安拆、维护及照明用电等
011707004	二次搬运	由于施工场地条件限制而发生的材料、成品、半成品等一次运输不能到达堆放地点，必须进行的二次或多次搬运
011707005	冬雨期施工	1. 冬雨（风）期施工时增加的临时设施（防寒保温、防雨、防风设施）的搭设、拆除 2. 冬雨（风）期施工时，对砌体、混凝土等采用的特殊加温、保温和养护措施 3. 冬雨（风）期施工时，施工现场的防滑处理、对影响施工的雨雪的清除 4. 包括冬雨（风）期施工时增加的临时设施、施工人员的劳动保护用品、冬雨（风）期施工劳动效率降低等
011707006	地上、地下设施、建筑物的临时保护设施	在工程施工过程中，对已建成的地上、地下设施和建筑物进行的遮盖、封闭、隔离等必要保护措施
011707007	已完工程及设备保护	对已完工程及设备采取的覆盖、包裹、封闭、隔离等必要保护措施

3.12.2 措施项目清单相关问题及说明

1. 脚手架工程

（1）使用综合脚手架时，不再使用外脚手架、里脚手架等单项脚手架；综合脚手架适用于能够按"建筑面积计算规则"计算建筑面积的建筑工程脚手架，不适用于房屋加层、构筑物及附属工程脚手架。

（2）同一建筑物有不同檐高时，按建筑物竖向切面分别按不同檐高编列清单项目。

（3）整体提升架已包括2m高的防护架体设施。

（4）脚手架材质可以不描述，但应注明由投标人根据工程实际情况按照国家现行标准《建筑施工扣件式钢管脚手架安全技术规范》（JGJ 130—2011）、《建筑施工附着升降脚手架管理暂行规定》（建建〔2000〕230号）等规范自行确定。

2. 混凝土模板及支架（撑）

（1）原槽浇灌的混凝土基础，不计算模板。

（2）混凝土模板及支撑（架）项目，只适用于以平方米计量，按模板与混凝土构件的接触面积计算。以立方米计量的模板及支撑（支架），按混凝土及钢筋混凝土实体项目执行，其综合单价中应包含模板及支撑（支架）。

（3）采用清水模板时，应在特征中注明。

（4）若现浇混凝土梁、板支撑高度超过3.6m时，项目特征应描述支撑高度。

3. 垂直运输

（1）建筑物的檐口高度是指设计室外地坪至檐口滴水的高度（平屋顶系指屋面板底高度），突出主体建筑物屋顶的电梯机房、楼梯出口间、水箱间、瞭望塔、排烟机房等不计入檐口高度。

（2）垂直运输指施工工程在合理工期内所需垂直运输机械。

（3）同一建筑物有不同檐高时，按建筑物的不同檐高做纵向分割，分别计算建筑面积，以不同檐高分别编码列项。

4. 超高施工增加

（1）单层建筑物檐口高度超过20m，多层建筑物超过6层时，可按超高部分的建筑面积计算超高施工增加。计算层数时，地下室不计入层数。

（2）同一建筑物有不同檐高时，可按不同高度的建筑面积分别计算建筑面积，以不同檐高分别编码列项。

5. 施工排水、降水

相应专项设计不具备时，可按暂估量计算。

6. 安全文明施工及其他措施项目

表3-109所列项目应根据工程实际情况计算措施项目费用，需分摊的应合理计算摊销费用。

3.12.3 措施项目工程量计算实例

【例3-28】如图3-34所示为某工程框架结构建筑物某层现浇混凝土及钢筋混凝土柱、梁、板结构图，层高3m，其中板厚为120mm，梁、板顶标高为 +6.00m，柱的区域部分为（ +3.00 ~ +6.00m）。该工程在招标文件中要求，模板单列，不计入混凝土实体项目综合单价，不采用清水模板。试列出该层现浇混凝土及钢筋混凝土柱、梁、板的模板工程的分部分项工程量清单。

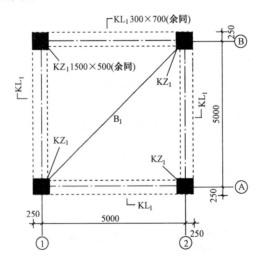

图3-34 某工程现浇混凝土及钢筋混凝土柱、梁、板结构（单位：mm）

【解】

清单工程量计算如表3-110所示，分部分项工程和单价措施项目清单与计价如表3-111所示。

清单工程量　　　　　　　　　　　　　　　　　　　　表3-110

工程名称：某工程

序号	项目编码	项目名称	计　算　式	工程量合计	计量单位
1	011702002001	矩形柱	$S = 4 \times (3 \times 0.5 \times 4 - 0.3 \times 0.7 \times 2 - 0.2 \times 0.12 \times 2)$ $= 22.13$	22.13	m²
2	011702006001	矩形梁	$S = [(5 - 0.5) \times (0.7 \times 2 + 0.3)] \times 4 - 4.5 \times 0.12 \times 4$ $= 28.44$	28.44	m²
3	011702014001	有梁板	$S = (5.5 - 2 \times 0.3) \times (5.5 - 2 \times 0.3) - 0.2 \times 0.2 \times 4$ $= 23.85$	23.85	m²

注：根据《房屋建筑与装饰工程工程量计算规范》（GB 50854—2013）规定，现浇框架结构分别按柱、梁、板计算。

分部分项工程和单价措施项目清单与计价　　　　　　　表3-111

工程名称：某工程

序号	项目编码	项目名称	项目特征描述	计量单位	工程量	金额/元 综合单价	金额/元 合价
1	011702002001	矩形柱	KZ₁1500×500	m²	22.13		
2	011702006001	矩形梁	KL₁300×700	m²	28.44		
3	011702014001	有梁板	板厚120mm	m²	23.85		

注：根据《房屋建筑与装饰工程工程量计算规范》（GB 50854—2013）规定，若现浇混凝土梁、板支撑高度超过3.6m时，项目特征要描述支撑高度，否则不描述。

【例3-29】某高层建筑如图3-35所示，框剪结构，女儿墙高度为1.8m，由某总承包公司承包，施工组织设计中，垂直运输，采用自升式塔式起重机及单笼施工电梯。试列出该高层建筑物的垂直运输、超高施工增加的分部分项工程量清单。

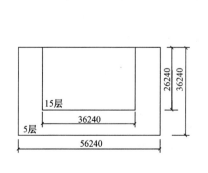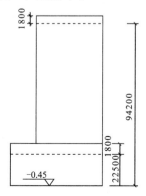

图3-35　某高层建筑（单位：mm）

【解】

清单工程量计算如表 3-112 所示，分部分项工程和单价措施项目清单与计价如表 3-113 所示。

清单工程量　　　　　　　　　　　　　　　　　　　　　　　表 3-112

工程名称：某工程

序号	项目编码	项目名称	计　算　式	工程量合计	计量单位
1	011703001001	垂直运输 （檐高 94.20m 以内）	$S = 26.24 \times 36.24 \times 5 + 36.24 \times 26.24 \times 15$ $= 19018.75$	19018.75	m²
2	011703001002	垂直运输 （檐高 22.50m 以内）	$S = (56.24 \times 36.24 - 36.24 \times 26.24) \times 5$ $= 5436.00$	5436.00	m²
3	011704001001	超高施工增加	$S = 36.24 \times 26.24 \times 14 = 13313.13$	13313.13	m²

分部分项工程和单价措施项目清单与计价　　　　　　　　　　表 3-113

序号	项目编码	项目名称	项目特征描述	计算单位	工程量	金额/元	
						综合单价	合价
1	011703001001	垂直运输 （檐高 94.20m 以内）	1. 建筑物建筑类型及结构形式：现浇框架结构 2. 建筑物檐口高度、层数：94.20m、20 层	m²	19018.75		
2	011703001002	垂直运输 （檐高 22.50m 以内）	1. 建筑物建筑类型及结构形式：现浇框架结构 2. 建筑物檐口高度、层数：22.50m、5 层	m²	5436.00		
3	011704001001	超高施工增加	1. 建筑物建筑类型及结构形式：现浇框架结构 2. 建筑物檐口高度、层数：94.20m、20 层	m²	13313.13		

注：根据《房屋建筑与装饰工程工程量计算规范》（GB 50854—2013）规定，同一建筑物有不同檐高时，按建筑物不同檐高做纵向分割，分别计算建筑面积，以不同檐高分别编码列项。

156

4 土建工程招标

4.1 土建工程招标概述

4.1.1 土建工程招标概念

土建工程招标是指招标单位对拟进行的工程根据工程的内容、工期、质量以及投资额等要求，由自己或所委托的咨询公司等编制招标文件，按规定程序组织有关公司投标，择优选定承包单位的一系列工作的总称。

实行招标投标制度，是使工程项目建设任务的委托纳入市场机制，通过竞争择优选定项目的工程承包单位、勘察设计单位、施工单位、监理单位、设备制造供应单位等，达到保证工程质量、缩短建设周期、控制工程造价、提高投资效益的目的，由发包人与承包人通过招标投标签订承包合同的经营制度。

4.1.2 土建工程招标条件

工程项目招标必须符合主管部门规定的条件。通常可以将土建工程招标条件分为以下两个方面。

1. 建设单位招标应具备的条件

（1）招标单位是法人或依法成立的其他组织。

（2）有与招标工程相适应的经济、技术、管理人员。

（3）有组织招标文件的能力。

（4）有审查投标单位资质的能力。

（5）有组织开标、评标、定标的能力。

不具备上述（2）～（5）项条件的，须委托具有相应资质的咨询、监理等单位代理招标。上述五项中，（1）、（2）两项是对招标单位资格的规定，后三项则是对招标人能力的要求。

2. 招标的工程项目应具备的条件

（1）概算已经批准。

（2）建设项目已经正式列入国家、部门或地方的年度固定资产投资计划。

（3）建设用地的征用工作已经完成。

（4）有能够满足施工需要的施工图纸及技术资料。

（5）建设资金和主要建筑材料、设备的来源已经落实。

（6）已经建设项目所在地规划部门批准，施工现场"三通一平"已经完成或一并列入施工招标范围。

4.1.3　土建工程招标范围

依法必须进行招标的工程建设项目的具体范围和规模标准，由国务院发展改革部门会同国务院有关部门制订，报国务院批准后公布施行。

1. 应当实行招标的范围

我国《中华人民共和国招标投标法》（以下简称《招标投标法》）规定，下列三类工程建设项目必须进行招标：

（1）大型基础设施、公用事业等关系社会公众利益、公众安全的项目。

（2）全部使用或者部分使用国有资金投资或者国家融资的项目。

（3）使用国际组织或者外国政府贷款、援助资金的项目。

法律或国务院对必须进行招标的其他项目的范围有规定的，则依照其规定。

《工程建设项目招标范围和规模标准规定》中规定：在强制招标范围的各类工程建设项目，包括项目的勘察、设计、施工、监理以及与工程建设有关的重要设备、材料等的采购，达到下列标准之一的，必须进行招标：

（1）施工单项合同估算价在 200 万元人民币以上的。

（2）重要设备、材料等货物的采购，单项合同估算价在 100 万元人民币以上。

（3）勘察、设计、监理等服务的采购，单项合同估算价在 50 万元人民币以上。

（4）单项合同估算价低于上述 3 项标准，但项目总投资额在 3000 万元人民币以上的。

招标人可以依法对工程全部或者部分实行总承包招标。以暂估价形式包括在总承包范围内的工程属于依法必须进行招标的项目范围且达到国家规定规模标准的，应当依法进行招标。所称暂估价，是指总承包招标时不能确定价格而由招标人在招标文件中暂时估定的金额。

2. 可以不进行招标的范围

对于强制招标的工程项目，有下列情形之一的，经有关部门批准后，可以不进行施工招标：

（1）涉及国家安全、国家秘密或者抢险救灾而不适宜招标的。

（2）属于利用扶贫资金实行以工代赈需要使用农民工的。

（3）施工主要技术需要采用不可替代的专利或者专有技术的。

（4）在建工程追加的附属小型工程或者主体加层工程，原中标人仍具备承包能力，并且其他人承担将影响施工或者功能配套要求的。

（5）采购人依法能够自行建设、生产或者提供的。

（6）已通过招标方式选定的特许经营项目投资人依法能够自行建设、生产或者提供的。

（7）需要向原中标人采购工程、货物或者服务，否则将影响施工或者功能配套要求的。

（8）国家规定的其他特殊情形。

4.1.4　土建工程招标分类

1. 按工程项目建设程序划分

（1）项目开发招标

项目开发招标是建设单位（业主）邀请工程咨询单位对建设项目进行可行性研究，其"标的物"是可行性研究报告。中标的工程咨询单位必须对自己提供的研究成果认真负责，可行性研究报告应得到建设单位认可。

（2）勘察设计招标

工程勘察设计招标是指招标单位就拟建工程的勘察和设计任务发布通告，以法定的方式吸引勘察单位或设计单位参加竞争，经招标单位审查获得投标资格的勘察、设计单位，按招标文件要求，在规定的时间内向招标单位填报投标书，招标单位从中择优确定中标单位完成工程勘察或设计任务。

（3）施工招标

工程施工招标是针对工程施工阶段的全部工作开展的招标，根据范围大小以及专业的不同，可将施工招标分为全部工程招标、单项工程招标和专业工程招标等。

2. 按工程承包范围划分

（1）项目总承包招标

项目总承包招标可分为两种类型：

1）工程项目实施阶段的全过程招标。工程项目实施阶段的全过程招标是在设计任务书已经审完，从项目勘察、设计到交付使用进行一次性招标。

2）工程项目全过程招标。工程项目全过程招标是从项目的可行性研究到交付使用进行一次性招标，业主提供项目投资和使用要求及竣工、交付使用期限，其可行性研究、勘察设计、材料和设备采购、施工安装、职工培训、生产准备和试生产、交付使用都由一个总承包商负责承包，即所谓的"交钥匙工程"。

（2）专项工程承包招标

专项工程承包招标是指在对工程承包招标中，对其中某项比较复杂或专业性强，施工和制作要求特殊的单项工程单独进行的招标。

3. 按行业类别划分

（1）土木工程招标

土木工程主要包括：铁路、公路、隧道、桥梁、堤坝、电站、码头、飞机场、厂房、剧院、旅馆、医院、商店、学校、住宅等。

（2）货物设备采购招标

货物设备采购包括建筑材料和大型成套设备。

（3）咨询服务（工程咨询）招标

咨询服务包括项目开发性研究、可行性研究、工程监理等。

4. 按工程建设项目构成划分

（1）全部工程招标

全部工程招标是指对一个工程建设项目（如一所学校）的全部工程进行的招标。

（2）单项工程招标

单项工程招标是指对一个工程建设项目（如一所学校）中所包含的若干单项工程（如教学楼、图书馆、食堂等）进行的招标。

（3）单位工程招标

单位工程招标是指对一个单项工程所包含的若干单位工程（如一幢房屋）进行的招标。

（4）分部工程招标

分部工程招标是指对一个单位工程（如土建工程）所包含的若干分部工程（如土石方工程、深基坑工程、楼地面工程、装饰工程等）进行的招标。

（5）分项工程招标

分项工程招标是指对一个分部工程（如土石方工程）所包含的若干分项工程（如人工挖地槽、挖地坑、回填土等）进行的招标。

5. 按工程是否具有涉外因素划分

（1）国内工程招标

国内工程招标是指对本国没有涉外因素的建设工程进行的招标。

（2）国际工程招标

国际工程招标是指对有不同国家或地区或国际组织参与的建设工程进行的招标。

4.2 土建工程招标方式与程序

4.2.1 土建工程项目招标方式

我国《招标投标法》规定的招标方式有公开招标和邀请招标两种。

1. 公开招标

公开招标是指招标人以招标公告的方式，邀请不特定的法人或者其他组织参加投标的一种招标方式；也就是招标人在国家指定的报刊、电子网络或其他媒体上发布招标公告，吸引众多的潜在投标人参加投标竞争，招标人按照规定的程序和办法从中择优选择中标人的招标方式。

2. 邀请招标

邀请招标是指招标人以投标邀请书的方式，邀请特定的法人或者其他组织参加投标的一种招标方式。邀请招标，也称选择性招标，也就是由招标人通过市场调查，根据供应商或承包商的资信和业绩，选择一定数目的法人或者其他组织（不能少于三家），向其发出投标邀请书，邀请他们参加投标竞争，招标人按照规定的程序和办法从中择优选择中标人的招标方式。

4.2.2 土建工程项目招标程序

土建工程招标程序根据其工程内容不同而有所变化。主要是以施工招标为主介绍其招标程序，如图4-1所示，具体包括以下几点：

（1）编制招标文件和制定评标及定标办法

具备施工招标条件的工程项目，由建设单位向主管部门提出招标申请，经审查批准后即应准备招标文件。

评标是对投标单位所送的投标资料进行审查、评比和分析的过程，是整个招标、投标工作中的重要环节。因此，为了使评标贯彻公正、平等、经济合理和技术先进的原则，在准备招标文件时就应制定相应的评标、定标办法。

（2）发出招标公告或招标通知书

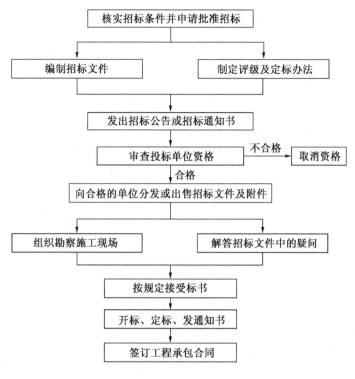

图 4-1　工程招标程序

采取公开招标、邀请招标等方式，根据其采用招标方式的不同，可采取通过报刊、广播、电视等公开发表招标广告或直接向有承担能力的公司发招标邀请等方式。

（3）审查投标单位资格

审查条件要按有关主管部门的规定或由招标单位事先确定，以确保参加投标单位具有承包能力。审查资格的主要内容有：施工单位的信誉，着重考察该单位过去承建工程中执行合同情况，并对其进行社会信誉调查；具体承包该工程的施工队伍素质，过去承包过类似工程的情况调查等。

（4）向审查合格的投标单位分发或出售招标文件及其附件

经审查合格的公司应在规定的时间内向招标单位购买招标文件及其附件。如有变动，招标单位应及时将变动情况通告投标单位。

（5）组织投标单位勘察施工现场和解答招标文件中的疑问

通常应由招标单位主持召开各投标单位、设计单位及主管部门参加的招标会议，介绍工程情况，明确招标的有关内容，对招标文件进行必要的补充修正，并明确规定各投标单位送标的时间、地点、方式、内容要求和印鉴等。

（6）按约定的时间、地点和方式接受标书

（7）开标、定标及发出中标通知书

在招标领导小组的主持下，招标主管部门、投标单位等部门参加，当众公开标底、启封标书，宣布各投标单位的标价、工期、质量和主要技术组织措施。通过综合分析择优选择中标单位发出中标通知书。

（8）招标单位与中标单位签订工程承包合同

中标单位接到中标通知后，在规定的时间内与招标单位签订工程承包合同。

4.3 土建工程招标文件编制

4.3.1 招标文件的作用、组成与编制原则

1. 招标文件的作用

招标文件的作用主要表现为以下三个方面：

（1）招标文件是投标人准备投标文件和参加投标的依据。

（2）招标文件是招标投标活动当事人的行为准则和评标的重要依据。

（3）招标文件是招标人和投标人签订合同的基础。

2. 招标文件的组成

招标文件大致由以下三部分组成：

（1）关于编写和提交投标文件的规定。载入这些内容的目的是尽量减少承包商或供应商由于不明确如何编写投标文件而处于不利地位或其投标遭到拒绝的可能性。

（2）关于对投标人资格审查的标准及投标文件的评审标准和方法，这是为了提高招标过程的透明度和公平性，所以非常重要，也是不可缺少的。

（3）关于合同的主要条款，其中主要是商务性条款，有利于投标人了解中标后签订合同的主要内容，明确双方的权利和义务。其中，技术要求、投标报价要求和主要合同条款等内容是招标文件的关键内容，统称为实质性要求。

3. 招标文件的编制原则

招标文件的编制应遵循以下原则：

（1）建设单位和建设项目必须具备招标条件。

（2）必须遵守国家的法律、法规及有关贷款组织的要求。

（3）应公正、合理地处理业主和承包商的关系，保护双方的利益。

（4）应正确、详尽地反映项目的客观、真实情况。

（5）招标文件各部分的内容要力求统一，避免各份文件之间有矛盾。

4.3.2 招标文件的内容

一般情况下，各类工程施工招标文件的内容大致相同，但组卷方式可能有所区别。此处以《中华人民共和国简明标准施工招标文件（2012 年版）》（以下简称《标准施工招标文件》）为范本介绍工程施工招标文件的内容和编写要求。

《标准施工招标文件》共包含封面格式和八章的内容：招标公告（适用于公开招标）、投标邀请书（适用于邀请招标）、投标人须知、评标办法、合同条款及格式、工程量清单、图纸、技术标准和要求、投标文件格式。

1. 封面格式

《标准施工招标文件》封面格式包括下列内容：项目名称、标段名称（如有）、标识出"招标文件"这四个字、招标人名称和单位印章、时间。

2. 招标公告与投标邀请书

（1）招标公告（适用于公开招标）

招标公告包括项目名称、招标条件、项目概况与招标范围、投标人资格要求、招标文件的获取、投标文件的递交、发布公告的媒介和联系方式等内容。

（2）投标邀请书（适用于邀请招标）

适用于邀请招标的投标邀请书一般包括项目名称、被邀请人名称、招标条件、项目概况与招标范围、投标人资格要求、招标文件的获取、投标文件的递交、确认和联系方式等内容，其中大部分内容与招标公告基本相同，唯一区别是：投标邀请书无需说明发布公告的媒介，但对投标人增加了在收到投标邀请书后的约定时间内，以传真或快递方式予以确认是否参加投标的要求。

3. 投标人须知

投标人须知是招标投标活动应遵循的程序规则和对投标的要求，但投标人须知不是合同文件的组成部分。希望有合同约束力的内容应在构成合同文件组成部分的合同条款、技术标准与要求等文件中界定。投标人须知包括投标人须知前附表、正文和附件格式等内容。

（1）投标人须知前附表

投标人须知前附表主要作用有两个方面：

1）将投标人须知中的关键内容和数据摘要列表，起到强调和提醒作用，为投标人迅速掌握投标人须知内容提供方便，但必须与招标文件相关章节内容衔接一致。

2）对投标人须知正文中交由前附表明确的内容给予具体约定。

（2）总则

投标人须知正文中的"总则"由下列内容组成：

1）项目概况。应说明项目已具备招标条件、项目招标人、项目招标代理机构、项目名称、项目建设地点等。

2）资金来源和落实情况。应说明项目的资金来源及出资比例、项目的资金落实情况等。

3）招标范围、计划工期、质量要求。应说明招标范围、项目的计划工期、项目的质量要求等。对于招标范围，应采用工程专业术语填写；对于计划工期，由招标人根据项目建设计划来判断填写；对于质量要求，根据国家、行业颁布的建设工程施工质量验收标准填写，注意不要与各种质量奖项混淆。

4）投标人资格要求。对于已进行资格预审的，投标人应是符合资格预审条件，收到招标人发出投标邀请书的单位；对于未进行资格预审的，应按照相关内容详细规定投标人资格要求。

5）费用承担。应说明投标人准备和参加投标活动发生的费用自理。

6）保密。要求参加招标投标活动的各方应对招标文件和投标文件中的商业和技术等秘密保密，违者应对由此造成的后果承担法律责任。

7）语言文字。要求招标投标文件使用的语言文字为中文。专用术语使用外文的，应附有中文注释。

8）计量单位。所有计量均采用中华人民共和国法定计量单位。

9）踏勘现场。投标人须知前附表规定组织踏勘现场的，招标人按投标人须知前附表规定的时间、地点组织投标人踏勘项目现场。

投标人踏勘现场发生的费用自理。除招标人的原因外，投标人自行负责在踏勘现场中所发生的人员伤亡和财产损失。

招标人在踏勘现场中介绍的工程场地和相关的周边环境情况，供投标人在编制投标文件时参考，招标人不对投标人据此做出的判断和决策负责。

《中华人民共和国招标投标法实施条例》（以下简称《招标投标法实施条例》）第28条规定，招标人不得组织单个或者部分潜在投标人踏勘项目现场。

10）投标预备会。投标人须知前附表规定召开投标预备会的，招标人按投标人须知前附表规定的时间和地点召开投标预备会，澄清投标人提出的问题。

投标人应在投标人须知前附表规定的时间前，以书面形式将提出的问题送达招标人，以便招标人在会议期间澄清。

投标预备会后，招标人在投标人须知前附表规定的时间内，将对投标人所提问题的澄清，以书面形式通知所有购买招标文件的投标人。该澄清内容为招标文件的组成部分。

11）偏离。偏离即《评标委员会和评标方法暂行规定》中的偏差。投标人须知前附表允许投标文件偏离招标文件某些要求的，偏离应当符合招标文件规定的偏离范围和幅度。

（3）招标文件

招标文件是对招标投标活动具有法律约束力的最主要文件。投标人须知应该阐明招标文件的组成、招标文件的澄清和修改。投标人须知中没有载明具体内容的，不构成招标文件的组成部分，对招标人和投标人没有约束力。

1）招标文件的组成内容包括：招标公告（或投标邀请书，视情况而定）、投标人须知、评标办法、合同条款及格式、工程量清单、图纸、技术标准和要求、投标文件格式、投标人须知前附表规定的其他材料。

招标人根据项目具体特点来判定，在投标人须知前附表中载明需要补充的其他材料。

2）招标文件的澄清。投标人应仔细阅读和检查招标文件的全部内容。如发现缺页或附件不全，应及时向招标人提出，以便补齐。如有疑问，应在投标人须知前附表规定的时间前以书面形式（包括信函、电报、传真等可以有形地表现所载内容的形式，下同），要求招标人对招标文件予以澄清。

招标文件的澄清将以书面形式发给所有购买招标文件的投标人，但不指明澄清问题的来源。如果澄清发出的时间距投标人须知前附表规定的投标截止时间不足15d，并且澄清内容影响投标文件编制的，将相应延长投标截止时间。

投标人在收到澄清后，应在投标人须知前附表规定的时间内以书面形式通知招标人，确认已收到该澄清。

3）招标文件的修改。招标人可以书面形式修改招标文件，并通知所有已购买招标文件的投标人。但如果修改招标文件的时间距投标截止时间不足15d，并且修改内容影响投标文件编制的，将相应延长投标截止时间。

投标人收到修改内容后，应在投标人须知前附表规定的时间内以书面形式通知招标人，确认已收到该修改。

（4）投标文件

投标文件是投标人响应和依据招标文件向招标人发出的要约文件。招标人在投标人须知中对投标文件的组成、投标报价、投标有效期、投标保证金、资格审查资料和投标文件的编制提出明确要求。

（5）投标

投标主要包括投标文件的密封和标记、投标文件的递交、投标文件的修改和撤回等规定。

（6）开标

开标主要包括开标时间和地点、开标程序、开标异议等规定。

（7）评标

评标主要包括评标委员会、评标原则和评标等规定。

（8）合同授予

合同授予主要包括定标方式、中标候选人公示、中标通知、履约担保和签订合同。

1）定标方式。定标方式通常有两种：招标人授权评标委员会直接确定中标人；评标委员会推荐1~3名中标候选人，由招标人依法确定中标人。

2）中标候选人公示。招标人在投标人须知前附表规定的媒介公示中标候选人。

3）中标通知。中标人确定后，在投标有效期内，招标人以书面形式向中标人发出中标通知书，并同时将中标结果通知所有未中标的投标人。

4）履约担保。签订合同前，中标人应按照招标文件规定的担保形式、金额和履约担保格式向招标人提交履约担保。除投标人须知前附表另有规定外，履约担保金额为中标合同金额的10%。履约担保的主要目的有两个：担保中标人按照合同约定正常履约，在中标人未能圆满实施合同时，招标人有权得到资金赔偿；约束招标人按照合同约定正常履约。

中标人不能按要求提交履约担保的，视为放弃中标，其投标保证金不予退还，给招标人造成的损失超过投标保证金数额的，中标人还应当对超过部分予以赔偿。

5）签订合同。投标人须知中应就签订合同做出如下规定：

①签订时限。招标人和中标人应当自中标通知书发出之日起30d内，按照招标文件和中标人的投标文件订立书面合同。

②未签订合同的后果。中标人无正当理由拒签合同的，招标人取消其中标资格，其投标保证金不予退还；给招标人造成的损失超过投标保证金数额的，中标人还应当对超过部分予以赔偿。发出中标通知书后，招标人无正当理由拒签合同的，招标人向中标人退还投标保证金；给中标人造成损失的，还应当赔偿损失。

（9）纪律和监督

纪律和监督可分别包括对招标人的纪律要求、对投标人的纪律要求、对评标委员会成员的纪律要求、对与评标活动有关的工作人员的纪律要求以及投诉。

（10）需要补充的其他内容

（11）电子招标投标

采用电子招标投标，应对投标文件的编制、密封和标记、递交、开标、评标等提出具体要求。

（12）附件格式

附件格式包括招标活动中需要使用的表格文件格式：开标记录表、问题澄清通知、问题的澄清、中标通知书、中标结果通知书、确认通知等。

4. 评标办法

招标文件中"评标办法"主要包括选择评标方法、确定评审标准以及确定评标程序三方面主要内容：

（1）选择评标方法。《标准施工招标文件》中的评标方法包括经评审的最低投标价法和综合评估法。

（2）评审标准。招标文件应针对初步评审和详细评审分别制定相应的评审标准。

（3）评标程序。评标工作一般包括初步评审、详细评审、投标文件的澄清和补正及评标结果等具体程序。

①初步评审。按照初步评审标准评审投标文件，进行废标认定和投标报价算术错误修正。

②详细评审。按照详细评审标准分析评定投标文件。

③投标文件的澄清和补正。初步评审和详细评审阶段，评标委员会可以书面形式要求投标人对投标文件中不明确的内容进行书面澄清或说明，或者对细微偏差进行补正。

④评标结果。对于经评审的最低投标价法，评标委员会按照经评审的评标价格由低到高的顺序推荐中标候选人；对于综合评估法，评标委员会按照得分由高到低的顺序推荐中标候选人，评标委员会按照招标人授权，可以直接确定中标人。评标委员会完成评标后，应当向招标人提交书面评标报告。

5. 合同条款及格式

《合同法》第275条规定，施工合同的内容包括工程范围、建设工期、中间交工工程的开工和竣工时间、工程质量、工程造价、技术资料交付时间、材料和设备供应责任、拨款和结算、竣工验收、质量保修范围和质量保证期、双方相互协作等条款。

6. 工程量清单

工程量清单是表现拟建工程实体性项目和非实体性项目名称和相应数量的明细清单，以满足工程建设项目具体量化和计量支付的需要。工程量清单是投标人投标报价和签订合同协议书时，确定合同价格的唯一载体。

7. 图纸

图纸是合同文件的重要组成部分，是编制工程量清单以及投标报价的主要依据，也是进行施工及验收的依据。通常招标时的图纸并不是工程所需的全部图纸，在投标人中标后还会陆续颁发新的图纸以及对招标时图纸的修改。因此，在招标文件中，除了附上招标图纸外，还应该列明图纸目录。图纸目录一般包括序号、图名、图号、版本、出图日期以及备注等。图纸目录以及相对应的图纸将对施工过程中的合同管理以及争议解决发挥重要作用。

8. 技术标准和要求

技术标准和要求也是构成合同文件的组成部分。技术标准的内容主要包括各项工艺指标、施工要求、材料检验标准，以及各分部、分项工程施工成型后的检验手段和验收标准等。有些项目根据所属行业的习惯，也将工程子目的计量支付内容写进技术标准和要求中。项目的专业特点和所引用的行业标准的不同，决定了不同项目的技术标准和要求存在区别，同样一项技术指标，可引用的行业标准和国家标准可能不止一个，招标文件编制者应结合本项目的实际情况加以引用，如果没有现成的标准可以引用，有些大型项目还有必要将其作为专门的科研项目来研究。

9. 投标文件格式

投标文件格式的主要作用是为投标人编制投标文件提供固定的格式和编排顺序，以规范投标文件的编制，同时便于投标委员会评标。

4.3.3 土建工程工程量清单编制

现以某中学教学楼工程为例介绍工程量清单编制（由委托工程造价咨询人编制）。

1. 封面

招标工程量清单封面如表4-1所示。封面应填写招标工程项目的具体名称，招标人应盖单位公章，如委托工程造价咨询人编制，还应由其加盖相应单位公章。

招标工程量清单封面   表 4-1

```
┌─────────────────────────────────────────────────┐
│                                                   │
│                                                   │
│          _____××中学教学楼_____   工程            │
│                                                   │
│                                                   │
│                                                   │
│              招 标 工 程 量 清 单                  │
│                                                   │
│                                                   │
│                                                   │
│        招  标  人：_____××中学_____               │
│                      （单位盖章）                 │
│                                                   │
│                                                   │
│                                                   │
│        造价咨询人：_××工程造价咨询企业_            │
│                      （单位盖章）                 │
│                                                   │
│                                                   │
│                                                   │
│              ××年×月×日                         │
│                                                   │
└─────────────────────────────────────────────────┘
```

2. 扉页

招标工程量清单扉页格式如表4-2所示。

招标工程量清单 表4-2

```
                    ××中学教学楼    工程


                 招 标 工 程 量 清 单


         招 标 人：   ××中学        造价咨询人：   ××工程造价咨询企业
                   （单位盖章）                （单位资质专用章）




         法定代表人：   ××中学        法定代表人
         或其授权人：   ×××         或其授权人：   ××工程造价咨询企业
                   （签字或盖章）              （签字或盖章）




         编 制 人：   ×××         复 核 人：      ×××
         （造价人员签字盖专用章）          （造价工程师签字盖专用章）




         编制时间：××年×月×日     复核时间：××年×月×日
```

（1）招标人自行编制工程量清单时，由招标人单位注册的造价人员编制，招标人盖单位公章，法定代表人或其授权人签字或盖章。编制人是造价工程师的，由其签字盖执业专用章；编制人是造价员的，在编制人栏签字盖专用章，同时应由造价工程师复核，并在复核人栏签字盖执业专用章。

（2）招标人委托工程造价咨询人编制工程量清单时，由工程造价咨询人单位注册的造价人员编制，工程造价咨询人盖单位资质专用章，法定代表人或其授权人签字或盖章。编制人是造价工程师的，由其签字盖执业专用章；编制人是造价员的，在编制人栏签字盖专用章，同时应由造价工程师复核，并在复核人栏签字盖执业专用章。

3. 总说明

总说明格式如表4-3所示。工程量清单总说明的内容应包括：

（1）工程概况：如建设地址、建设规模、工程特征、交通状况、环保要求等。

（2）工程发包、分包范围。

（3）工程量清单编制依据：如采用的标准、施工图纸、标准图集等。

（4）使用材料设备、施工的特殊要求等。

（5）其他需要说明的问题。

总 说 明

工程名称：××中学教学楼工程   表4-3 第1页 共1页

---

1. 工程概况

本工程为砖混结构，采用混凝土灌注桩，建筑层数为6层，建筑面积10940m²，计划工期为200日历天。施工现场距教学楼最近处为20m，施工中应注意采取相应的防噪措施。

2. 工程招标范围

本次招标范围为施工图范围内的建筑工程和安装工程。

3. 工程量清单编制依据

（1）教学楼施工图。

（2）《建设工程工程量清单计价规范》（GB 50500—2013）。

（3）《房屋建筑与装饰工程工程量计算规范》（GB 50854—2013）。

（4）拟定的招标文件。

（5）相关的规范、标准图集和技术资料。

4. 其他需要说明的问题

（1）招标人供应现浇构件的全部钢筋，单价暂定为4000元/t。

承包人应在施工现场对招标人供应的钢筋进行验收、保管和使用发放。

招标人供应钢筋的价款，由招标人按每次发生的金额支付给承包人，再由承包人支付给供应商。

（2）消防工程另进行专业发包。总承包人应配合专业工程承包人完成以下工作：

① 为消防工程承包人提供施工工作面并对施工现场进行统一管理，对竣工资料进行统一整理汇总。

② 为消防工程承包人提供垂直运输机械和焊接电源接入点，并承担垂直运输费和电费。

---

4. 分部分项工程和单价措施项目清单与计价表

分部分项工程和单价措施项目清单与计价表格式如表4-4所示。编制工程量清单时，"工程名称"栏应填写具体的工程称谓。"项目编码"栏应按相关工程现行国家计量规范项目编码栏内规定的9位数字另加3位顺序码填写。"项目名称"栏应按相关工程现行国家计量规范根据拟建工程实际确定填写。"项目描述"栏应按相关工程现行国家计量规范根据拟建工程实际予以描述。

工程名称：××中学教学楼工程　　　　　　标段：　　　　　　　　　　

序号	项目编号	项目名称	项目特征描述	计量单位	工程量	金额/元		
						综合单价	合价	其中暂估价
			0101 土石方工程					
1	010101003001	挖沟槽土方	三类土，垫层底宽 2m，挖土深度小于 4m，弃土运距小于 10km	m³	1432			
			（其他略）					
			分部小计					
			0103 桩基工程					
2	010302003001	泥浆护壁混凝土灌注桩	桩长 10m，护壁段长 9m，共 42 根，桩直径 1000mm，扩大头直径 1100mm，桩混凝土为 C25，护壁混凝土为 C20	m	420			
			（其他略）					
			分部小计					
			0104 砌筑工程					
3	010401001001	条形砖基础	M10 水泥砂浆，MU15 页岩砖 240mm×115mm×53mm	m³	239			
4	010401003001	实心砖墙	M7.5 混合砂浆，MU15 页岩砖 240mm×115mm×53mm，墙厚度 240mm	m³	2037			
			（其他略）					
			分部小计					
			0105 混凝土及钢筋混凝土工程					
5	010503001001	基础梁	C30 预拌混凝土，梁底标高 -1.55m	m³	208			
6	010515001001	现浇构件钢筋	螺纹钢 Q235，φ14	t	200			
			（其他略）					
			分部小计					
			本页小计					
			合　计					

注：为计取规费等的使用，可在表中增设其中："定额人工费"。

工程名称：××中学教学楼工程　　　　　标段：　　　　　

序号	项目编号	项目名称	项目特征描述	计量单位	工程量	金额/元		
						综合单价	合价	其中 暂估价
			0106 金属结构工程					
7	010606008001	钢爬梯	U 型，型钢品种、规格详见施工图	t	0.258			
			分部小计					
			0108 门窗工程					
8	010807001001	塑钢窗	80 系列 LC0915 塑钢平开窗带纱 5mm 白玻	m²	900			
			（其他略）					
			分部小计					
			0109 屋面及防水工程					
9	010902003001	屋面刚性防水	C20 细石混凝土，厚 40mm，建筑油膏嵌缝	m²	1853			
			（其他略）					
			分部小计					
			0110 保温、隔热、防腐工程					
10	011001001001	保温隔热屋面	沥青珍珠岩块 500mm×500mm×150mm，1∶3 水泥砂浆护面，厚 25mm	m²	1853			
			（其他略）					
			分部小计					
			0111 楼地面装饰工程					
11	011101001001	水泥砂浆楼地面	1∶3 水泥砂浆找平层，厚 20mm，1∶2 水泥砂浆面层，厚 25mm	m²	6500			
			（其他略）					
			分部小计					
			本页小计					
			合　　计					

注：为计取规费等的使用，可在表中增设其中："定额人工费"。

分部分项工程和单价措施项目清单与计价（三）　　　　　表4-4

工程名称：××中学教学楼工程　　　　　　标段：

序号	项目编号	项目名称	项目特征描述	计量单位	工程量	金额/元		
						综合单价	合价	其中暂估价
		0112 墙、柱面装饰与隔断、幕墙工程						
12	011201001001	外墙面抹灰	页岩砖墙面，1∶3 水泥砂浆底层，厚15mm，1∶2.5 水泥砂浆面层，厚6mm	m²	4050			
13	011202001001	柱面抹灰	混凝土柱面，1∶3 水泥砂浆底层，厚15mm，1∶2.5 水泥砂浆面层，厚6mm	m²	850			
		（其他略）						
		分部小计						
		0113 天棚工程						
14	011301001001	混凝土天棚抹灰	基层刷水泥浆一道加 107 胶，1∶0.5∶2.5水泥石灰砂浆底层，厚12mm，1∶0.3∶3 水泥石灰砂浆面层厚4mm	m²	7000			
		（其他略）						
		分部小计						
		0114 油漆、涂料、裱糊工程						
15	011407001001	外墙乳胶漆	基层抹灰面满刮成品耐水腻子三遍磨平，乳胶漆一底二面	m²	4050			
		（其他略）						
		分部小计						
		0117 措施项目						
16	011701001001	综合脚手架	砖混、檐高 22m	m²	10940			
		（其他略）						
		分部小计						
		本页小计						
		合　　计						

注：为计取规费等的使用，可在表中增设其中："定额人工费"。

172

工程名称：××中学教学楼工程　　　　标段：　　　　　　　

序号	项目编号	项目名称	项目特征描述	计量单位	工程量	金额/元		
						综合单价	合价	其中 暂估价
			0304 电气设备安装工程					
17	030404035001	插座安装	单相三孔插座，250V/10A	个	1224			
18	030411001001	电气配管	砖墙暗配 PC20 阻燃 PVC 管	m	9858			
			（其他略）					
			分部小计					
			0310 给排水、采暖、燃气工程					
19	031001006001	塑料给水管安装	室内 $DN20$/PP-R 给水管，热熔连接	m	1569			
20	031001006002	塑料排水管安装	室内 Φ110UPVC 排水管，承插胶粘接	m	849			
			（其他略）					
			分部小计					
			本页小计					
			合　　计					

注：为计取规费等的使用，可在表中增设其中："定额人工费"。

5. 总价措施项目清单与计价表

总价措施项目清单与计价表格式如表4-5所示。编制工程量清单时，表中的项目可根据工程实际情况进行增减。

总价措施项目清单与计价　　　　　　　　　　表4-5

工程名称：××中学教学楼工程　　　　　　　　标段：　　　　　　　第1页　共1页

序号	项目编码	项目名称	计算基础	费率/%	金额/元	调整费率/%	调整后金额/元	备注
		安全文明施工费						
		夜间施工增加费						
		二次搬运费						
		冬雨季施工增加费						
		已完工程及设备保护费						
		合　　计						

编制人（造价人员）：　　　　　　　　　　　　　复核人（造价工程师）：

注：1. "计算基础"中安全文明施工费可为"定额基价"、"定额人工费"或"定额人工费+定额机械费"，其他项目可为"定额人工费"或"定额人工费+定额机械费"。

2. 按施工方案计算的措施费，若无"计算基础"和"费率"的数值，也可只填"金额"数值，但应在备注栏说明施工方案出处或计算方法。

6. 其他项目清单与计价汇总表

其他项目清单与计价汇总表格式如表4-6所示。编制招标工程量清单时，应汇总"暂列金额"和"专业工程暂估价"，以提供给投标人报价。

其他项目清单与计价汇总　　　　　　　　　表4-6

工程名称：××中学教学楼工程　　　　　　　　标段：　　　　　　　第1页　共1页

序号	项目名称	金额/元	结算金额/元	备注
1	暂列金额	350000		明细详见表4-7
2	暂估价	200000		
2.1	材料暂估价	—		明细详见表4-8
2.2	专业工程暂估价	200000		明细详见表4-9
3	计日工			明细详见表4-10
4	总承包服务费			明细详见表4-11
	合　　计	550000		

注：材料（工程设备）暂估单价计入清单项目综合单价，此处不汇总。

174

（1）暂列金额明细表

招标工程量清单给出的暂列金额及拟用项目如表4-7所示，投标人只需要直接将招标工程量清单中所列的暂列金额纳入投标总价，并且不需要在所列的暂列金额以外再考虑任何其他费用。

暂列金额明细 表4-7

工程名称：××中学教学楼工程　　　　标段：　　　　　　　　　第1页 共1页

序号	项目名称	计量单位	暂定金额/元	备注
1	自行车棚工程	项	100000	
2	工程量偏差和设计变更	项	100000	
3	政策性调整和材料价格波动	项	100000	
4	其他	项	50000	
5				
6				
7				
8				
	合　　计		350000	

注：此表由招标人填写，如不能详列，也可只列暂定金额总额，投标人应将上述暂列金额计入投标总价中。

（2）材料（工程设备）暂估单价及调整表

材料（工程设备）暂估单价及调整表如表4-8所示。一般而言，招标工程量清单中列明的材料、工程设备的暂估价仅指此类材料、工程设备本身运至施工现场内工地地面价，不包括这些材料、工程设备的安装以及安装所必需的辅助材料以及发生在现场内的验收、存储、保管、开箱、二次搬运、从存放地点运至安装地点以及其他任何必要的辅助工作（以下简称"暂估价项目的安装及辅助工作"）所发生的费用。暂估价项目的安装及辅助工作所发生的费用应该包括在投标报价中相应清单项目的综合单价中，并且固定包死。

材料（工程设备）暂估单价及调整 表4-8

工程名称：××中学教学楼工程　　　　标段：　　　　　　　　　第1页 共1页

序号	材料（工程设备）名称、规格、型号	计量单位	数量		暂估/元		确认/元		差额±/元		备注
			暂估	确认	单价	合价	单价	合价	单价	合价	
1	钢筋（规格见施工图）	t	200		4000	800000					用于现浇钢筋混凝土项目
2	低压开关柜（CGD190380/220V）	个	1		45000	45000					用于低压开关柜安装项目
	合　　计					845000					

注：此表由招标人填写"暂估单价"，并在备注栏说明暂估价的材料、工程设备拟用在哪些清单项目上，投标人应将上述材料、工程设备暂估单价计入工程量清单综合单价报价中。

（3）专业工程暂估价及结算价表

专业工程暂估价及结算价表如表4-9所示。专业工程暂估价应在表内填写工程名称、工程内容、暂估金额，投标人应将上述金额计入投标总价中。

专业工程暂估价项目及其表中列明的专业工程暂估价，是指分包人实施专业工程的含税金后的完整价（即包含了该专业工程中所有供应、安装、完工、调试、修复缺陷等全部工作），除了合同约定的发包人应承担的总包管理、协调、配合和服务责任所对应的总承包服务费用以外，承包人为履行其总包管理、配合、协调和服务等所需发生的费用应该包括在投标报价中。

专业工程暂估价及结算价 表4-9

工程名称：××中学教学楼工程　　　　　　标段：　　　　　　第1页　共1页

序号	工程名称	工程内容	暂估金额/元	结算金额/元	差额±/元	备注
1	消防工程	合同图纸中标明的以及消防工程规范和技术说明中规定的各系统中的设备、管道、阀门、线缆等的供应、安装和调试工作	200000			
	合　计		200000			

注：此表"暂估金额"由招标人填写，投标人应将"暂估金额"计入投标总价中，结算时按合同约定结算金额填写。

（4）计日工表

计日工表如表4-10所示，编制工程量清单时，"项目名称"、"单位"、"暂定数量"由招标人填写。

计 日 工 表4-10

工程名称：××中学教学楼工程　　　　　　标段：　　　　　　第1页　共1页

编号	项目名称	单位	暂定数量	实际数量	综合单价/元	合价/元	
						暂定	实际
一	人工						
1	普工	工日	100				
2	机工	工日	60				
	人工小计						
二	材料						
1	钢筋（规格见施工图）	t	1				

176

编号	项目名称	单位	暂定数量	实际数量	综合单价/元	合价/元	
						暂定	实际
2	水泥42.5	t	2				
3	中砂	m³	10				
4	砾石（5~40mm）	m³	5				
5	页岩砖（240mm×115mm×53mm）	千匹	1				
	材料小计						
三	施工机械						
1	自升式塔吊起重机	台班	5				
2	灰浆搅拌机（400L）	台班	2				
	施工机械小计						
四、企业管理费和利润							
	总　　计						

注：此表项目名称、暂定数量由招标人填写，编制招标控制价时，单价由招标人按有关计价规定确定；投标时，单价由投标人自主报价，按暂定数量计算合价计入投标总价中。结算时，按发承包双方确认的实际数量计算合价。

（5）总承包服务费计价表

总承包服务费计价表如表4-11所示，编制招标工程量清单时，招标人应将拟定进行专业发包的专业工程、自行采购的材料设备等决定清楚，填写项目名称、服务内容，以便投标人决定报价。

总承包服务费计价　　　　　　　　　　　　　　　　　　表4-11

工程名称：××中学教学楼工程　　　　　标段：　　　　　　　第1页　共1页

序号	项目名称	项目价值/元	服务内容	计算基础	费率/%	金额/元
1	发包人发包专业工程	200000	1. 按专业工程承包人的要求提供施工工作面并对施工现场进行统一整理汇总 2. 为专业工程承包人提供垂直运输机械和焊接电源接入点，并承担垂直运输费和电费			
2	发包人提供材料	845000				
	合　　计	—	—		—	

注：此表项目名称、服务内容由招标人填写，编制招标控制价时，费率及金额由招标人按有关计价规定确定；投标时，费率及金额由投标人自主报价，计入投标总价中。

7. 规费、税金项目计价表

规费、税金项目计价表格式如表4-12所示，在施工实践中，有的规费项目，如工程排污费，并非每个工程所在地都要征收，实践中可作为按实计算的费用处理。

规费、税金项目计价

表4-12

工程名称：××中学教学楼工程　　　　　　标段：　　　　　　　　第1页　共1页

序号	项目名称	计算基础	计算基数	计算费率/%	金额/元
1	规费	定额人工费			
1.1	社会保险费	定额人工费			
(1)	养老保险费	定额人工费			
(2)	失业保险费	定额人工费			
(3)	医疗保险费	定额人工费			
(4)	工伤保险费	定额人工费			
(5)	生育保险费	定额人工费			
1.2	住房公积金	定额人工费			
1.3	工程排污费	按工程所在地环境保护部门收取标准，按实计入			
2	税金	分部分项工程费＋措施项目费＋其他项目费＋规费－按规定不计税的工程设备金额			
合　计					

编制人（造价人员）：　　　　　　　　　　　　　　　复核人（造价工程师）：

8. 主要材料、工程设备一览表

《建设工程工程量清单计价规范》（GB 50500—2013）中新增加《主要材料、工程设备一览表》，由于材料等的价格占据合同价款的大部分，所以对材料价款的管理发承包双方历来十分重视，因此，规范针对发包人供应材料设置了《发包人提供材料和工程设备一览表》（表4-13），针对承包人供应材料按当前最主要的调整方法设置了两种表式，如表4-14和表4-15所示。表4-14中的"风险系数"应由发包人在招标文件中按照《建设工程工程量清单计价规范》（GB 50500—2013）的要求合理确定，同时将风险系数、基准单价、投标单价、发承包人确认单价在一个表内全部表示，可以大大减少发承包双方不必要的争议。

发包人提供材料和工程设备一览　　　　　　　　　　　　　表 4-13

工程名称：××中学教学楼工程　　　　　　　　标段：　　　　　　　第1页　共1页

序号	材料（工程设备）名称、规格、型号	单位	数量	单价/元	交货方式	送达地点	备注
1	钢筋（规格见施工图现浇构件）	t	200	4000		工地仓库	

注：此表由招标人填写，供投标人在投标报价、确定总承包服务费时参考。

承包人提供主要材料和工程设备一览

（适用于造价信息差额调整法）　　　　　　　　　　　表 4-14

工程名称：　　　　　　　　标段：　　　　　　　　　　第1页　共1页

序号	名称、规格、型号	单位	数量	风险系数/%	基准单价/元	投标单价/元	发承包人确认单价/元	备注
1	预拌混凝土 C20	m³	25	≤5	310			
2	预拌混凝土 C25	m³	560	≤5	323			
3	预拌混凝土 C30	m³	3120	≤5	340			

注：1. 此表由招标人填写除"投标单价"栏的内容，投标人在投标时自主确定投标单价。

　　2. 投标人应优先采用工程造价管理机构发布的单价作为基准单价，未发布的，通过市场调查确定其基准单价。

承包人提供主要材料和工程设备一览

（适用于价格指数差额调整法）　　　　　　　　　　　表 4-15

工程名称：××中学教学楼工程　　　　　　　标段：　　　　　　　第1页　共1页

序号	名称、规格、型号	变值权重 B	基本价格指数 F_0	现行价格指数 F_t	备注
1	人工		110%		
2	钢材		4000 元/t		
3	预拌混凝土 C30		340 元/m³		
4	页岩砖		300 元/千匹		

序号	名称、规格、型号	变值权重 B	基本价格指数 F_0	现行价格指数 F_t	备注
5	机械费		100%		
	定值权重 A		—	—	
合　计		1	—	—	

注：1. "名称、规格、型号"、"基本价格指数"栏由招标人填写，基本价格指数应首先采用工程造价管理机构发布的价格指数，没有时，可采用发布的价格代替。如人工、机械费也采用本法调整，由招标人在"名称"栏填写。

2. "变值权重"栏由投标人根据该项人工、机械费和材料、工程设备价值在投标总报价中所占的比例填写，1减去其比例为定值权重。

3. "现行价格指数"按约定的付款证书相关周期最后一天的前42d的各项价格指数填写，该指数应首先采用工程造价管理机构发布的价格指数，没有时，可采用发布的价格代替。

4.4　土建工程招标控制价编制

4.4.1　招标控制价的编制方法

（1）分部分项工程费应根据招标文件中的分部分项工程量清单项目的特征描述及有关要求，按规定确定综合单价进行计算。综合单价中应包括招标文件中要求投标人承担的风险费用。招标文件提供了暂估单价的材料，按暂估单价计入综合单价。

（2）措施项目费应按招标文件中提供的措施项目清单确定，措施项目采用分部分项工程综合单价形式进行计价的工程量，应按措施项目清单中的工程量，并按规定确定综合单价；以"项"为单位方式计价的，按规定确定除规费、税金以外的全部费用。措施项目费中的安全文明施工费应当按照国家或省级、行业建设主管部门的规定标准计价。

（3）其他项目费应按下列规定计价：

1）暂列金额。暂列金额由招标人根据工程特点，按有关计价规定进行估算确定。为保证工程施工建设的顺利实施，在编制招标控制价时应对施工过程中可能出现的各种不确定因素对工程造价的影响进行估算，列出一笔暂列金额。暂列金额可根据工程的复杂程度、设计深度、工程环境条件（包括地质、水文、气候条件等）进行估算，一般可按分部分项工程费的10%～15%作为参考。

2）暂估价。暂估价主要包括：

①材料暂估价：材料单价应按照工程造价管理机构发布的工程造价信息或参考市场价格确定。

②专业工程暂估价：专业工程暂估价应分不同专业，按有关计价规定估算。

3）计日工。计日工主要包括计日工人工、材料和施工机械。在编制招标控制价时，对计日工中的人工单价和施工机械台班单价应按省级、行业建设主管部门或其授权的工程造价管理机构公布的单价计算。材料应按工程造价管理机构发布的工程造价信息中的材料单价计算，工程造价信息未发布材料单价的材料，其价格应按市场调查确定的单价计算。

4）总承包服务费。招标人应根据招标文件中列出的内容和向总承包人提出的要求，参照下列标准计算：

①招标人仅要求对分包的专业工程进行总承包管理和协调时，按分包的专业工程估算造价的1.5%计算。

②招标人要求对分包的专业工程进行总承包管理和协调，并同时要求提供配合服务时，根据招标文件中列出的配合服务内容和提出的要求，按分包的专业工程估算造价的3%~5%计算。

③招标人自行供应材料的，按招标人供应材料价值的1%计算。

（4）招标控制价的规费和税金必须按国家或省级、行业建设主管部门的规定计算。

4.4.2　招标控制价编制人员

招标控制价应当由具有编制能力的招标人编制，当招标人不具备编制招标控制价的能力时，可委托具有相应资质的工程造价咨询人进行编制。工程造价咨询人不得同时接受招标人和投标人对同一工程的招标控制价和投标报价的编制。

具有相应工程造价咨询资质的工程造价咨询人是指根据《工程造价咨询企业管理办法》（原建设部令第149号）的规定，依法取得工程造价咨询企业资质，并在其资质许可的范围内接受招标人的委托，编制招标控制价的工程造价咨询企业。即取得甲级工程造价咨询资质的咨询人可承担各类建设项目的招标控制价编制，而取得乙级（包括乙级暂定）工程造价咨询资质的咨询人，则只能承担5000万元以下的招标控制价的编制。

4.4.3　招标控制价的编制格式

现以某中学教学楼工程为例介绍招标控制价编制（由委托工程造价咨询人编制）。

1. 封面

招标控制价封面如表4-16所示，应填写招标工程项目的具体名称，招标人应盖单位公章，如委托工程造价咨询人编制，还应由其加盖相应单位公章。

招标控制价封面　　　　　　　　　　　　表4-16

×× 中学教学楼　　　工程 **招 标 控 制 价** 招　标　人：　　　×× 中学　　　 （单位盖章） 造价咨询人：　　×× 工程造价咨询企业　　 （单位盖章） ×× 年 × 月 × 日

2. 扉页

招标控制价扉页如表 4-17 所示。

<table>
<tr><td align="right">招标控制价扉页</td><td align="right">表 4-17</td></tr>
</table>

```
                    ××中学教学楼      工程


                  招 标 控 制 价


    招标控制价（小写）：             8413949 元

          （大写）：      捌佰肆拾壹万叁仟玖佰肆拾玖元



    招  标  人：    ××中学              造价咨询人：  ××工程造价咨询企业
              （单位盖章）                        （单位资质专用章）



    法定代表人      ××中学            法定代表人      ××工程造价咨询企业
    或其授权人： ×××                   或其授权人：      ×××
              （签字或盖章）                        （签字或盖章）



    编  制  人：   ×××              复  核  人：      ×××
            （造价人员签字盖专用章）                 （造价工程师签字盖专用章）


    编制时间：××年×月×日            复核时间：××年×月×日
```

（1）招标人自行编制招标控制价时，由招标人单位注册的造价人员编制，招标人盖单位公章，法定代表人或其授权人签字或盖章。编制人是造价工程师的，由其签字盖执业专用章；编制人是造价员的，由其在编制人栏签字盖专用章，同时应由造价工程师复核，并在复核人栏签字盖执业专用章。

（2）招标人委托工程造价咨询人编制招标控制价时，由工程造价咨询人单位注册的造价人员编制，工程造价咨询人盖单位资质专用章，法定代表人或其授权人签字或盖章。编制人是造价工程师的，由其签字盖执业专用章；编制人是造价员的，在编制人栏签字盖专用章，同时应由造价工程师复核，并在复核人栏签字盖执业专用章。

3. 总说明

总说明如表 4-18 所示。招标控制价总说明的内容应包括：采用的计价依据，采用的施工组织设计，采用的材料价格来源，综合单价中风险因素、风险范围（幅度），其他。

总 说 明 表4-18

1. 工程概况
本工程为砖混结构，采用混凝土灌注桩，建筑层数为6层，建筑面积10940m^2，计划工期为200日历天。
2. 招标控制价包括范围
为本次招标的施工图范围内的建筑工程和安装工程。
3. 招标控制价编制依据
（1）招标工程量清单。
（2）招标文件中有关计价的要求。
（3）施工图。
（4）省建设主管部门颁发的计价定额和计价办法及相关计价文件。
（5）材料价格采用工程所在地工程造价管理机构××年×月工程造价信息发布的价格，对于工程造价信息没有发布价格信息的材料，其价格参照市场价。单价中已包括不小于5%的价格波动风险。
4. 其他（略）

4. 招标控制价汇总表

招标控制价汇总表如表4-19～表4-21所示。由于编制招标控制价和投标报价包含的内容相同，只是对价格的处理不同，因此，对招标控制价和投标报价汇总表的设计使用同一表格。实践中，招标控制价或投标报价可分别印制该表格。

建设项目招标控制价汇总 表4-19

工程名称：××中学教学楼工程 第1页 共1页

序号	单项工程名称	金额/元	其中：/元		
			暂估价	安全文明施工费	规费
1	教学楼工程	8413949	845000	212225	241936
合　计		8413949	845000	212225	241936

注：1. 本表适用于建设项目招标控制价或投标报价的汇总。

2. 本工程仅为一栋教学楼，故单项工程即为建设项目。

单项工程招标控制价汇总 表4-20

工程名称：××中学教学楼工程 第1页 共1页

序号	单项工程名称	金额/元	其中：/元		
			暂估价	安全文明施工费	规费
1	教学楼工程	8413949	845000	212225	241936
合　计		8413949	845000	212225	241936

注：本表适用于单项工程招标控制价或投标报价的汇总。暂估价包括分部分项工程中的暂估价和专业工程暂估价。

表 4-21

第 1 页　共 1 页

单位工程招标控制价汇总

工程名称：××中学教学楼工程

序　号	汇　总　内　容	金额/元	其中：暂估价/元
1	分部分项工程	6471819	845000
0101	土石方工程	108431	
0103	桩基工程	428292	
0104	砌筑工程	762650	
0105	混凝土及钢筋混凝土工程	2496270	800000
0106	金属结构工程	1846	
0108	门窗工程	411757	
0109	屋面及防水工程	264536	
0110	保温、隔热、防腐工程	138444	
0111	楼地面装饰工程	312306	
0112	墙、柱面装饰与隔断、幕墙工程	452155	
0113	天棚工程	241228	
0114	油漆、涂料、裱糊工程	261942	
0304	电气设备安装工程	385177	45000
0310	给排水、采暖、燃气工程	206785	
2	措施项目	829480	—
0117	其中：安全文明施工费	212225	
3	其他项目	593260	
3.1	其中：暂列金额	350000	—
3.2	其中：专业工程暂估价	200000	
3.3	其中：计日工	24810	
3.4	其中：总承包服务费	18450	
4	规费	241936	
5	税金	277454	—
招标控制价合计 = 1 + 2 + 3 + 4 + 5		8413949	845000

注：本表适用于单位工程招标控制价或投标报价的汇总，如无单位工程划分，单项工程也使用本表汇总。

5. 分部分项工程和单价措施项目清单与计价表

分部分项工程和单价措施项目清单与计价表如表 4-22 所示。编制招标控制价时，其"项目编码"、"项目名称"、"项目特征描述"、"计量单位"、"工程量"栏不变，对"综合单价"、"合价"以及"其中：暂估价"按相关规定填写。

分部分项工程和单价措施项目清单与计价（一）

表 4-22

工程名称：××中学教学楼工程　　　　　　　标段：

序号	项目编码	项目名称	项目特征描述	计量单位	工程量	金额/元		
						综合单价	合价	其中 暂估价
			0101 土石方工程					
1	010101003001	挖沟槽土方	三类土，垫层底宽 2m，挖土深度小于 4m，弃土运距小于 10km	m³	1432	23.91	34239	
			（其他略）					
			分部小计				108431	
			0103 桩基工程					
2	010302003001	泥浆护壁混凝土灌注桩	桩长 10m，护壁段长 9m，共 42 根，桩直径 1000mm，扩大头直径 1100mm，桩混凝土为 C25，护壁混凝土为 C20	m	420	336.27	141233	
			（其他略）					
			分部小计				428292	
			0104 砌筑工程					
3	010401001001	条形砖基础	M10 水泥砂浆，MU15 页岩砖 240mm×115mm×53mm	m³	239	308.18	73655	
4	010401003001	实心砖墙	M7.5 混合砂浆，MU15 页岩砖 240mm×115mm×53mm，墙厚度 240mm	m³	2037	323.64	659255	
			（其他略）					
			分部小计				762650	
			0105 混凝土及钢筋混凝土工程					
5	010503001001	基础梁	C30 预拌混凝土，梁底标高 -1.55m	m³	208	367.05	76346	
6	010515001001	现浇构件钢筋	螺纹钢 Q235，φ14	t	200	4821.35	964270	800000
			（其他略）					
			分部小计				2496270	
		本页小计					3795643	800000
		合　计					3795643	800000

注：为计取规费等的使用，可在表中增设其中："定额人工费"。

分部分项工程和单价措施项目清单与计价（二）

表 4-22

工程名称：××中学教学楼工程　　　　　标段：

序号	项目编码	项目名称	项目特征描述	计量单位	工程量	金　额/元		其中
						综合单价	合价	暂估价
			0106 金属结构工程					
7	010606008001	钢爬梯	U 型，型钢品种、规格详见施工图	t	0.258	7155.00	1846	
			分部小计				1846	
			0108 门窗工程					
8	010807001001	塑钢窗	80 系列 LC0915 塑钢平开窗带纱 5mm 白玻	m²	900	327.00	294300	
			（其他略）					
			分部小计				411757	
			0109 屋面及防水工程					
9	010902003001	屋面刚性防水	C20 细石混凝土，厚 40mm，建筑油膏嵌缝	m²	1853	22.41	41526	
			（其他略）					
			分部小计				264536	
			0110 保温、隔热、防腐工程					
10	011001001001	保温隔热屋面	沥青珍珠岩块 500mm×500mm×150mm，1∶3 水泥砂浆护面，厚 25mm	m²	1853	57.14	105880	
			（其他略）					
			分部小计				138444	
			0111 楼地面装饰工程					
11	011101001001	水泥砂浆楼地面	1∶3 水泥砂浆找平层，厚 20mm，1∶2 水泥砂浆面层，厚 25mm	m²	6500	35.60	231400	
			（其他略）					
			分部小计	312306				
			本页小计				1128889	—
			合　　计				4924532	800000

注：为计取规费等的使用，可在表中增设其中："定额人工费"。

序号	项目编码	项目名称	项目特征描述	计量单位	工程量	综合单价	合价	其中暂估价
			0112 墙、柱面装饰与隔断、幕墙工程					
12	011201001001	外墙面抹灰	页岩砖墙面，1:3 水泥砂浆底层，厚 15mm，1:2.5 水泥砂浆面层，厚 6mm	m²	4050	18.84	76302	
13	011202001001	柱面抹灰	混凝土柱面，1:3 水泥砂浆底层，厚 15mm，1:2.5 水泥砂浆面层，厚 6mm	m²	850	21.71	18454	
			（其他略）					
			分部小计				452155	
			0113 天棚工程					
14	011301001001	混凝土天棚抹灰	基层刷水泥浆一道加 107 胶，1:0.5:2.5 水泥石灰砂浆底层，厚 12mm，1:0.3:3 水泥石灰砂浆面层厚 4mm	m²	7000	17.51	122570	
			（其他略）					
			分部小计				241228	
			0114 油漆、涂料、裱糊工程					
15	011407001001	外墙乳胶漆	基层抹灰面满刮成品耐水腻子三遍磨平，乳胶漆一底二面	m²	4050	49.72	201366	
			（其他略）					
			分部小计				261942	
			0117 措施项目					
16	011701001001	综合脚手架	砖混、檐高 22m	m²	10940	20.85	228099	
			（其他略）					
			分部小计				829480	
			本页小计				1784805	—
			合　计				6709337	800000

注：为计取规费等的使用，可在表中增设其中："定额人工费"。

序号	项目编码	项目名称	项目特征描述	计量单位	工程量	金　额/元		
						综合单价	合价	其中
								暂估价
			0304 电气设备安装工程					
17	030404035001	插座安装	单相三孔插座，250V/10A	个	1224	11.37	13917	
18	030411001001	电气配管	砖墙暗配 PC20 阻燃 PVC 管	m	9858	9.97	88426	
			（其他略）					
			分部小计					
			0310 给排水、采暖、燃气工程					
19	031001006001	塑料给水管安装	室内 $DN20/PP\text{-}R$ 给水管，热熔连接	m	1569	19.22	30156	
20	031001006002	塑料排水管安装	室内 $\phi110$UPVC 排水管，承插胶粘接	m	849	50.82	43146	
			（其他略）					
			分部小计				206785	
			本页小计				591920	—
			合　计				7301239	800000

注：为计取规费等的使用，可在表中增设其中："定额人工费"。

6. 综合单价分析表

综合单价分析表如表4-23所示。编制招标控制价，应填写使用的省级或行业建设主管部门发布的计价定额名称。

综合单价分析（一）　　　　　　　　　　　　　表4-23

工程名称：××中学教学楼工程　　　　　标段：　　　　　　第1页 共2页

项目编码	010515001001	项目名称	现浇构筑钢筋	计量单位	t	工程量	200

清单综合单价组成明细

定额编号	定额项目名称	定额单位	数量	单价				合价			
				人工费	材料费	机械费	管理费和利润	人工费	材料费	机械费	管理费和利润
AD0809	现浇构建钢筋制、安装	t	1.07	317.57	4327.70	62.42	113.66	317.57	4327.70	62.42	113.66
人工单价		小　计						317.57	4327.70	62.42	113.66
80元/工日		未计价材料费									
清单项目综合单价								4821.35			

材料费明细	主要材料名称、规格、型号			单位	数量	单价/元	合价/元	暂估单价/元	暂估合价/元
	螺纹钢筋 Q235，ϕ14			t	1.07			4000.00	4280.00
	焊条			kg	8.64	4.00	34.56		
	其他材料费					—	13.14	—	
	材料费小计					—	47.70	—	4280.00

项目编码	011407001001	项目名称	外墙乳胶漆	计量单位	m²	工程量	4050

清单综合单价组成明细

定额编号	定额项目名称	定额单位	数量	单价				合价			
				人工费	材料费	机械费	管理费和利润	人工费	材料费	机械费	管理费和利润
BE0267	抹灰面满刮耐水腻子	100m²	0.01	363.73	3000	—	141.96	3.65	30.00		1.42
BE0276	外墙乳胶漆底漆一遍，面漆二遍	100m²	0.01	342.58	989.24	—	133.34	3.43	9.89		1.33
人工单价		小　计						7.08	39.89	—	2.75
80元/工日		未计价材料费									
清单项目综合单价								49.72			

材料费明细	主要材料名称、规格、型号			单位	数量	单价/元	合价/元	暂估单价/元	暂估合价/元
	耐水成品腻子			kg	2.50	12.00	30.00		
	××牌乳胶漆面漆			kg	0.353	21.00	7.41		
	××牌乳胶漆底漆			kg	0.136	18.00	2.45		
	其他材料费					—	0.03	—	
	材料费小计					—	39.89	—	

注：1. 如不使用省级或行业建设主管部门发布的计价依据，可不填定额编号、名称等。
　　2. 招标文件提供了暂估单价的材料，按暂估的单价填入表内"暂估单价"栏及"暂估合价"栏。

工程名称：××中学教学楼工程　　　　标段：

项目编码	030411001001	项目名称	电气配管	计量单位	m	工程量	9858

清单综合单价组成明细

定额编号	定额项目名称	定额单位	数量	单价				合价			
				人工费	材料费	机械费	管理费和利润	人工费	材料费	机械费	管理费和利润
CB1528	砖墙暗配管	100m	0.01	344.85	64.22	—	136.34	3.44	0.64	—	1.36
CB1792	暗装接线盒	10个	0.001	18.56	9.76	—	7.31	0.02	0.01	—	0.01
CB1793	暗装开关盒	10个	0.023	19.80	4.52	—	7.80	0.46	0.10	—	0.18
人工单价			小　计					3.92	0.75	—	1.55
85元/工日			未计价材料费					2.75			
			清单项目综合单价					8.79			

材料费明细	主要材料名称、规格、型号	单位	数量	单价/元	合价/元	暂估单价/元	暂估合价/元
	刚性阻燃管DN20	m	1.10	2.20	2.42		
	××牌接线盒	个	0.012	2.00	0.02		
	××牌开关盒	个	0.236	1.30	0.30		
	其他材料费			—	0.75	—	
	材料费小计			—	3.50	—	

注：1. 如不使用省级或行业建设主管部门发布的计价依据，可不填定额编号、名称等。

　　2. 招标文件提供了暂估单价的材料，按暂估的单价填入表内"暂估单价"栏及"暂估合价"栏。

工程量清单综合单价分析表是评标委员会评审和判别综合单价组成以及其价格完整性、合理性的主要基础，对因工程变更、工程量偏差等原因调整综合单价也是必不可少的基础价格数据来源。采用经评审的最低投标价法评标时，该分析表的重要性更加突出。

综合单价分析表集中反映了构成每一个清单项目综合单价的各个价格要素的价格及主要的"工、料、机"消耗量。投标人在投标报价时，需要对每一个清单项目进行组价，为了使组价工作具有可追溯性（回复评标质疑时尤其需要），需要表明每一个数据的来源。该分析表实际上是投标人投标组价工作的一个阶段性成果文件，借助计算机辅助报价系统，可以由电脑自动生成，并不需要投标人付出太多额外劳动。

综合单价分析表一般随投标文件一同提交，作为已标价工程量清单的组成部分，以便中标后，作为合同文件的附属文件。投标人须知中需要就该分析表提交的方式作出规定，该规定需要考虑是否有必要对该分析表的合同地位给予定义。一般而言，该分析表所载明的价格数据对投标人是有约束力的，但是投标人能否以此作为投标报价中的错报和漏报等的依据而寻求招标人的补偿是实践中值得注意的问题。比较恰当的做法似乎应当是，通过评标过程中的清标、质疑、澄清、说明和补正机制，不但解决工程量清单综合单价的合理性问题，而且将合理化的综合单价反馈到综合单价分析表中，形成相互衔接、相互呼应的最终成果，在这种情况下，即便是将综合单价分析表定义为有合同约束力的文件，上述顾虑也就没有必要了。

编制综合单价分析表对辅助性材料不必细列，可归并到其他材料费中以金额表示。

7. 总价措施项目清单与计价表

总价措施项目清单与计价表如表4-24所示。编制招标控制价时，计费基础、费率应按省级或行业建设主管部门的规定记取。

总价措施项目清单与计价　　　　　　　　表4-24

工程名称：××中学教学楼工程　　　　　　标段：　　　　　　　　第1页　共1页

序号	项目编码	项目名称	计算基础	费率/%	金额/元	调整费率/%	调整后金额/元	备注
		安全文明施工费	定额人工费	25	212225			
		夜间施工增加费	定额人工费	3	25466			
		二次搬运费	定额人工费	2	16977			
		冬雨季施工增加费	定额人工费	1	8489			
		已完工程及设备保护费			8000			
		合　计			271157			

编制人（造价人员）：　　　　　　　　　　　　　复核人（造价工程师）：

注：1. "计算基础"中安全文明施工费可为"定额基价"、"定额人工费"或"定额人工费＋定额机械费"，其他项目可为"定额人工费"或"定额人工费＋定额机械费"。

2. 按施工方案计算的措施费，若无"计算基础"和"费率"的数值，也可只填"金额"数值，但应在备注栏说明施工方案出处或计算方法。

8. 其他项目清单与计价汇总表

其他项目清单与计价汇总表如表4-25所示。编制招标控制价时，应按有关计价规定估算"计日工"和"总承包服务费"。如招标工程量清单中未列"暂列金额"，应按有关规定编列。

（1）暂列金额明细表

暂列金额及拟用项目如表4-7所示。

（2）材料（工程设备）暂估单价及调整表

材料（工程设备）暂估单价及调整表如表4-8所示。

（3）专业工程暂估价及结算价表

专业工程暂估价及结算价表如表4-9所示。

（4）计日工表

其他项目清单与计价汇总

表 4-25

工程名称：××中学教学楼工程　　　　标段：　　　　　　　第 1 页　共 1 页

序号	项目名称	金额/元	结算金额/元	备注
1	暂列金额	350000		明细详见表 4-7
2	暂估价	200000		
2.1	材料暂估价	—		明细详见表 4-8
2.2	专业工程暂估价	200000		明细详见表 4-9
3	计日工	24810		明细详见表 4-26
4	总承包服务费	18450		明细详见表 4-27
	合　计	593260		—

注：材料（工程设备）暂估单价计入清单项目综合单价，此处不汇总。

计日工表如表 4-26 所示。编制招标控制价的《计日工表》时，人工、材料、机械台班单价由招标人按有关计价规定填写并计算合价。

计 日 工

表 4-26

工程名称：××中学教学楼工程　　　　标段：　　　　　　　第 1 页　共 1 页

编号	项目名称	单位	暂定数量	实际数量	综合单价/元	合价/元	
						暂定	实际
一	人工						
1	普工	工日	100		70	7000	
2	机工	工日	60		100	6000	
	人工小计					13000	
二	材料						
1	钢筋（规格见施工图）	t	1		4000	4000	
2	水泥 42.5	t	2		571	1142	
3	中砂	m³	10		83	830	

编号	项目名称	单位	暂定数量	实际数量	综合单价/元	合价/元 暂定	合价/元 实际
4	砾石（5~40mm）	m³	5		46	230	
5	页岩砖（240mm×115mm×53mm）	千匹	1		340	340	
	材料小计					6542	
三	施工机械						
1	自升式塔吊起重机	台班	5		526.20	2631	
2	灰浆搅拌机（400L）	台班	2		18.38	37	
	施工机械小计					2668	
四、企业管理费和利润	按人工费20%计					2600	
	总　计					24810	

注：此表项目名称、暂定数量由招标人填写，编制招标控制价时，单价由招标人按有关计价规定确定；投标时，单价由投标人自主报价，按暂定数量计算合价计入投标总价中。结算时，按发承包双方确认的实际数量计算合价。

（5）总承包服务费计价表

总承包服务费计价表如表4-27所示。编制招标控制价的《总承包服务费计价表》时，招标人应按有关计价规定计价。

总承包服务费计价　　　　　　　　　　表4-27

工程名称：××中学教学楼工程　　　　标段：　　　　　　　第1页　共1页

序号	项目名称	项目价值/元	服务内容	计算基础	费率/%	金额/元
1	发包人发包专业工程	200000	1. 为消防工程承包人提供施工工作面并对施工现场进行统一管理，对竣工资料进行统一整理汇总 2. 为消防工程承包人提供垂直运输机械和焊接电源接入点，并承担垂直运输费和电费	项目价值	5	10000
2	发包人供应材料	845000	对发包人供应的材料进行验收及保管和使用发放	项目价值	1	8450
	合　计	—	—		—	18450

注：此表项目名称、服务内容有招标人填写，编制招标控制价时，费率及金额由招标人按有关计价规定确定；投标时，费率及金额由投标人自主报价，计入投标总价中。

9. 规费、税金项目计价表

规费、税金项目计价表如表4-28所示。

规费、税金项目计价　　　　　　　　　　　　　　表4-28

工程名称：××中学教学楼工程　　　　　标段：　　　　　　　第1页　共1页

序号	项目名称	计算基础	计算基数	计算费率/%	金额/元
1	规费	定额人工费			241936
1.1	社会保险费	定额人工费	(1) +…+ (5)		191002
(1)	养老保险费	定额人工费		14	118846
(2)	失业保险费	定额人工费		2	16978
(3)	医疗保险费	定额人工费		6	50934
(4)	工伤保险费	定额人工费		0.25	2122
(5)	生育保险费	定额人工费		0.25	2122
1.2	住房公积金	定额人工费		6	50934
1.3	工程排污费	按工程所在地环境保护部门收取标准，按实计入			
2	税金	分部分项工程费＋措施项目费＋其他项目费＋规费－按规定不计税的工程设备金额		3.41	277454
合　计					519390

编制人（造价人员）：　　　　　　　　　　　　　　复核人（造价工程师）：

10. 主要材料、工程设备一览表

（1）发包人提供材料和工程设备一览表如表4-13所示。

（2）承包人提供主要材料和工程设备一览表（适用于造价信息差额调整法）如表4-14所示。

（3）承包人提供主要材料和工程设备一览表（适用于价格指数差额调整法）如表4-15所示。

4.4.4　招标控制价编制注意事项

（1）招标控制价的作用决定了招标控制价不同于标底，无需保密。为体现招标的公平、公正，以防招标人有意抬高或压低工程造价，招标人应在招标文件中如实公布招标控制价，不得对所编制的招标控制价进行上浮或下调。招标人在招标文件中公布招标控制价时，应公布招标控制价各组成部分的详细内容，不得只公布招标控制价总价，同时，招标

人应将招标控制价报工程所在地的工程造价管理机构备查。

（2）投标人经复核认为招标人公布的招标控制价未按照《建设工程工程量清单计价规范》（GB 50500—2013）的规定进行编制的，应在开标前 5d 向招标投标监督机构或（和）工程造价管理机构投诉。

招标投标监督机构应会同工程造价管理机构对投诉进行处理，发现确有错误的，应责成招标人修改。

5 土建工程投标

5.1 土建工程投标概述

5.1.1 土建工程投标概念与条件

1. 概念

土建工程投标就是投标人（或投标单位）在同意招标人拟定的招标文件的前提下，对土建工程招标项目提出自己的报价和相应的条件，通过竞争企图为招标人选中的一种交易方式。这种方式是投标人之间通过直接竞争，在规定的期限内以比较合适的条件达到招标人所需的目的。

2. 投标人应具备的条件

投标人分为三类：一是法人；二是其他组织；三是具有完全民事行为能力的个人，亦称自然人。法人、其他组织和个人必须具备响应招标和参与投标竞争两个条件后，才能成为投标人。

法人或者其他组织响应招标、参加投标竞争，是成为投标人的一般条件。要想成为合格投标人，还必须满足两项资格条件：一是国家有关规定对不同行业及不同主体投标人的资格条件；二是招标人根据项目本身的要求，在招标文件或资格预审文件中规定的投标人的资格条件。

国家对不同行业及不同主体的投标人资格条件的规定。《工程建设项目施工招标投标办法》第 20 条规定，投标人参加工程建设项目施工投标应当具备五个条件：

（1）具有独立订立合同的权利。

（2）具有履行合同的能力，包括专业、技术资格和能力，资金、设备和其他物质设施状况，管理能力，经验、信誉和相应的从业人员。

（3）没有处于被责令停业，投标资格被取消，财产被接管、冻结，破产状态。

（4）在最近三年内没有骗取中标和严重违约及重大工程质量问题。

（5）法律、行政法规规定的其他资格条件。

5.1.2 土建工程投标程序

投标的工作程序应与招标程序相配合、相适应。为了取得投标的成功，已经具备投标资格并愿意进行投标的投标人，应首先了解图 5-1 所示的投标基本工作程序流程图及其各个阶段的工作步骤。投标的具体工作程序如下：

（1）获取投标信息。

（2）在招标投标交易中心网上报名投标。

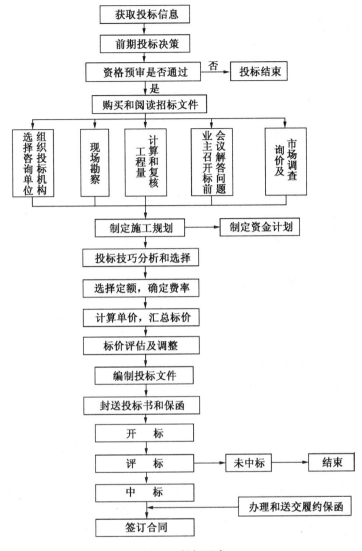

图 5-1　投标程序

（3）投标前期决策。

（4）申报资格预审（当资格预审通过后）。

（5）参加招标会议，获取招标文件与施工图纸。

（6）组建投标班子。

（7）进行投标前的市场调查，进行现场勘察。

（8）分析与研究招标文件，会审施工图纸。

（9）投标中期决策。

（10）计算分部分项工程量，选取定额与主材价格，确定费率，汇总报价（采用施工图预算报价的）。

计算与复核工程量清单，确定分部分项工程量清单、措施项目清单与其他项目清单的综合单价，确定费率与税金，汇总报价（采用工程量清单报价的）。

（11）编制施工规划（技术标）。

（12）编制投标文件（综合标）。

（13）办理投标担保手续。

（14）报送投标文件。

5.1.3 土建工程投标决策

1. 投标决策内容

投标决策是指承包商为实现其一定利益目标，针对招标项目的实际情况对投标可行性和具体策略进行论证和抉择的活动。

通常，建设工程投标决策主要应包括以下几个方面：

（1）投标项目选择决策

建设工程投标决策的首要任务是在获取招标信息后对是否参加投标竞争进行分析、论证，并做出抉择。

若项目对投标人来说基本上不存在技术、设备、资金和其他方面问题，或虽有技术、设备、资金和其他方面问题但可预见并已有了解决办法，就属于低风险标。低风险标实际上就是不存在什么未解决或解决不了的重大问题，没有大风险的标。如果企业经济实力不强，投低风险标是比较恰当的选择。

若项目对投标人来说存在技术、设备、资金或其他方面未解决的问题，承包难度比较大，就属于高风险标。投高风险标的关键是能想出办法解决好工程中存在的问题。若问题解决得当，可获得丰厚的利润，开拓出新的技术领域，锻炼出一支好的队伍，使企业素质和实力上一个新台阶；若问题解决得不好，企业的效益、声誉等都将会受到损害，严重的甚至会使企业出现亏损甚至破产。因此，承包商对投标进行决策时，应充分估计项目的风险度。

承包商决定是否参加投标时，通常要综合考虑各方面的情况，如承包商当前的经营状况和长远目标、参加投标的目的、影响中标机会的内部和外部因素等。

（2）施工方案决策

施工方案的选择不但关系到工程质量好坏、进度快慢，最终还将直接或间接影响到工程造价。因此，施工方案的决策不是纯粹的技术问题，也是造价决策的重要内容。

有的施工方案能提高工程质量，虽然成本要增加，但能降低返工率，又会减少返工损失。反之，在满足招标文件要求的前提下选择适当的施工方案，控制质量标准不要过高，虽然有可能降低成本，但返工率也可能因此而提高，从而可能增加费用。增加的成本和减少的返工损失之间如何权衡，需要进行详细的分析和决策。

有的施工方案能加快工程进度，虽然需要增加抢工费，但进度加快能节约施工的固定成本。反之，适当放慢进度，工人的劳动效率会提高，也不会发生抢工费用，但工期延长引起固定成本增加，总成本又会增加。因此，必须进行详细的分析和决策，选择合理可行的施工方案。

（3）投标报价决策

投标报价决策分为宏观决策和微观决策，应先进行宏观决策，之后进行微观决策。

1）报价的宏观决策。就是根据竞争环境，宏观上采取报高价还是报低价的决策。

通常，项目有下列情形之一的，投标人可以考虑以追求效益为主，报高价：

①建设单位对投标人特别满意，希望发包给本承包商。

②竞争对手较弱，投标人与之相比有明显的技术、管理优势。

③投标人在建任务虽饱满，但招标利润丰厚，值得并能够承受超负荷运转。

具有下列情形之一的，投标人可以考虑投标以保本为主，报保本价：

①招标工程竞争对手较多，投标人无明显优势，而投标人又有一定的市场或信誉方面的目的。

②投标人在建任务少、无后继工程，可能出现或已经出现部分窝工。

有下列情形之一的，投标人可以决定承担一定额度的亏损，报亏损价：

①招标项目的强劲竞争对手众多，但投标人出于发展的目的志在必得。

②投标人企业已出现大量窝工，严重亏损，急需寻求支撑。

③招标项目属于投标人的新市场领域，本承包商渴望参与进入。

④招标工程属于投标人垄断的领域，而其他竞争对手强烈希望插足。

必须注意，我国有关建设法规都对低于成本价的恶意竞争进行了限制，因此对于国内工程来说是不能报亏损价的。

2）报价的微观决策。就是根据工程的实际情况与报价技巧具体确定每个分项工程是报高价还是报低价，以及报价的高低幅度。

2. 投标决策阶段

投标决策可以分前期和后期两阶段进行。

（1）投标决策前期

投标决策的前期阶段必须在购买投标人资格预审资料前后完成。决策的主要依据是招标广告，以及公司对招标工程、业主情况的调研和了解的程度，如果是国际工程，还包括对工程所在国和工程所在地的调研和了解的程度。前期阶段必须对投标与否做出论证。通常情况下，下列招标项目应放弃投标：

1）本施工企业主管和兼营能力之外的项目。

2）工程规模、技术要求超过本施工企业技术等级的项目。

3）本施工企业生产任务饱满，而招标工程的盈利水平较低或风险较大的项目。

4）本施工企业技术等级、信誉、施工水平明显不如竞争对手的项目。

（2）投标决策后期

如果决定投标，即进入投标决策的后期阶段，这一阶段是指从申报资格预审至投标报价（封送投标书）前完成的决策研究阶段。主要研究如果去投标，是投什么性质的标以及在投标中采取的策略问题。

3. 影响投标决策的因素

（1）企业内部因素

影响投标决策的企业内部因素主要包括以下几个方面。

1）技术方面

①有精通本行业的估算师、建筑师、工程师、会计师和管理专家组成的组织机构。

②有工程项目设计、施工专业特长，能解决技术难度大的问题和各类工程施工中技术难题的能力。

③具有同类工程的施工经验。

④有一定技术实力的合作伙伴，如实力强的分包商、合营伙伴和代理人等。

技术实力是实现较低的价格、较短的工期、优良的工程质量的保证，直接关系到企业投标中的竞争能力。

2）经济方面

①具有一定的垫付资金的能力。

②拥有一定的固定资产和机具设备，并能投入所需资金。

③拥有一定的资金用来支付施工用款。因为，对已完成的工程量需要监理工程师确认后并经过一定手续、一定时间后才能将工程款拨入。

④承担国际工程尚需筹集承包工程所需的外汇。

⑤具有支付各种担保的能力。

⑥具有支付各种税款和保险的能力。

⑦由于不可抗力带来的风险，即使是属于业主的风险，承包商也会有损失；如果不属于业主的风险，则承包商损失更大。要有财力承担不可抗力带来的风险。

⑧承担国际工程往往需要重金聘请有丰富经验或有较高地位的代理人，以及其他"佣金"，需要承包商具有这方面的支付能力。

3）管理方面

拥有高素质的项目管理人员，特别是懂技术、会经营、善管理的项目经理人选。能够根据合同的要求，高效率地完成项目管理的各项目标，通过项目管理活动为企业创造较好的经济效益和社会效益。

4）信誉方面

承包商一定要有良好的信誉，这是投标中标的一条重要标准。要建立良好的信誉，就必须遵守法律和行政法规，或按国际惯例办事，同时，要认真履约，保证工程的施工安全、工期和质量，而且各方面的实力要雄厚。

（2）企业外部因素

影响投标决策的企业外部因素主要包括以下几个方面。

1）业主和监理工程师的情况

主要应考虑业主的合法地位、支付能力、履约信誉，监理工程师处理问题的公正性、合理性及与本企业间的关系等。

2）竞争对手和竞争形势

是否投标，应注意竞争对手的实力、优势及投标环境的优劣情况。另外，竞争对手的在建工程情况也十分重要。如果对手的在建工程即将完工，可能获得新承包项目心切，投标报价不会很高；如果对手在建工程规模大、时间长，如仍参加投标，则标价可能很高。从总的竞争形势来看，大型工程的承包公司技术水平高，善于管理大型复杂工程，其适应性强，可以承包大型工程；中小型工程由中小型工程公司或当地的工程公司承包的可能性大。因为，当地中小型公司在当地有自己熟悉的材料、劳动力供应渠道，管理人员相对比较少，有自己惯用的特殊施工方法等优势。

3）法律、法规的情况

对于国内工程承包，自然适用本国的法律和法规，而且其法制环境基本相同。因为，我国的法律、法规具有统一或基本统一的特点。如果是国际工程承包，则有一个法律适用问题。法律适用的原则主要包括以下几点：

①强制适用工程所在地法的原则。

②意思自治原则。

③最密切联系原则。

④适用国际惯例原则。

⑤国际法效力优于国内法效力的原则。

4）风险问题

工程承包，特别是国际工程承包，由于影响因素众多，因而存在很大的风险。从来源的角度看，风险可分为政治风险、经济风险、技术风险、商务及公共关系风险和管理方面的风险等。投标决策中对拟投标项目的各种风险进行深入研究，进行风险因素辨识，以便有效规避各种风险，避免或减少经济损失。

5.2　土建工程投标文件编制

5.2.1　土建工程投标文件内容

土建工程建设工程项目投标文件一般主要包括两部分：一是商务标，二是技术标。

《招标投标法》第27、第30条对投标文件做出规定，投标人应当按照招标文件的要求编制投标文件。投标文件应当对招标文件提出的实质性要求和条件做出响应。招标项目属于建设施工的，投标文件的内容应当包括拟派出的项目负责人与主要技术人员的简历、业绩和拟用于完成招标项目的机械设备等。投标人根据招标文件载明的项目实际情况，拟在中标后将中标项目的部分非主体、非关键性工作进行分包的，应当在投标文件中载明。

按此原则，国务院有关部门对不同类型项目的投标文件内容及构成进行了具体规定。

1. 招标文件主要内容

（1）投标函及投标函附录。

（2）法定代表人身份证明或附有法定代表人身份证明的授权委托书。

（3）联合体协议书。

（4）投标保证金或保函。

（5）已标价工程量清单。

（6）施工组织设计。

（7）项目管理机构（施工组织机构表和主要管理人员简历）。

（8）拟分包项目情况表。

（9）资格审查资料。

（10）投标人须知前附表规定的其他材料。

以上投标文件的内容、表格等全部填写完毕后，即将其密封，按照招标人在招标文件中指定的时间、地点递送。

2. 商务标的内容

商务标分为商务文件和价格文件。商务文件是用来证明投标人是否履行合法手续及招标人用来了解投标人商业资信、合法性的文件，而价格文件是与投标人的投标报价相关的文件。商务标的内容主要包括以下几点：

（1）投标函及投标函附录

1）投标函。投标函是指按照招标文件的要求，投标人向招标人或招标代理单位所致信函。其一般按照招标文件中所给的标准格式填写，主要内容为对此次招标的理解和对有关条款的承诺。最后，在落款处加盖企业法人印鉴和法定代表人或其委托代理人印鉴。

2）投标函附录。其内容主要为投标函中未体现的、招标文件中有要求的条款。

（2）法定代表人身份证明书

法定代表人身份证明书可采用营业执照或按招标文件要求的格式填写。

（3）投标文件授权委托书

法定代表人授权企业内部人员代表其参加有关此项目的招标活动，以书面形式下达，这样，代理人员就可以代表企业法定代表人签署有关文件，并具有法律效应。

（4）投标保证金

明确投标保证金的支付时间、支付金额及责任。

（5）已标价工程量清单（或单位工程预算书）

按照招标文件的要求以工程量清单报价形式或工程预算书形式详细表述组成该工程项目的各项费用总和。

（6）资格审查资料

为向招标人证明企业有能力承担该项目施工的证据，展示企业的实力和社会信誉。《标准施工招标文件》中资格审查资料应包括：投标人基本情况表、近年财务状况表、近年完成的类似项目情况表、正在实施的以及新承接的项目情况表、其他资格审查资料。

3. 技术标的内容

在工程建设投标中，技术文件即施工组织建议书。技术文件应包括全部施工组织设计内容。该文件是用来评价投标人的技术实力和经验的标识。而对投标人而言，则是投标人中标后的项目施工组织方案。技术复杂的项目对技术文件的编写内容及格式均有详细的要求，投标人应当认真按照要求编制。

（1）施工组织设计

投标人编制施工组织设计的要求主要有以下几点：

1）编制时应简明扼要地说明施工方法、工程质量、安全生产、文明施工、环境保护、冬雨期施工、工程进度、技术组织等主要措施。

2）以图表形式阐明该项目的施工总平面、进度计划以及拟投入主要施工设备、劳动力、项目管理机构等。

（2）项目管理机构

一般要求投标企业把对拟投标工程的管理机构以表格的形式表达出来。通常需要编制项目管理机构组成表以及项目经理简历表，其目的主要是考察投标人的实力及拟担任管理人员的以往业绩。

5.2.2　土建工程投标文件的编制

1. 投标文件的编制原则

（1）依法投标。严格按照《招标投标法》等国家法律、法规的规定编制投标文件。

（2）诚实信用的原则。对提供的数据准确可靠，对做出的承诺负责履行不打折扣。

（3）按照招标文件要求的原则。对提供的所有资料和材料，必须从形式到内容都响应和满足招标文件的要求。

（4）语言文字上力求准确严密、周到、细致，切不可模棱两可。

（5）从实际出发，在依法投标的前提下，可以充分运用和发挥投标竞争的方法和策略。

2. 投标文件的编制要求

《招标投标法》第27条明确规定："投标人应当按照招标文件的要求编制投标文件。投标文件应当对招标文件提出的实质性要求和条件做出响应。"

《标准施工招标文件》中有关投标文件的规定，主要有：投标文件的组成、投标报价、投标有效期、投标保证金、资格审查资料、备选投标方案、投标文件的编制、投标文件格式要求等。

编制投标文件的两项基本要求：

（1）按照招标文件的要求编制投标文件

投标文件是对招标文件的响应，因此投标人必须且只能按照招标文件载明的要求编制自己的投标文件，方有中标的可能。

（2）按招标文件的实质性要求和条件做出响应

投标文件要对招标文件提出的实质性要求和条件做出响应，主要是指投标文件的内容应当对招标文件规定的实质要求和条件一一做出相对应的回答，不能存在遗漏或重大的偏离，否则将被视为废标，失去中标的可能。这就需要投标人认真研究、正确理解招标文件的全部内容，严格按照招标文件填报，不得对招标文件进行修改，不得遗漏或者回避招标文件中的问题，更不能随意提出任何附带条件。

3. 编制建设施工项目投标文件的特殊要求

工程建设施工项目的投标文件，除符合上述两项基本要求外，还应当包括如下内容：

（1）拟派出的项目负责人和主要技术人员简历

简历的内容包括项目负责人和主要技术人员的姓名、职务、职称、参加过的施工项目等情况。

（2）业绩

业绩一般是指投标人近三年承建的施工项目。通常应具体写明施工项目的建设单位、项目名称与建设地点、结构类型、建设规模、开竣工日期、合同价格和质量达标等情况。

（3）拟用于完成招标项目的机械设备

编制时通常应将投标人拟用于完成招标项目的机械设备以表格的形式列出，主要包括机械设备的名称、型号、规格、数量、产地、制造年份、主要技术性能等内容。

（4）其他

其他内容如近两年的财务会计报表、下一年的财务预测报告等投标人的财务状况；全体员工人数特别是技术工人人数；现有的主要施工任务，包括在建或者尚未开工的工程；工程进度等招标文件所要求在投标文件中载明的内容。

5.2.3　土建工程投标有效期

投标有效期是指招标文件中规定一个适当的有效期限，在此期限内投标文件对投标人具有法律约束力。

1. 投标有效期的确定

《工程建设项目施工招标投标办法》第 29 条规定，招标文件应当规定一个适当的投标有效期，以保证招标人有足够的时间完成评标和与中标人签订合同。投标有效期从投标人提交投标文件截止之日起计算。

2. 投标有效期的延长

《工程建设项目施工招标投标办法》第 29 条，在原投标有效期结束之前，出现特殊情况的，招标人可以书面形式要求所有投标人延长投标有效期。拒绝延长投标有效期的，其投标失效，但投标人有权收回投标保证金。同意延长投标有效期的，投标人应当相应延长其投标保证金的有效期，但不得修改投标文件的实质性内容。《评标委员会和评标方法暂行规定》第 40 条、《工程建设项目施工招标投标办法》第 56 条、《工程建设项目货物招标投标办法》第 47 条、《工程建设项目勘察设计招标投标办法》第 46 条规定，招标项目的评标和定标工作应当在投标有效期结束日 30 个工作日前完成，如不能完成则招标人应当通知所有投标人延长投标有效期。

《标准施工招标文件》中对"投标有效期"规定，除投标人须知前附表另有规定外，投标有效期为 60d；在投标有效期内，投标人撤销或修改其投标文件的，应承担招标文件和法律规定的责任。

5.2.4　土建工程投标保证金

1. 投标保证金的提交

投标保证金作为投标文件的有效组成部分，其递交的时间应与投标文件的提交时间要求一致，即在投标文件提交截止时间之前送达。投标保证金送达的含义根据投标保证金形式而异，通过电汇、转账、电子汇兑等形式的应以款项实际到账时间作为送达时间，以现金或见票即付的票据形式提交的则以实际交付时间作为送达时间。投标人不按要求提交投标保证金的，评标委员会将否决其投标。

2. 投标保证金的有效期

投标保证金的有效期通常自投标文件提交截止时间之前，保证金实际提交之日起开始计算，投标保证金的有效期限应覆盖或超出投标有效期。从投标保证金的用途可以看出，其有效期原则上不应少于规定的投标有效期。不同类型的招标项目，对投标保证金有效期的规定各有不同。在招标投标实践中，应根据招标项目类型，按照其适用的法规来确定投标保证金的有效期。

《工程建设项目施工招标投标办法》第 37 条规定，投标保证金有效期应当超出投标有效期 30d。《招标投标法实施条例》第 26 条规定，投标保证金有效期应当与投标有效期一致。

3. 投标保证金的金额

投标保证金的金额通常有相对比例金额和固定金额两种方式。相对比例是取投标总价作为计算基数。为避免招标人设置过高的投标保证金额度，不同类型招标项目对投标保证金的最高额度均有相关规定。《招标投标法实施条例》第 26 条规定，招标人在招标文件中要求投标人提交投标保证金的，投标保证金不得超过招标项目估算价的 2%。

《工程建设项目施工招标投标办法》第 37 条规定，投标保证金不得超过项目估算价的 2%，最高不得超过 80 万元人民币。

4. 投标保证金的没收与退还

（1）投标保证金的没收

招标人在投标人违反招标文件规定的下述条件时，可以没收投标人的投标保证金：

1）投标人在规定的投标有效期内撤销或修改其投标文件。

2）投标人在收到中标通知书后，无正当理由拒签合同或未按招标文件规定提交履约担保。

同时，招标人还可根据项目的具体特点和管理方面要求，在招标文件中增加没收投标保证金的其他情形。

（2）投标保证金的退还

《工程建设项目施工招标投标办法》规定，招标人与中标人签订合同后 5d 内，应当向中标人和未中标的投标人退还投标保证金及银行同期存款利息。

《招标投标法实施条例》第 35 条规定，投标人撤回已提交的投标文件，应当在投标截止时间前书面通知招标人。招标人已收取投标保证金的，应当自收到投标人书面撤回通知之日起 5d 内退还。投标截止后投标人撤销投标文件的，招标人可以不退还投标保证金。

《标准施工招标文件》和《标准设计施工总承包招标文件》规定，招标人与中标人签订合同后 5d 内，向未中标的投标人和中标人退还投标保证金及同期银行存款利息。

5.2.5 土建工程投标文件的修改与撤回

投标文件的修改是指投标人对投标文件中遗漏和不足部分进行增补，对已有的内容进行修订。而投标文件的撤回是指投标人收回全部投标文件、放弃投标或以新的投标文件重新投标。

投标文件的修改或撤回必须在投标文件递交截止时间之前进行。《招标投标法》第 29 条规定，投标人在招标文件要求提交投标文件的截止时间之前，可以补充、修改或者撤回已提交的投标文件，并书面通知招标人。

投标人修改或撤回已递交投标文件的书面通知应按照要求签字或盖章。招标人收到书面通知后，向投标人出具签收凭证。修改的内容为投标文件的组成部分。修改的投标文件应按照规定进行编制、密封、标记和递交，并标明"修改"字样。投标截止时间之后至投标有效期满之前，投标人对投标文件的任何补充、修改，招标人不予接受。

5.2.6 土建工程投标文件的密封和标记

《标准施工招标文件》中对"投标文件的密封和标记"的规定主要有：

（1）投标文件应进行包装、加贴封条，并在封套的封口处加盖投标人单位章。

（2）投标文件封套上应写明的内容见投标人须知前附表。

（3）未按规定要求密封和加写标记的投标文件，招标人应予拒收。

5.2.7　土建工程投标文件的递交

（1）投标人应在规定的投标截止时间前递交投标文件。

（2）投标人递交投标文件的地点：见投标人须知前附表。

（3）除投标人须知前附表另有规定外，投标人所递交的投标文件不予退还。

（4）招标人收到投标文件后，向投标人出具签收凭证。

（5）逾期送达的或者未送达指定地点的投标文件，招标人不予受理。

5.3　土建工程投标报价编制

5.3.1　土建工程投标报价技巧

1. 开标前的投标技巧研究

（1）不平衡报价

不平衡报价是指在工程项目总价基本确定的前提下，通过调整内部各个项目的报价，以期既不影响总报价，又在中标后投标人可尽早收回垫支于工程中的资金和获取较好的经济效益。但要注意避免不正常的调高或压低现象，避免失去中标机会。

（2）计日工的报价

分析业主在开工后可能使用的计日工数量确定报价方针。较多时则可适当提高，可能很少时，则下降。另外，若是单纯报计日工的报价，可适当报高，若关系到总价水平则不宜提高。

（3）多方案报价法

对于一些招标文件，若发现工程范围不很明确，条款不清楚或很不公正，或技术规范要求过于苛刻时，则要在充分估计风险的基础上，按多方案报价法处理。即按原招标文件报一个价，然后再提出如果某条款作某些变动，报价可降低的额度。这样可以降低总价，吸引发包人。

（4）突然袭击法

由于投标竞争激烈，为迷惑对方，有意泄露一些假情报，如不打算参加投标，或准备投高标，表现出无利可图不干等假象，到投标截止之前几个小时，突然前往投标，并压低投标价，从而使对手措手不及而败北。

（5）低投标价夺标法

低投标价夺标法通常是非常情况下采用的非常手段。比如企业大量窝工，为减少亏损、为打入某一建筑市场或为挤走竞争对手保住自己的地盘，于是制定了严重亏损标，力争夺标。若企业无经济实力，信誉不佳，此法也不一定会奏效。

（6）先亏后盈法

对于大型分期建设工程，在第一期工程投标时，通常可以将部分间接费分摊到第二期工程中去，以减少计算利润，从而争取中标。这样在第二期工程投标时，凭借第一期工程的经验、临时设施以及创立的信誉，比较容易拿到第二期工程。然而，当第二期工程遥遥无期时，则不宜这样考虑，以免承担过高的风险。

（7）开口升级法

把报价视为协商过程，把工程中某项造价高的特殊工作内容从报价中减掉，使报价成为竞争对手无法相比的"低价"。利用这种"低价"来吸引发包人，从而取得了与发包人进一步商谈的机会，在商谈过程中逐步提高价格。当发包人明白过来当初的"低价"实际上是个钓饵时，往往已经在时间上处于谈判弱势，丧失了与其他承包人谈判的机会。利用这种方法时，要特别注意在最初报价中说明某项工作的缺项，否则可能会弄巧成拙，真的以"低价"中标。

（8）联合保标法

在竞争对手众多的情况下，可以采取几家实力雄厚的承包商联合起来的方法来控制标价，一家出面争取中标，再将其中部分项目转让给其他承包商二包，或轮流相互保标。然而，该报价方法实行起来难度较大，一方面要注意到联合保标几家公司间的利益均衡，另一方面，又要做好保密工作，否则一旦被业主发现，将有被取消投标资格的可能。

2. 开标后的投标技巧研究

投标人通过开标这一程序可以得知众多投标人的报价，但低报价并不一定中标，需要综合各方面的因素反复考虑，并经过议标谈判，方能确定中标者。因此，开标只是选定中标候选人，而非已确定中标者。投标人可以利用议标谈判施展竞争手段，从而改变自己原投标书中的不利因素而成为有利因素，以增加中标的机会。

从招标的原则来看，投标人在标书有效期内，是不能修改其报价的。但是，某些议标谈判可以例外。在议标谈判中的投标技巧主要包括以下两方面：

（1）降低投标价格

投标价格不是中标的唯一因素，但却是中标的关键性因素。在议标中，投标者适时提出降价要求是议标的主要手段。然而需要注意以下几点：

1）要摸清招标人的意图，在得到其希望降低标价的暗示后，再提出降低的要求。因为，有些国家关于招标的法规中规定，已投出的投标书不得改动任何文字。若有改动，投标即告无效。

2）降低投标价要适当，不得损害投标人自己的利益。

（2）补充投标优惠条件

除中标的关键因素——价格外，在议标谈判的技巧中，还可以考虑其他许多重要因素，如缩短工期、提高工程质量、降低支付条件要求、提出新技术和新设计方案以及提供补充物资和设备等，以此优惠条件争取得到招标人的赞许，从而争取中标。

5.3.2 土建工程投标报价编制程序

1. 复核或计算工程量

工程招标文件中若提供工程量清单，计算投标价格之前，要对工程量进行校核。若招标文件中没有提供工程量清单，则必须根据图纸计算全部工程量。

2. 确定单价、计算合价

计算单价时，应将构成分部分项工程的所有费用项目都归入其中。人工费、材料费、机械费应该是根据分部分项工程的人工、材料、机械消耗量及其相应的市场价格计算而得。通常，承包企业用自己的企业定额对某一具体工程进行投标报价时，需要对选用的单价进行审核评价与调整，使之符合拟投标工程的实际情况，反映市场价格的变化。

3. 确定分包工程费

工程分包费用是投标价格的一个重要组成部分，编制投标价格时需要熟悉分包工程的范围，对分包人的能力进行评估，从而确定一个合适的价格来衡量分包人的价格。

4. 确定利润

利润指的是承包人的预期利润，确定利润取值的目标是既可以获得最大的可能利润，又要保证投标价格具有一定的竞争性。投标报价时，承包人应根据市场竞争情况确定在该工程上的利润率。

5. 确定风险费

对于承包人来说，风险费是一个未知数。在投标时应该根据该工程规模及工程所在地的实际情况，由有经验的专业人员对可能的风险因素进行逐项分析后，确定一个比较合理的费用比率。

6. 确定投标价格

将所有分部分项工程的合价汇总后就可以计算出工程的总价。由于计算出来的价格可能重复，也有可能漏算，甚至某些费用的预估有偏差等，因此，必须对计算出来的工程总价进行调整，调整总价应用多种方法，从多角度对工程进行盈亏分析及预测，找出计算中的问题，并分析可以通过什么措施降低成本、增加盈利，确定最后的投标报价。

5.3.3 土建工程投标报价编制格式

现以某中学教学楼工程为例介绍投标总价编制（由委托工程造价咨询人编制）。

1. 封面

投标总价封面如表5-1所示，应填写投标工程的具体名称，投标人应盖单位公章。

投标总价封面　　　　　　　　　　　　　　　　　　表5-1

<p align="center">＿＿＿＿×× 中学教学楼＿＿＿＿ 工程</p> <p align="center">**投 标 总 价**</p> <p align="center">投 标 人：＿＿＿××建筑公司＿＿＿</p><p align="center">（单位盖章）</p> <p align="center">××年×月×日</p>

2. 扉页

投标总价扉页如表 5-2 所示,投标人编制投标报价时,由投标人单位注册的造价人员编制,投标人盖单位公章,法定代表人或其授权人签字或盖章,编制的造价人员(造价工程师或造价员)签字盖执业专用章。

投标总价扉页　　　　　　　　　　　　　　表 5-2

投 标 总 价

招 标 人: _____×× 中学_____

工程名称: _____×× 中学教学楼工程_____

投标总价(小写): _____7972282 元_____

　　　　(大写): _____柒佰玖拾柒万贰仟贰佰捌拾贰元_____

投 标 人: _____×× 建筑公司_____

　　　　　　　　　　(单位盖章)

法定代表人
或其授权人: _____×××_____

　　　　　　　　　　(签字或盖章)

编 制 人: _____×××_____

　　　　　　　　(造价人员签字盖专用章)

编制时间:×× 年 × 月 × 日

3. 总说明

总说明如表 5-3 所示。编制投标报价总说明的内容应包括:采用的计价依据,采用的施工组织设计,综合单价中风险因素、风险范围(幅度),措施项目的依据,其他有关内容的说明等。

　1. 工程概况

　本工程为砖混结构，混凝土灌注桩基，建筑层数为 6 层，建筑面积 10940m²，招标计划工期为 200 日历天，投标工期为 180 日历天。

　2. 投标报价包括范围

　为本次招标的施工图范围内的建筑工程和安装工程。

　3. 投标报价编制依据

　（1）招标文件、招标工程量清单和有关报价要求，招标文件的补充通知和答疑纪要。

　（2）施工图及投标施工组织设计。

　（3）《建设工程工程量清单计价规范》（GB 50500—2013）以及有关的技术标准、规范和安全管理规定等。

　（4）省建设主管部门颁发的计价定额和计价办法及相关计价文件。

　（5）材料价格根据本公司掌握的价格情况并参照工程所在地工程造价管理机构××年×月工程造价信息发布的价格。单价中已包括招标文件要求的不小于 5% 的价格波动风险。

　4. 其他（略）

4. 投标报价汇总表

　　投标报价汇总表如表 5-4～表 5-6 所示。与招标控制价的表样一致，此处需要说明的是，投标报价汇总表与投标函中投标报价金额应当一致。就投标文件的各个组成部分而言，投标函是最重要的文件，其他组成部分都是投标函的支持性文件，投标函是必须经过投标人签字盖章，并且在开标会上必须当众宣读的文件。如果投标报价汇总表的投标总价与投标函填报的投标总价不一致，应当以投标函中填写的大写金额为准。实践中，对该原则一直缺少一个明确的依据，为了避免出现争议，可以在"投标人须知"中给予明确，用在招标文件中预先给予明示约定的方式来弥补法律法规依据的不足。

建设项目投标报价汇总　　　　　　　　　　表 5-4

工程名称：××中学教学楼工程　　　　　　　　　　　　第 1 页　共 1 页

序号	单项工程名称	金额/元	其中：/元		
			暂估价	安全文明施工费	规费
1	教学楼工程	7972282	845000	209650	239001
	合　　计	7972282	845000	209650	239001

　注：1. 本表适用于建设项目招标控制价或投标报价的汇总。

　　　2. 本工程仅为一栋教学楼，故单项工程即为建设项目。

单项工程投标报价汇总

表 5-5

工程名称：××中学教学楼工程

第 1 页 共 1 页

序号	单项工程名称	金额/元	其中：/元		
			暂估价	安全文明施工费	规费
1	教学楼工程	7972282	845000	209650	239001
	合　计	7972282	845000	209650	239001

注：本表适用于单项工程招标控制价或投标报价的汇总。暂估价包括分部分项工程中的暂估价和专业工程暂估价。

单位工程投标报价汇总

表 5-6

工程名称：××中学教学楼工程

第 1 页 共 1 页

序号	汇总内容	金额/元	其中：暂估价/元
1	分部分项工程	6134749	845000
0101	土石方工程	99757	
0103	桩基工程	397283	
0104	砌筑工程	725456	
0105	混凝土及钢筋混凝土工程	2432419	800000
0106	金属结构工程	1794	
0108	门窗工程	366464	
0109	屋面及防水工程	251838	
0110	保温、隔热、防腐工程	133226	
0111	楼地面装饰工程	291030	
0112	墙、柱面装饰与隔断、幕墙工程	418643	
0113	天棚工程	230431	
0114	油漆、涂料、裱糊工程	233606	
0304	电气设备安装工程	360140	45000
0310	给排水、采暖、燃气工程	192662	
2	措施项目	738357	—
0117	其中：安全文明施工费	209650	
3	其他项目	597288	
3.1	其中：暂列金额	350000	—
3.2	其中：专业工程暂估价	200000	—
3.3	其中：计日工	26528	—
3.4	其中：总承包服务费	20760	—
4	规费	239001	
5	税金	262887	
	招标控制价合计 = 1 + 2 + 3 + 4 + 5	7972282	845000

注：本表适用于单位工程招标控制价或投标报价的汇总，如无单位工程划分，单项工程也使用本表汇总。

5. 分部分项工程和单价措施项目清单与计价表

分部分项工程和单价措施项目清单与计价表如表5-7所示。编制投标报价时，招标人对表中的"项目编码"、"项目名称"、"项目特征描述"、"计量单位"、"工程量"均不应作改动。"综合单价"、"合价"自主决定填写，对其中的"暂估价"栏，投标人应将招标文件中提供了暂估材料单价的暂估价计入综合单价，并应计算出暂估单价的材料栏"综合单价"其中的"暂估价"。

分部分项工程和单价措施项目清单与计价（一）　　　　表5-7

工程名称：××中学教学楼工程　　　　　　　标段：　　　　　　第1页　共4页

序号	项目编码	项目名称	项目特征描述	计量单位	工程量	金　额/元		
						综合单价	合价	其中 暂估价
			0101 土石方工程					
1	010101003001	挖沟槽土方	三类土，垫层底宽2m，挖土深度小于4m，弃土运距小于7km	m³	1432	21.92	31389	
			（其他略）					
			分部小计				99757	
			0103 桩基工程					
2	010302003001	泥浆护壁混凝土灌注桩	桩长10m，护壁段长9m，共42根，桩直径1000mm，扩大头直径1100mm，桩混凝土为C25，护壁混凝土为C20	m	420	322.06	135265	
			（其他略）					
			分部小计				397283	
			0104 砌筑工程					
3	010401001001	条形砖基础	M10 水泥砂浆，MU15 页岩砖240mm×115mm×53mm	m³	239	290.46	69420	
4	010401003001	实心砖墙	M7.5 混合砂浆，MU15 页岩砖240mm×115mm×53mm，墙厚度240mm	m³	2037	304.43	620124	
			（其他略）					
			分部小计				725456	
			0105 混凝土及钢筋混凝土工程					
5	010503001001	基础梁	C30 预拌混凝土，梁底标高−1.55m	m³	208	356.14	74077	
6	010515001001	现浇构件钢筋	螺纹钢 Q235，φ14	t	200	4787.16	957432	800000
			（其他略）					
			分部小计				2432419	
			本页小计				3654915	800000
			合　计				3654915	800000

注：为计取规费等的使用，可在表中增设其中："定额人工费"。

工程名称：××中学教学楼工程　　　　　　标段：　　　　　　　　

序号	项目编码	项目名称	项目特征描述	计量单位	工程量	金　额/元		
						综合单价	合价	其中
								暂估价
			0106 金属结构工程					
7	010606008001	钢爬梯	U型，型钢品种、规格详见施工图	t	0.258	6951.71	1794	
			分部小计				1794	
			0108 门窗工程					
8	010807001001	塑钢窗	80系列 LC0915 塑钢平开窗带纱 5mm 白玻	m²	900	273.40	246060	
			（其他略）					
			分部小计				366464	
			0109 屋面及防水工程					
9	010902003001	屋面刚性防水	C20 细石混凝土，厚40mm，建筑油膏嵌缝	m²	1853	21.43	39710	
			（其他略）					
			分部小计				251838	
			0110 保温、隔热、防腐工程					
10	011001001001	保温隔热屋面	沥青珍珠岩块 500mm×500mm×150mm，1：3 水泥砂浆护面，厚25mm	m²	1853	53.81	99710	
			（其他略）					
			分部小计				133226	
			0111 楼地面装饰工程					
11	011101001001	水泥砂浆楼地面	1：3 水泥砂浆找平层，厚20mm，1：2 水泥砂浆面层，厚25mm	m²	6500	33.77	219505	
			（其他略）					
			分部小计				291030	
			本页小计				1044352	—
			合　计				4699267	800000

注：为计取规费等的使用，可在表中增设其中："定额人工费"。

**工程名称：××中学教学楼工程　　　　标段：　　　　**

序号	项目编码	项目名称	项目特征描述	计量单位	工程量	金额/元		其中
						综合单价	合价	暂估价
			0112 墙、柱面装饰与隔断、幕墙工程					
12	011201001001	外墙面抹灰	页岩砖墙面，1：3 水泥砂浆底层，厚 15mm，1：2.5 水泥砂浆面层，厚 6mm	m²	4050	17.44	70632	
13	011202001001	柱面抹灰	混凝土柱面，1：3 水泥砂浆底层，厚 15mm，1：2.5 水泥砂浆面层，厚 6mm	m²	850	20.42	17357	
			（其他略）					
			分部小计				418643	
			0113 天棚工程					
14	011301001001	混凝土天棚抹灰	基层刷水泥浆一道加 107 胶，1：0.5：2.5 水泥石灰砂浆底层，厚 12mm，1：0.3：3 水泥石灰砂浆面层厚 4mm	m²	7000	16.53	115710	
			（其他略）					
			分部小计				230431	
			0114 油漆、涂料、裱糊工程					
15	011407001001	外墙乳胶漆	基层抹灰面满刮成品耐水腻子三遍磨平，乳胶漆一底二面	m²	4050	44.70	181035	
			（其他略）					
			分部小计				233606	
			0117 措施项目					
16	011701001001	综合脚手架	砖混、檐高 22m	m²	10940	19.80	216612	
			（其他略）					
			分部小计				738257	
			本页小计				1620937	—
			合　　计				6320204	800000

注：为计取规费等的使用，可在表中增设其中："定额人工费"。

序号	项目编码	项目名称	项目特征描述	计量单位	工程量	金　额/元		
						综合单价	合价	其中
								暂估价
			0304 电气设备安装工程					
17	030404035001	插座安装	单相三孔插座，250V/10A	个	1224	10.46	12803	
18	030411001001	电气配管	砖墙暗配 PC20 阻燃 PVC 管	m	9858	8.23	81131	45000
			（其他略）					
			分部小计				360140	45000
			0310 给排水、采暖、燃气工程					
19	031001006001	塑料给水管安装	室内 $DN20$/PP-R 给水管，热熔连接	m	1569	17.54	27520	
20	031001006002	塑料排水管安装	室内 $\Phi110$UPVC 排水管，承插胶粘接	m	849	46.96	39869	
			（其他略）					
			分部小计				192662	
			本页小计				552802	—
			合　计				6873006	845000

注：为计取规费等的使用，可在表中增设其中："定额人工费"。

6. 综合单价分析表

综合单价分析表如表5-8所示。编制投标报价时，应填写使用的企业定额名称，也可填写使用的省级或行业建设主管部门发布的计价定额，如不使用则不填写。

综合单价分析（一）

表5-8

工程名称：××中学教学楼工程　　　　　标段：　　　　　　　　　　第1页　共2页

项目编码	010515001001	项目名称	现浇构筑钢筋	计量单位	t	工程量	200

清单综合单价组成明细

定额编号	定额项目名称	定额单位	数量	单价				合价			
				人工费	材料费	机械费	管理费和利润	人工费	材料费	机械费	管理费和利润
AD0809	现浇构建钢筋制、安装	t	1.07	275.47	4044.58	58.33	59.59	294.75	4327.70	62.42	102.29
人工单价		小　计						294.75	4327.70	62.42	102.29
80元/工日		未计价材料费									
清单项目综合单价								4787.16			

材料费明细	主要材料名称、规格、型号			单位	数量	单价/元	合价/元	暂估单价/元	暂估合价/元
	螺纹钢筋 A235，φ14			t	1.07			4000.00	4280.00
	焊条			kg	8.64	4.00	34.56		
	其他材料费					—	13.14	—	
	材料费小计					—	47.70	—	4280.00

项目编码	011407001001	项目名称	外墙乳胶漆	计量单位	m²	工程量	4050

清单综合单价组成明细

定额编号	定额项目名称	定额单位	数量	单价				合价			
				人工费	材料费	机械费	管理费和利润	人工费	材料费	机械费	管理费和利润
BE0267	抹灰面满刮耐水腻子	100m²	0.01	388.52	2625	—	127.76	3.39	26.25	—	1.28
BE0276	外墙乳胶漆底漆一遍，面漆二遍	100m²	0.01	317.97	940.37		120.01	3.18	9.40		1.20
人工单价		小　计						6.75	35.65		2.48
80元/工日		未计价材料费									
清单项目综合单价								44.70			

材料费明细	主要材料名称、规格、型号			单位	数量	单价/元	合价/元	暂估单价/元	暂估合价/元
	耐水成品腻子			kg	2.50	10.50	26.25		
	××牌乳胶漆面漆			kg	0.353	20.00	7.06		
	××牌乳胶漆底漆			kg	0.136	17.00	2.31		
	其他材料费					—	0.03	—	
	材料费小计					—	35.65	—	

注：1. 如不使用省级或行业建设主管部门发布的计价依据，可不填定额编号、名称等。

　　2. 招标文件提供了暂估单价的材料，按暂估的单价填入表内"暂估单价"栏及"暂估合价"栏。

工程名称：××中学教学楼工程　　　　　标段：　　　　　　　　第 2 页 共 2 页

| 项目编码 | 030411001001 | 项目名称 | 电气配管 | 计量单位 | m | 工程量 | 9858 |

清单综合单价组成明细

定额编号	定额项目名称	定额单位	数量	单价				合价			
				人工费	材料费	机械费	管理费和利润	人工费	材料费	机械费	管理费和利润
CB1528	砖墙暗配管	100m	0.01	312.89	64.22	—	136.34	3.13	0.64	—	1.36
CB1792	暗装接线盒	10 个	0.001	16.80	9.76	—	7.31	0.02	0.01	—	0.01
CB1793	暗装开关盒	10 个	0.023	17.92	4.52	—	7.80	0.41	0.10	—	0.18
人工单价		小　计						3.56	0.75	—	1.55
85 元/工日		未计价材料费						2.37			
清单项目综合单价								8.23			

材料费明细	主要材料名称、规格、型号	单位	数量	单价/元	合价/元	暂估单价/元	暂估合价/元
	刚性阻燃管 DN20	m	1.10	1.90	2.09		
	××牌接线盒	个	0.012	1.80	0.02		
	××牌开关盒	个	0.236	1.10	0.26		
	其他材料费			—	0.75	—	
	材料费小计			—	3.12	—	

注：1. 如不使用省级或行业建设主管部门发布的计价依据，可不填定额编号、名称等。

　　2. 招标文件提供了暂估单价的材料，按暂估的单价填入表内"暂估单价"栏及"暂估合价"栏。

7. 总价措施项目清单与计价表

总价措施项目清单与计价表如表 5-9 所示。编制投标报价时，除安全文明施工费必须按《建设工程工程量清单计价规范》（GB 50500—2013）的强制性规定，按省级或行业建设主管部门的规定记取外，其他措施项目均可根据投标施工组织设计自主报价。

总价措施项目清单与计价　　　　　　　　　　表 5-9

工程名称：××中学教学楼工程　　　　　标段：　　　　　　　　第 1 页 共 1 页

序号	项目编码	项目名称	计算基础	费率/%	金额/元	调整费率/%	调整后金额/元	备注
		安全文明施工费	定额人工费	25	209650			
		夜间施工增加费	定额人工费	1.5	12479			

序号	项目编码	项目名称	计算基础	费率/%	金额/元	调整费率/%	调整后金额/元	备注
		二次搬运费	定额人工费	1	8386			
		冬雨季施工增加费	定额人工费	0.6	5032			
		已完工程及设备保护费			6000			
		合　计			241547			

编制人（造价人员）：　　　　　　　　　　　　　　　　　　复核人（造价工程师）：

注：1. "计算基础"中安全文明施工费可为"定额基价"、"定额人工费"或"定额人工费＋定额机械费"，其他项目可为"定额人工费"或"定额人工费＋定额机械费"。

　　2. 按施工方案计算的措施费，若无"计算基础"和"费率"的数值，也可只填"金额"数值，但应在备注栏说明施工方案出处或计算方法。

8. 其他项目清单与计价汇总表

其他项目清单与计价汇总表如表5-10所示。编制投标报价时，应按招标工程量清单提供的"暂列金额"和"专业工程暂估价"填写金额，不得变动。"计日工"、"总承包服务费"自主确定报价。

其他项目清单与计价汇总　　　　　　　　　　表5-10

工程名称：××中学教学楼工程　　　　　　标段：　　　　　　　　第1页　共1页

序号	项目名称	金额/元	结算金额/元	备注
1	暂列金额	350000		明细详见表5-11
2	暂估价	200000		
2.1	材料暂估价	—		明细详见表5-12
2.2	专业工程暂估价	200000		明细详见表5-13
3	计日工	26528		明细详见表5-14
4	总承包服务费	20760		明细详见表5-15
	合　计	597288	—	

注：材料（工程设备）暂估单价计入清单项目综合单价，此处不汇总。

（1）暂列金额及拟用项目

暂列金额明细表如表5-11所示。

暂列金额明细

表 5-11

工程名称：××中学教学楼工程　　　　标段：　　　　　　　　　　　

序号	项目名称	计量单位	暂定金额/元	备注
1	自行车棚工程	项	100000	
2	工程量偏差和设计变更	项	100000	
3	政策性调整和材料价格波动	项	100000	
4	其他	项	50000	
合　计			350000	—

注：此表由招标人填写，如不能详列，也可只列暂定金额总额，投标人应将上述暂列金额计入投标总价中。

（2）材料（工程设备）暂估单价及调整表

材料（工程设备）暂估单价及调整表如表 5-12 所示。

材料（工程设备）暂估单价及调整

表 5-12

工程名称：××中学教学楼工程　　　　标段：　　　　　　　　　　　

序号	材料（工程设备）名称、规格、型号	计量单位	数量		暂估/元		确认/元		差额±/元		备注
			暂估	确认	单价	合价	单价	合价	单价	合价	
1	钢筋（规格见施工图）	t	200		4000	800000					用于现浇钢筋混凝土项目
2	低压开关柜（CGD190380/220V）	个	1		45000	45000					用于低压开关柜安装项目
合　计						845000					

注：此表由招标人填写"暂估单价"，并在备注栏说明暂估价的材料、工程设备拟用在哪些清单项目上，投标人应将上述材料、工程设备暂估单价计入工程量清单综合单价报价中。

（3）专业工程暂估价及结算价表

专业工程暂估价及结算价表如表 5-13 所示。

（4）计日工表

计日工表如表 5-14 所示。编制投标报价的《计日工表》时，人工、材料、机械台班单价由投标人自主确定，按已给暂估数量计算合价计入投标总价中。

专业工程暂估价及结算价

表 5-13

工程名称：××中学教学楼工程　　　　　　标段：　　　　　　　第 1 页　共 1 页

序号	工程名称	工 程 内 容	暂估金额/元	结算金额/元	差额±/元	备注
1	消防工程	合同图纸中标明的以及消防工程规范和技术说明中规定的各系统中的设备、管道、阀门、线缆等的供应、安装和调试工作	200000			
	合　　计		200000			

注：此表"暂估金额"由招标人填写，投标人应将"暂估金额"计入投标总价中，结算时按合同约定结算金额填写。

计 日 工

表 5-14

工程名称：××中学教学楼工程　　　　　　标段：　　　　　　　第 1 页　共 1 页

编号	项目名称	单位	暂定数量	实际数量	综合单价/元	合价/元 暂定	合价/元 实际
一	人工						
1	普工	工日	100		80	8000	
2	机工	工日	60		110	6600	
	人工小计					14600	
二	材料						
1	钢筋（规格见施工图）	t	1		4000	4000	
2	水泥 42.5	t	2		600	1200	
3	中砂	m³	10		80	800	
4	砾石（5~40mm）	m³	5		42	210	
5	页岩砖（240mm×115mm×53mm）	千匹	1		300	300	
	材料小计					6510	
三	施工机械						
1	自升式塔吊起重机	台班	5		550	2750	
2	灰浆搅拌机（400L）	台班	2		20	40	
	施工机械小计					2790	
四、企业管理费和利润	按人工费18%计					2628	
	总　　计					26528	

注：此表项目名称、暂定数量由招标人填写，编制招标控制价时，单价由招标人按有关计价规定确定；投标时，单价由投标人自主报价，按暂定数量计算合价计入投标总价中。结算时，按发承包双方确认的实际数量计算合价。

（5）总承包服务费计价表

总承包服务费计价表如表 5-15 所示。编制投标报价的《总承包服务费计价表》时，由投标人根据工程量清单中的总承包服务内容，自主决定报价。

总承包服务费计价　　　　　　　　　　　　　　　　表 5-15

工程名称：××中学教学楼工程　　　　　　标段：　　　　　　　第 1 页　共 1 页

序号	项目名称	项目价值/元	服务内容	计算基础	费率/%	金额/元
1	发包人发包专业工程	200000	1. 按专业工程承包人的要求提供施工工作面并对施工现场进行统一管理，对竣工资料进行统一整理汇总 2. 为专业工程承包人提供垂直运输机械和焊接电源接入点，并承担垂直运输费和电费	项目价值	7	14000
2	发包人供应材料	845000	对发包人供应的材料进行验收及保管和使用发放	项目价值	0.8	6760
	合　计	—	—	—		20760

注：此表项目名称、服务内容有招标人填写，编制招标控制价时，费率及金额由招标人按有关计价规定确定；投标时，费率及金额由投标人自主报价，计入投标总价中。

9. 规费、税金项目计价表

规费、税金项目计价表如表 5-16 所示。

规费、税金项目计价　　　　　　　　　　　　　　　表 5-16

工程名称：××中学教学楼工程　　　　　　标段：　　　　　　　第 1 页　共 1 页

序号	项目名称	计算基础	计算基数	计算费率/%	金额/元
1	规费	定额人工费			239001
1.1	社会保险费	定额人工费	（1）＋…＋（5）		188685
（1）	养老保险费	定额人工费		14	117404
（2）	失业保险费	定额人工费		2	16772
（3）	医疗保险费	定额人工费		6	50316
（4）	工伤保险费	定额人工费		0.25	2096.5
（5）	生育保险费	定额人工费		0.25	2096.5
1.2	住房公积金	定额人工费		6	50316
1.3	工程排污费	按工程所在地环境保护部门收取标准，按实计入			
2	税金	分部分项工程费＋措施项目费＋其他项目费＋规费－按规定不计税的工程设备金额		3.41	262887
	合　计				501888

编制人（造价人员）：　　　　　　　　　　　　复核人（造价工程师）：

10. 总价项目进度款支付分解表

总价项目进度款支付分解表如表 5-17 所示。

总价项目进度款支付分解　　　　　表 5-17

工程名称：××中学教学楼工程　　　　　标段：　　　　　　　单位：元

序号	项目名称	总价金额	首次支付	二次支付	三次支付	四次支付	五次支付
	安全文明施工费	209650	62895	62895	41930	41930	
	夜间施工增加费	12479	2496	2496	2496	2496	2495
	二次搬运费	8386	1677	1677	1677	1677	1678
	略						
	社会保险费	188685	37737	37737	37737	37737	37737
	住房公积金	50316	10063	10063	10063	10063	10064
	合　计						

编制人（造价人员）：　　　　　　　　　　　　　　复核人（造价工程师）：

注：1. 本表应由承包人在投标报价时根据发包人在招标文件明确的进度款支付周期与报价填写，签订合同时，
　　　发承包双方可就支付分解协商调整后作为合同附件。
　　2. 单价合同使用本表，"支付"栏时间应与单价项目进度款支付周期相同。
　　3. 总价合同使用本表，"支付"栏时间应与约定的工程计量周期相同。

11. 主要材料、工程设备一览表

（1）发包人提供材料和工程设备一览表如表 5-18 所示。

发包人提供材料和工程设备一览　　　　　表 5-18

工程名称：××中学教学楼工程　　　　　标段：　　　　　　第 1 页　共 1 页

序号	材料（工程设备）名称、规格、型号	单位	数量	单价/元	交货方式	送达地点	备注
1	钢筋（规格见施工图现浇构件）	t	200	4000		工地仓库	

注：此表由招标人填写，供投标人在投标报价、确定总承包服务费时参考。

222

（2）承包人提供主要材料和工程设备一览表（适用于价格指数差额调整法）如表5-19所示。

承包人提供主要材料和工程设备一览

（适用于价格指数差额调整法） 表 5-19

工程名称：××中学教学楼工程　　　　标段：　　　　第 1 页　共 1 页

序号	名称、规格、型号	变值权重 B	基本价格指数 F_0	现行价格指数 F_t	备注
1	人工	0.18	110%		
2	钢材	0.11	4000 元/t		
3	预拌混凝土 C30	0.16	340 元/m³		
4	页岩砖	0.15	300 元/千匹		
5	机械费	0.08	100%		
	定值权重 A	0.42	—	—	
	合　计	1	—	—	

注：1. "名称、规格、型号"、"基本价格指数"栏由招标人填写，基本价格指数应首先采用工程造价管理机构发布的价格指数，没有时，可采用发布的价格代替。如人工、机械费也采用本法调整，由招标人在"名称"栏填写。

　　2. "变值权重"栏由投标人根据该项人工、机械费和材料、工程设备值在投标总报价中所占的比例填写，1 减去其比例为定值权重。

　　3. "现行价格指数"按约定的付款证书相关周期最后一天的前 42d 的各项价格指数填写，该指数应首先采用工程造价管理机构发布的价格指数，没有时，可采用发布的价格代替。

5.4　土建工程项目开标、评标与定标

5.4.1　开标

开标是指招标人将所有投标人的投标文件启封揭晓。我国《招标投标法》规定，开标应当在招标通告中约定的地点，招标文件确定的提交投标文件截止时间的同一时间公开进行。开标由招标人主持，邀请所有投标人参加。开标时，要当众宣读投标人名称、投标价格、有无撤标情况以及招标单位认为合适的其他内容。

1. 开标程序

开标一般应按照下列程序进行：

（1）主持人宣布开标会议开始，介绍参加开标会议的单位、人员名单及工程项目的有关情况。

（2）请投标单位代表确认投标文件的密封性。

（3）宣布公证、唱标、记录人员名单和招标文件规定的评标原则、定标办法。

（4）宣读投标单位的名称、投标报价、工期、质量目标、主要材料用量、投标担保或保函以及投标文件的修改、撤回等情况，并做当场记录。

（5）与会的投标单位法定代表人或者其代理人在记录上签字，确认开标结果。

（6）宣布开标会议结束，进入评标阶段。

2. 无效投标的情形

投标单位法定代表人或授权代表未参加开标会议的视为自动弃权。投标文件有下列情形之一的将视为无效：

（1）投标文件未按照招标文件的要求予以密封的。

（2）投标文件中的投标函未加盖投标人的企业及企业法定代表人印章的，或者企业法定代表人委托代理人没有合法、有效的委托书（原件）及委托代理人印章的。

（3）投标文件的关键内容字迹模糊、无法辨认的。

（4）投标人未按照招标文件的要求提供投标保函或者投标保证金的。

（5）组成联合体投标的，投标文件未附联合体各方共同投标协议的。

（6）逾期送达。对未按规定送达的投标书，应视为废标，原封退回。但对于因非投标者的过失（因邮政、战争、罢工等原因）而在开标之前未送达的，招标单位可考虑接受该迟到的投标书。

5.4.2 评标

开标后进入评标阶段。即采用统一的标准和方法，对符合要求的投标进行评比，来确定每项投标对招标人的价值，最后达到选定最佳中标人的目的。

1. 评标机构

《招标投标法》规定，评标由招标人依法组建的评标委员会负责。依法必须进行招标的项目，其评标委员会由招标人的代表和有关技术、经济等方面的专家组成，成员人数为5人以上的单数，其中技术、经济等方面的专家不得少于成员总数的2/3。

技术、经济等专家应当从事相关领域工作满8年且具有高级职称或具有同等专业水平，由招标人从国务院有关部门或省、自治区、直辖市人民政府有关部门提供的专家名册或者招标代理机构的专家库内的相关专业的专家名单中确定；一般招标项目可以采取随机抽取方式，特殊招标项目可以由招标人直接确定。与投标人有利害关系的人不得进入相关项目的评标委员会，已经进入的应当更换。评标委员会成员的名单在中标结果确定前应当保密。

2. 评标原则以及保密性和独立性

评标活动应遵循公平、公正、科学、择优的原则，招标人应当采取必要的措施，保证评标活动在严格保密的情况下进行。评标是招标投标活动中一个十分重要的阶段，如果对评标过程不进行保密，则有可能出现影响公正评标的不正当行为。

评标委员会成员名单一般应于开标前确定，而且该名单在中标结果确定前应当保密。评标委员在评标过程中是独立的，任何单位和个人都不得非法干预、影响评标过程和结果。

3. 评标方法

对于通过资格预审的投标者，对他们的财务状况、技术能力、经验及信誉在评标时可不必再评审。评标时主要考虑报价、工期、施工方案、施工组织、质量保证措施、主要材料用量等方面的条件。对于在招标过程中未经过资格预审的，在评标中首先进行资格后审，剔除在财务、技术和经验方面不能胜任的投标者。在招标文件中应加入资格审查的内容，投标者在递交投标书时，同时递交资格审查的资料。

评标方法的科学性对于实施平等的竞争、公正合理地选择中标者是极端重要的。评标涉及的因素很多，应在分门别类、有主有次的基础上，结合工程的特点确定科学的评标方法。

评标的方法，目前国内外采用较多的是专家评议法、低标价法和打分法。

（1）专家评议法

评标委员会根据预先确定的评审内容，如报价、工期、施工方案、企业的信誉和经验以及投标者所建议的优惠条件等，对各标书进行认真的分析比较后，评标委员会的各成员进行共同的协商和评议，以投票的方式确定中选的投标者。这种方法实际上是定性的优选法。由于缺少对投标书量化的比较，因而易产生众说纷纭、意见难于统一的现象。但是其评标过程比较简单，在较短时间内即可完成，一般适用于小型工程项目。

（2）低标价法

所谓低标价法，也就是以标价最低者为中标者的评标方法，世界银行贷款项目多采用这种方法。但该标价是指评估标价，也就是考虑了各评审要素以后的投标报价，而非投标者投标书中的投标报价。采用这种方法时，一定要采用严谨的招标程序，严格的资格预审，所编制招标文件一定要严密，详评时对标书的技术评审等工作要扎实全面。

这种评标办法有两种方式，一种方式是将所有投标者的报价依次排队，取其3或4个，对其低报价的投标者进行其他方面的综合比较，择优定标。另一种方式是"A+B值评标法"，即以低于标底一定百分数以内的报价的算术平均值为 A，以标底或评标小组确定的更合理的标价为 B，然后以"$A+B$"的均值为评标标准价，选出低于或高于这个标准价的某个百分数的报价的投标者进行综合分析比较，择优选定。

（3）打分法

打分法是由评标委员会事先将评标的内容进行分类，并确定其评分标准，然后由每位委员无记名打分，最后统计投标者的得分。得分超过及格标准分最高者为中标单位。这种定量的评标方法，是在评标因素多而复杂，或投标前未经资格预审就投标时常采用的一种公正、科学的评标方法，能充分体现平等竞争、一视同仁的原则，定标后分歧意见较小。根据目前国内招标的经验，可按下式进行计算：

$$P = Q + \frac{B-b}{B} \times 200 + \sum_{i=1}^{7} m_i \qquad (5\text{-}1)$$

式中　　　　P——最后评定分数；

　　　　　　Q——标价基数，一般取 40～70 分；

　　　　　　B——标底价格；

　　　　　　b——分析标价；

$\frac{B-b}{B} \times 200$——是指当报价每高于或低于标底1%时，增加或扣减2分；该比例的大小，应根据项目招标时投标价格应占的权重来确定，此处仅是给予建议；

m_1——工期评定分数，分数上限一般取 15~40 分；当招标项目为盈利项目（如旅馆、商店、厂房等）时，工程提前交工，则业主可少付贷款利息并早日营业或投产，从而产生盈利，则工期权重可大些；

m_2，m_3——技术方案和管理能力评审得分，分数上限可分别为 10~20 分；当项目技术复杂、规模大时，权重可适当提高；

m_4——主要施工机械配备评审得分；如果工程项目需要大量的施工机械，如水电工程、土方开挖等，则其分数上限可取为 10~30 分，一般的工程项目，可不予考虑；

m_5——投标者财务状况评审得分，上限可为 5~15 分，如果业主资金筹措遇到困难，需承包者垫资时，其权重可加大；

m_6，m_7——投标者社会信誉和施工经验得分，其上限可分别为 5~15 分。

4. 评标注意事项

（1）标价合理

当前一般是以标底价格为中准价，采用接近标底价格的报价为合理标价。如果采用低报价的中标者，应弄清下列情况：一是是否采用了先进技术确实可以降低造价或有自己的廉价建材采购基地，能保证得到低于市场价的建筑材料，或是在管理上有什么独到的方法；二是了解企业是否出于竞争的长远考虑，在一些非主要工程上让利承包，以便提高企业知名度和占领市场，为今后在竞争中获利打下基础。

（2）工期适当

国家规定的建设工程工期定额是建设工期参考标准，对于盲目追求缩短工期的现象要认真分析，是否经济合理。要求提前工期，必须要有可靠的技术措施和经济保证。要注意分析投标企业是否是为了中标而迎合业主无原则要求缩短工期的情况。

（3）要注意尊重业主的自主权

在社会主义市场经济的条件下，特别是在建设项目实行业主负责制的情况下，业主不仅是工程项目的建设者，投资的使用者，而且也是资金的偿还者。评标组织是业主的参谋，要对业主负责，业主要根据评标组织的评标建议做出决策，这是理所当然的。但是评标组织要防止来自行政主管部门和招标管理部门的干扰。政府行政部门、招标投标管理部门应尊重业主的自主权，不应参加评标决标的具体工作，主要从宏观上监督和保证评标决标工作的公正、科学、合理、合法，为招标投标市场的公平竞争创造一个良好的环境。

（4）注意研究科学的评标方法

评标组织要依据本工程特点，研究科学的评标方法，保证评标不"走过场"，防止假评暗定等不正之风出现。

5.4.3 定标

评标结束后，评标委员会应写出评标报告，提出中标单位的建议，交业主或其主管部门审核。评标报告一般由下列内容组成：

（1）招标情况

主要包括工程说明、招标过程等。

（2）开标情况

主要有开标时间、地点、参加开标会议人员、唱标情况等。

（3）评标情况

主要包括评标委员会的组成及评标委员会人员名单、评标工作的依据及评标内容等。

（4）推荐意见

评标委员会提出中标候选人推荐意见。

（5）附件

附件主要包括：

1）评标委员会人员名单。

2）投标单位资格审查情况表。

3）投标文件符合情况鉴定表。

4）投标报价评比报价表。

5）投标文件质询澄清的问题等。

业主或其主管部门根据评标委员会提出的评标报告及其推荐意见，确定中标人，并在法定期限内与中标人签订合同。

除招标文件中特别规定了授权评标委员会直接确定中标人外，招标人应依据评标委员会推荐的中标候选人确定中标人，评标委员会推荐中标候选人的人数应符合招标文件的要求，一般应当限定在 1~3 人，并标明排列顺序。

中标人的投标应当符合下列条件之一：

（1）能够最大限度满足招标文件中规定的各项综合评价标准。

（2）能够满足招标文件的实质性要求，并且经评审的投标价格最低；但是投标价格低于成本的除外。

对使用国有资金投资或者国家融资的项目，招标人应当确定排名第一的中标候选人为中标人。排名第一的中标候选人放弃中标，因不可抗力提出不能履行合同，或者招标文件规定应当提交履约保证金而在规定的期限内未能提交的，招标人可以确定排名第二的中标候选人为中标人。排名第二的中标候选人因上述同样原因不能签订合同的，招标人可以确定排名第三的中标候选人为中标人。

招标人可以授权评标委员会直接确定中标人。

招标人不得向中标人提出压低报价、增加工作量、缩短工期或其他违背中标人意愿的要求，以此作为发出中标通知书和签订合同的条件。

5.4.4　合同签订

招标人应当向中标人发出中标通知书，并同时将中标结果通知所有未中标的投标人。中标通知书发出后，招标人改变中标结果，或者中标人放弃中标项目的，应当依法承担法律责任。依据《招标投标法》的规定，依法必须进行招标的项目，招标人应当自确定中标人之日起 15d 内，向有关行政监督部门提交招标投标情况的书面报告。书面报告中至少应包括下列内容：

（1）招标范围。

（2）招标方式和发布招标公告的媒介。

（3）招标文件中投标人须知、技术条款、评标标准和方法、合同主要条款等内容。

（4）评标委员会的组成和评标报告。

（5）中标结果。

招标人和中标人应当自中标通知书发出之日起 30d 内，根据招标文件和中标人的投标文件订立书面合同。中标人无正当理由拒签合同的，招标人取消其中标资格，其投标保证金不予退还；给招标人造成的损失超过投标保证金数额的，中标人还应当对超过部分予以赔偿。发出中标通知书后，招标人无正当理由拒签合同的，招标人向中标人退还投标保证金；给中标人造成损失的，还应当赔偿损失。招标人与中标人签订合同后 5 个工作日后，应当向中标人和未中标的投标人退还投标保证金。

中标人应当按照合同约定履行义务，完成中标项目。中标人不得向他人转让中标项目，也不得将中标项目肢解后分别向他人转让。中标人按照合同约定或者经招标人同意，可以将中标项目的部分非主体、非关键性工程分包给他人完成。接受分包的人应当具备相应的资格条件，并不能再次分包。中标人应当就分包项目向招标人负责，接受分包的人就分包项目承担连带责任。

6 土建工程竣工结算

6.1 土建工程价款结算

6.1.1 工程价款结算方式

我国现行工程价款结算根据不同情况，可采取多种方式。

1. 按月结算

实行旬末或月中预支，月终结算，竣工后清算的方法。跨年度竣工的工程，在年终进行工程盘点，办理年度结算。在我国现行建筑安装工程价款结算中，通常采用按月结算。

2. 竣工后一次结算

建设项目或单项工程全部建筑安装工程建设期在 12 个月以内或者工程承包合同价值在 100 万元以下的，可以实行工程价款每月月中预支，竣工后一次结算。

3. 分段结算

即当年开工，当年不能竣工的单项工程或单位工程按照工程形象进度，划分不同阶段进行结算。分段结算可以按月预支工程款。分段的划分标准，由各部门、自治区、直辖市、计划单列市规定。

4. 目标结款方式

工程合同中，将承包工程的内容分解成不同的控制界面，以业主验收控制界面作为支付工程价款的前提条件。也就是说，将合同中的工程内容分解成不同的验收单元，当承包商完成单元工程内容并经业主（或其委托人）验收后，业主支付构成单元工程内容的工程价款。

目标结款方式下，承包商要想获得工程价款，必须按照合同约定的质量标准完成界面内的工程内容；要想尽早获得工程价款，承包商必须充分发挥自己的组织实施能力，在保证质量的前提下，加快施工进度。这意味着承包商拖延工期时，则业主推迟付款，增加承包商的财务费用、运营成本，降低承包商的收益，客观上使承包商因延迟工期而遭受损失。同样，当承包商积极组织施工，提前完成控制界面内的工程内容，则承包商可提前获得工程价款，增加承包收益，客观上承包商因提前工期而增加了有效利润。同时，因承包商在界面内质量达不到合同约定的标准而业主不予验收，承包商也会因此而遭受损失。可见，目标结款方式实质上是运用合同手段、财务手段对工程的完成进行主动控制。

目标结款方式中，对控制界面的设定应明确描述，便于量化和质量控制，同时要适应项目资金的供应周期和支付频率。

6.1.2 工程价款结算方法

（1）承包单位办理工程价款结算时，应填制统一规定的《工程价款结算账单》，如表

6-1 所示，经发包单位审查签证后，通过开户银行办理结算。发包单位审查签证期一般不超过 5d。

工程价款结算账单 表 6-1

建设单位名称：　　　　　　年　月　日　　　　　　　　　　　　　　　元

单项工程项目名称	合同预算		本期应收工程款	应抵扣款项					本期实收款	备料款余额	本期止已收工程价款累计	说明
	价值	其中：计划利润		合计	预支工程款	备料款	建设单位供给材料价款	各种往来款				

承包单位：　　　　　　（签章）　　　财务负责人：　　　　　　　　　（签章）

　注：1. 本账单由承包单位在月终和竣工结算工程价款时填列。送建设单位和经办行各一份。

　　　2. 第 4 栏"本期应收工程款"应根据已完工程月报数填列。

（2）建设工程价款可以使用期票结算。发包单位按发包工程投资总额将资金一次或分次存入开户银行，在存款总额内开出一定期限的商业汇票，经其开户行承兑后，交承包单位，承包单位到期持票到开户银行申请付款。

（3）承包单位对所承包的工程，应根据施工图、施工组织设计和现行定额、费用标准、价格等编制施工图预算，经发包单位同意，送开户银行审定后，作为结算工程价款的依据。对于编有施工图修正概算或中标价格的，经工程承发包双方和开户银行同意，可据以结算工程价款，不再编制施工图预算。开工后没有编出施工图预算的，可以暂按批准的设计概算办理工程款结算，开户银行应要求承包单位限期编送。

（4）承包单位将承包的工程分包给其他分包单位的，其工程款由总包单位统一向发包单位办理结算。

（5）承包单位预支工程款时，应根据工程进度填列《工程价款预支账单》，如表 6-2 所示，送发包单位和银行办理付款手续，预支的款项，应在月终和竣工结算时抵充应收的工程款。

工程价款预支账单 表 6-2

建设单位名称：　　　　　　年　月　日　　　　　　　　　　　　　　　元

单项工程项目名称	合同预算价值	本旬（或半月）完成数	本旬（或半月）预支工程款	本月预支工程款	应扣预收款项	实支款项	说明

施工单位：　　　　　　（签章）　　　财务负责人：　　　　　　　　　（签章）

　注：1. 本账单由承包单位在预支工程款时编制，送建设单位和经办行各一份。

　　　2. 承包单位在旬末或月中预支款项时，应将预支数额填入第 4 栏内；所属按月预支，竣工后一次结算的，应将每次预支款项填入第 5 栏内。

　　　3. 第 6 栏"应扣预收款项"包括备料款等。

230

（6）实行预付款结算，每月终，建筑安装企业应根据当月实际完成的工程量以及施工图预算所列工程单价和取费标准，计算已完工程价值，编制《工程价款结算账单》和《已完工程月报表》，如表6-3所示，送建设单位和银行办理结算。

已完工程月报

表6-3

建设单位名称：　　　　　　年　　月　　日

元

单位工程项目名称	施工图预算（或计划投资额）	建筑面积	开竣工日期		实际完成数		说明
			开工日期	竣工日期	至上月止已完工程累计	本月份已完工程	

施工单位：　　　　　　　　　　　（签章）　　财务负责人：　　　　　　　　　　　（签章）

注：本表作为本月份结算工程价款的依据，送建设单位和经办行各一份。

（7）施工期间，不论工期长短，其结算价款一般不得超过承包工程合同价值的95%，结算双方可以在5%的幅度内协商确认尾款比例，并在工程承包合同中订明，尾款应专户存入银行，等到工程竣工验收后清算。

（8）承包单位收取备料款和工程款时，可以按规定采用汇兑、委托收款、汇票、本票、支票等各种结算手段。

（9）工程承发包双方必须遵守结算纪律，不准虚报冒领，不准相互拖欠。对无故拖欠工程款的单位，银行应督促拖欠单位及时清偿。对于承包单位冒领、多领的工程款，按多领款额每日万分之五处以罚款；发包单位违约拖延结算期的，按延付款额每日万分之五处以罚款。

（10）工程承发包双方应严格履行工程承包合同。工程价款结算中的经济纠纷，应协商解决。协商不成，可向双方主管部门或国家仲裁机关申请裁决或向法院起诉。对产生纠纷的结算款额，在有关方面仲裁或判决以前，银行不办理结算手续。

6.2　土建工程竣工结算编制

6.2.1　竣工结算的编制程序

竣工结算应按准备、编制和定稿三个工作阶段进行，并实行编制人、校对人和审核人分别署名盖章确认的内部审核制度。

1. 结算编制准备阶段

（1）收集与工程结算编制相关的原始资料。

（2）熟悉工程结算资料内容，进行分类、归纳、整理。

（3）召集相关单位或部门的有关人员参加工程结算预备会议，对结算内容和结算资料进行核对与充实完善。

（4）收集建设期内影响合同价格的法律和政策性文件。

2. 结算编制阶段

（1）根据竣工图及施工图以及施工组织设计进行现场踏勘，对需要调整的工程项目进行观察、对照、必要的现场实测和计算，做好书面或影像记录。

（2）按既定的工程量计算规则计算需调整的分部分项、施工措施或其他项目工程量。

（3）按招标投标文件、施工发承包合同规定的计价原则和计价办法对分部分项、施工措施或其他项目进行计价。

（4）对于工程量清单或定额缺项以及采用新材料、新设备、新工艺的，应根据施工过程中的合理消耗和市场价格，编制综合单价或单位估价分析表。

（5）工程索赔应按合同约定的索赔处理原则、程序和计算方法，提出索赔费用，经发包人确认后作为结算依据。

（6）汇总计算工程费用，包括编制分部分项工程费、施工措施项目费、其他项目费、计日工等表格，初步确定工程结算价格。

（7）编写编制说明。

（8）计算主要技术经济指标。

（9）提交结算编制的初步成果文件待校对、审核。

3. 结算编制定稿阶段

（1）由结算编制受托人单位的部门负责人对初步成果文件进行检查、校对。

（2）由结算编制受托人单位的主管负责人审核批准。

（3）在合同约定的期限内，向委托人提交经编制人、校对人、审核人和受托人单位盖章确认的正式的结算编制文件。

6.2.2 竣工结算的编制方法

竣工结算的编制，因承包方式的不同而有所差异，其结算方法均应根据各省市建设工程造价管理部门和施工合同管理部门的有关规定办理工程竣工结算。

1. 采用招标方式承包的工程

这种结算应以中标价为基础进行。由于我国社会主义市场经济体制未完全成熟，工程中诸多因素不能反映在中标价格中。这些因素均应在合同条款中得以明确。如工程有较大设计变更、材料价格的调整等，通常在合同条款规定中均允许调整。当合同条文规定不允许调整但非建筑企业原因发生中标价格以外的费用时，承发包双方应签订补充合同或协议，承包方可以向发包方提出工程索赔，作为结算调整的依据。施工企业在编制竣工结算时，应按本地区主管部门的规定，在中标价格基础上进行调整。

2. 采用施工图概（预）算加增减账方式

以原施工图概（预）算为基础，对施工中发生的设计变更、原概（预）算书与实际不相符、经济政策的变化等，编制变更增减账，即在施工图概（预）算的基础上作增减调整。常用的调整方式主要有以下几个方面。

（1）工程量偏差。工程量偏差是指施工图概（预）算所列分项工程量与实际完成的分项工程量不相符，而需要增加或减少的工程量。一般包括三种，具体内容如下：

1）由设计变更引起工程量变化。

①工程开工后，建设单位提出要求改变某些施工做法或增减某些具体工程项目。

②设计单位对原施工图的完善。

③施工单位在施工过程中遇到一些原设计中未预料到的具体情况，需要进行处理。

对于设计变更经设计、建设单位（或监理单位）、施工企业三方研究、签证后填写设计变更洽商记录，作为结算增减工程量的依据。

2）工程施工中发生特殊原因与正常施工不同。若基础埋置深度超过一定深度时，必须进行护坡桩施工。对特殊做法，施工企业编报施工组织设计，经建设（或监理）单位同意、签认后，作为工程结算的依据。

3）施工图概（预）算中分项工程量不准确。在编制工程结算前，应结合工程竣工验收，核对实际完成的分项工程量。如发现与施工图概（预）算书所列分项工程量不符时，应进行调整。

（2）人工、材料、机械价格的调整在工程结算中，人工、材料、机械费差价的调整办法及其范围，应按当地主管部门的规定处理。

1）人工单价调整。在施工过程中，国家对工人工资政策性调整一般按文件公布执行之日起的未完施工部分的定额工日数计算。按概（预）算定额分析的人工工日乘以人工单价的差价，按概（预）算定额分析的人工费乘以系数，按概（预）算定额编制的直接费为基数乘以主管部门公布的季度或年度的综合系数一次调整。

2）材料价格调整。在施工过程中，价格在不断地变化，对市场不同施工期的材料价格与定额基价的差价与其相应的材料量进行调整。其调整的方法有如下两种：

①对于主要材料，分规格、品种以定额的分析量为准，定额量乘以材料单价差即为主要材料的差价。市场价格以当地主管部门公布的指导价为准。对于辅助（次要）材料，以概（预）算定额编制的直接费乘以当地主管部门公布的调价系数。

②造价管理部门根据市场价格变化情况，将单位工程的工期与价格调整结合起来，测定综合系数，并以直接费为基数乘以综合系数。该系数一个单位工程只能使用一次。

3）机械价格调整。一般机械价格的调整是按概（预）算定额编制的直接费乘以规定的机械调整综合系数；或以概（预）算定额编制的分部工程直接费乘以相应规定的机械调整系数；还可以根据机械费增减总价，由主管部门测算，按季度或年度公布综合调整系数，一次进行调整。

（3）各项费用的调整。间接费、利润及税金是以直接费（或定额人工费总额）为基数计取的。随着人工费、材料费和机械费的调整，间接费、利润及税金也同样在变化，除了间接费的内容发生较大变化外，一般间接费的费率不作变动。

各种人工、材料、机械价格调整后，在计取间接费、利润和税金方面有两种方法：

1）各种人工、材料等差价，不计算间接费和利润，但允许计取税金。

2）将人工、材料、机械的差价列入工程成本计取间接费、利润及税金。

3. 采用施工图概（预）算加包干系数或平方米造价包干方式

采用施工图概（预）算加包干系数或平方米造价包干方式的工程结算，一般在承包合同中已分清了承发包单位之间的义务和经济责任，不再办理施工过程中承包范围内的经济洽商，在工程结算时不再办理增减调整。工程竣工后，仍以原概（预）算加系数或平方米造价包干进行结算。

这种做法对承包方或发包方均具有很大的风险性，一般只适用于建筑面积小、工作量不大、工期短的工程。

6.2.3 土建工程竣工结算编制格式

现以某中学教学楼工程为例介绍竣工结算编制（发包人报送）。

1. 封面

竣工结算书封面如表6-4所示，应填写竣工工程的具体名称，发承包双方应盖其单位公章，如委托工程造价咨询人办理的，还应加盖其单位公章。

竣工结算书封面　　　　　　　　　　　表6-4

×× 中学教学楼 　工程

竣 工 结 算 书

发 包 人： ×× 中学

（单位盖章）

承 包 人： ×× 建筑公司

（单位盖章）

造价咨询人： ×× 工程造价咨询企业

（单位盖章）

×× 年 × 月 × 日

2. 扉页

竣工结算总价扉页如表6-5所示。

（1）承包人自行编制竣工结算总价，由承包人单位注册的造价人员编制，承包人盖单位公章，法定代表人或其授权人签字或盖章，编制的造价人员（造价工程师或造价员）在编制人栏签字盖执业专用章。

发包人自行核对竣工结算时，由发包人单位注册的造价工程师核对，发包人盖单位公章，法定代表人或其授权人签字或盖章，造价工程师在核对人栏签字盖执业专用章。

（2）发包人委托工程造价咨询人核对竣工结算时，由工程造价咨询人单位注册的造价工程师核对，发包人盖单位公章，法定代表人或其授权人签字或盖章；工程造价咨询人盖单位资质专用章，法定代表人或其授权人签字或盖章，造价工程师在核对人栏签字盖执业专用章。

除非出现发包人拒绝或不答复承包人竣工结算书的特殊情况,竣工结算办理完毕后,竣工结算总价封面发承包双方的签字、盖章应当齐全。

竣工结算书扉页 表 6-5

_____×× 中学教学楼_____工程

竣 工 结 算 总 价

签约合同价(小写): __7972282 元__ (大写): __柒佰玖拾柒万贰仟贰佰捌拾贰元__

竣工结算价(小写): __7937251 元__ (大写): __柒佰玖拾叁万柒仟贰佰伍拾壹元__

发包人: __×× 中学__   承包人: __×× 建筑公司__ 造价咨询人: __××工程造价咨询企业__
　　　　(单位盖章)　　　　　(单位盖章)　　　　　　　(单位资质专用章)

法定代表人　×× 中学　法定代表人　×× 建筑公司　法定代表人　××工程造价咨询企业
或其授权人: __×××__　或其授权人: __×××__　或其授权人: __×××__
　　　(签字或盖章)　　　　(签字或盖章)　　　　　(签字或盖章)

编　制　人: _____×××_____　　　核　对　人: _____×××_____
　　(造价人员签字盖专用章)　　　　　　(造价工程师签字盖专用章)

编制时间: ×× 年 × 月 × 日　　　　　核对时间: ×× 年 × 月 × 日

3. 总说明

总说明如表 6-6 所示。竣工结算总说明的内容应包括:工程概况、编制依据、工程变更、工程价款调整、索赔、其他等。

工程名称：××中学教学楼工程　　　　　　　　　　　　　　　第1页　共1页

1. 工程概况

本工程为砖混结构，混凝土灌注桩基，建筑层数为6层，建筑面积10940m²，招标计划工期为200日历天，投标工期为180日历天，实际工期175日历天。

2. 竣工结算核对依据

（1）承包人报送的竣工结算。

（2）施工合同。

（3）竣工图、发包人确认的实际完成工程量和索赔及现场签证资料。

（4）省工程造价管理机构发布的人工费调整文件。

3. 核对情况说明

原报送结算金额为7975986元，核对后确认金额为7937251元，金额变化的主要原因为：

（1）原报送结算中，发包人供应的现浇混凝土用钢筋，结算单价为4306元/t，根据进货凭证和付款记录，发包人供应钢筋的加权平均价格核对确认为4295元/t，并调整了相应项目综合单价和总承包服务费。

（2）计日工26528元，实际支付10690元，节支15838元；总承包服务费20760元，实际支付21000元，超支240元；规费239001元，实际支付240426元，超支1425元；税金262887元，实际支付261735元，节支1152元。增减相抵节支15325元。

（3）暂列金额350000元，主要用于钢结构自行车棚62000元，工程量偏差及设计变更162130元，用于索赔及现场签证28541元，用于人工费调整36243元，发包人供应钢筋和低压开关柜暂估价变更41380元，暂列金额节余19706元。加上（2）项节支15325元，比签约合同价节余35031元。

4. 其他（略）

4. 竣工结算汇总表

竣工结算汇总表如表6-7～表6-9所示。

建设项目竣工结算汇总　　　　　　　　　　表6-7

工程名称：××中学教学楼工程　　　　　　　　　　　　　　　第1页　共1页

序号	单项工程名称	金额/元	其中：/元	
			安全文明施工费	规费
1	教学楼工程	7937251	210990	240426
	合　计	7937251	210990	240426

单项工程竣工结算汇总　　　　　　　　　　表6-8

工程名称：××中学教学楼工程　　　　　　　　　　　　　　　第1页　共1页

序号	单位工程名称	金额/元	其中：/元	
			安全文明施工费	规费
1	教学楼工程	7937251	210990	240426
	合　计	7937251	210990	240426

表 6-9
第 1 页 共 1 页

单位工程竣工结算汇总

工程名称：××中学教学楼工程

序　号	汇 总 内 容	金额/元
1	分部分项工程	6429047
0101	土石方工程	120831
0103	桩基工程	423926
0104	砌筑工程	708926
0105	混凝土及钢筋混凝土工程	2493200
0106	金属结构工程	65812
0108	门窗工程	380026
0109	屋面及防水工程	269547
0110	保温、隔热、防腐工程	132985
0111	楼地面装饰工程	318459
0112	墙、柱面装饰与隔断、幕墙工程	440237
0113	天棚工程	241039
0114	油漆、涂料、裱糊工程	256793
0304	电气设备安装工程	375626
0310	给排水、采暖、燃气工程	201640
2	措施项目	747112
0117	其中：安全文明施工费	210990
3	其他项目·	258931
3.1	其中：专业工程结算价	198700
3.2	其中：计日工	10690
3.3	其中：总承包服务费	21000
3.4	其中：索赔与现场签证	28541
4	规费	240426
5	税金	261735
竣工结算总价合计 = 1 + 2 + 3 + 4 + 5		7937251

注：如无单位工程划分，单项工程也使用本表汇总。

5. 分部分项工程和单价措施项目清单与计价表

分部分项工程和单价措施项目清单与计价表如表 6-10 所示。编制竣工结算时，可取消"暂估价"。

工程名称：××中学教学楼工程　　　　　　标段：　　　　　　　　

序号	项目编码	项目名称	项目特征描述	计量单位	工程量	金额/元		
						综合单价	合价	其中 暂估价
			0101 土石方工程					
1	010101003001	挖沟槽土方	三类土，垫层底宽 2m，挖土深度小于 4m，弃土运距小于 7km	m³	1503	21.92	32946	
			（其他略）					
			分部小计				120831	
			0103 桩基工程					
2	010302003001	泥浆护壁混凝土灌注桩	桩长 10m，护壁段长 9m，共 42 根，桩直径 1000mm，扩大头直径 1100mm，桩混凝土为 C25，护壁混凝土为 C20	m	432	322.06	139130	
			（其他略）					
			分部小计				423926	
			0104 砌筑工程					
3	010401001001	条形砖基础	M10 水泥砂浆，MU15 页岩砖 240mm×115mm×53mm	m³	239	290.46	69420	
4	010401003001	实心砖墙	M7.5 混合砂浆，MU15 页岩砖 240mm×115mm×53mm，墙厚度 240mm	m³	1986	304.43	604598	
			（其他略）					
			分部小计				708926	
			0105 混凝土及钢筋混凝土工程					
5	010503001001	基础梁	C30 预拌混凝土，梁底标高 -1.55m	m³	208	356.14	74077	
6	010515001001	现浇构件钢筋	螺纹钢 Q235，φ14	t	196	5132.29	1005929	
			（其他略）					
			分部小计				2493200	
			本页小计				3746883	
			合　计				3746883	

注：为计取规费等的使用，可在表中增设其中："定额人工费"。

分部分项工程和单价措施项目清单与计价（二）

表 6-10

工程名称：××中学教学楼工程　　　　　标段：

序号	项目编码	项目名称	项目特征描述	计量单位	工程量	金额/元		
						综合单价	合价	其中 暂估价
			0106 金属结构工程					
7	010606008001	钢爬梯	U 型，型钢品种、规格详见施工图	t	0.258	7023.71	1812	
			分部小计				65812	
			0108 门窗工程					
8	010807001001	塑钢窗	80 系列 LC0915 塑钢平开窗带纱 5mm 白玻	m²	900	276.66	248994	
			（其他略）					
			分部小计				380026	
			0109 屋面及防水工程					
9	010902003001	屋面刚性防水	C20 细石混凝土，厚 40mm，建筑油膏嵌缝	m²	1757	21.92	38513	
			（其他略）					
			分部小计				269547	
			0110 保温、隔热、防腐工程					
10	011001001001	保温隔热屋面	沥青珍珠岩块 500mm×500mm×150mm，1：3 水泥砂浆护面，厚 25mm	m²	1757	54.58	95897	
			（其他略）					
			分部小计				132985	
			0111 楼地面装饰工程					
11	011101001001	水泥砂浆楼地面	1：3 水泥砂浆找平层，厚 20mm，1：2 水泥砂浆面层，厚 25mm	m²	6539	33.90	221672	
			（其他略）					
			分部小计				318459	
			本页小计				1166829	
			合　　计				4913712	

注：为计取规费等的使用，可在表中增设其中："定额人工费"。

工程名称：××中学教学楼工程　　　　标段：　　　　　

序号	项目编码	项目名称	项目特征描述	计量单位	工程量	金　额/元		
						综合单价	合价	其中暂估价
		0112 墙、柱面装饰与隔断、幕墙工程						
12	011201001001	外墙面抹灰	页岩砖墙面，1:3 水泥砂浆底层，厚 15mm，1:2.5 水泥砂浆面层，厚 6mm	m²	4123	18.26	75286	
13	011202001001	柱面抹灰	混凝土柱面，1:3 水泥砂浆底层，厚 15mm，1:2.5 水泥砂浆面层，厚 6mm	m²	832	21.52	17905	
			（其他略）					
			分部小计				440237	
		0113 天棚工程						
14	011301001001	混凝土天棚抹灰	基层刷水泥浆一道加 107 胶，1:0.5:2.5 水泥石灰砂浆底层，厚 12mm，1:0.3:3 水泥石灰砂浆面层厚 4mm	m²	7109	17.36	123412	
			（其他略）					
			分部小计				241039	
		0114 油漆、涂料、裱糊工程						
15	011407001001	外墙乳胶漆	基层抹灰面满刮成品耐水腻子三遍磨平，乳胶漆一底二面	m²	4123	45.36	187019	
			（其他略）					
			分部小计				256793	
		0117 措施项目						
16	011701001001	综合脚手架	砖混、檐高 22m	m²	10940	20.79	227443	
			（其他略）					
			分部小计				747112	
			本页小计				1685181	
			合　计				6598893	

注：为计取规费等的使用，可在表中增设其中："定额人工费"。

工程名称：××中学教学楼工程　　　　标段：　　　　　　

序号	项目编码	项目名称	项目特征描述	计量单位	工程量	综合单价	合价	其中 暂估价
			0304 电气设备安装工程					
17	030404035001	插座安装	单相三孔插座，250V/10A	个	1224	10.96	13415	
18	030411001001	电气配管	砖墙暗配 PC20 阻燃 PVC 管	m	9937	8.58	85259	
			（其他略）					
			分部小计				375626	
			0310 给排水、采暖、燃气工程					
19	031001006001	塑料给水管安装	室内 DN20/PP-R 给水管，热熔连接	m	1569	18.62	29215	
20	031001006002	塑料排水管安装	室内 Φ110UPVC 排水管，承插胶粘接	m	849	47.89	40659	
			（其他略）					
			分部小计				201640	
			本页小计				577266	
			合　计				7176159	

注：为计取规费等的使用，可在表中增设其中："定额人工费"。

6. 综合单价分析表

综合单价分析表如表6-11所示。编制工程结算时，应在已标价工程量清单中的综合单价分析表中将确定的调整过的人工单价、材料单价等进行置换，形成调整后的综合单价。

综合单价分析（一）　　　　　　　　　　　　　　　　表6-11

工程名称：××中学教学楼工程　　　　　　　标段：　　　　　　　第1页　共2页

项目编码	010515001001		项目名称		现浇构件钢筋		计量单位	t	工程量		196

清单综合单价组成明细

定额编号	定额项目名称	定额单位	数量	单价				合价			
				人工费	材料费	机械费	管理费和利润	人工费	材料费	机械费	管理费和利润
AD0809	现浇构件钢筋、安装	t	1.07	303.02	4339.58	58.33	95.59	324.23	4643.35	62.42	102.29
人工单价			小　计					324.23	4643.35	62.42	102.29
88 元/工日			未计价材料费								
清单项目综合单价								5132.29			

材料费明细	主要材料名称、规格、型号			单位	数量	单价/元	合价/元	暂估单价/元	暂估合价/元
	螺纹钢筋 A235，φ14			t	1.07	4295.00	4595.65		
	焊条			kg	8.64	4.00	34.56		
	其他材料费					—	13.14	—	
	材料费小计					—	4643.35	—	

项目编码	011407001001		项目名称		外墙乳胶漆		计量单位	m²	工程量		4050

清单综合单价组成明细

定额编号	定额项目名称	定额单位	数量	单价				合价			
				人工费	材料费	机械费	管理费和利润	人工费	材料费	机械费	管理费和利润
BE0267	抹灰面满刮耐水腻子	100m²	0.01	372.37	2625	—	127.76	3.72	26.25	—	1.28
BE0276	外墙乳胶漆底漆一遍，面漆二遍	100m²	0.01	349.77	940.37	—	120.01	3.50	9.40	—	1.20
人工单价			小　计					7.22	35.65	—	2.48
88 元/工日			未计价材料费								
清单项目综合单价								45.35			

材料费明细	主要材料名称、规格、型号			单位	数量	单价/元	合价/元	暂估单价/元	暂估合价/元
	耐水成品腻子			kg	2.50	10.50	26.25		
	××牌乳胶漆面漆			kg	0.353	20.00	7.06		
	××牌乳胶漆底漆			kg	0.136	17.00	2.31		
	其他材料费					—	0.03	—	
	材料费小计					—	35.65	—	

注：1. 如不使用省级或行业建设主管部门发布的计价依据，可不填定额编号、名称等。

2. 招标文件提供了暂估单价的材料，按暂估的单价填入表内"暂估单价"栏及"暂估合价"栏。

项目编码	030411001001	项目名称	电气配管	计量单位	m	工程量	9858

清单综合单价组成明细

定额编号	定额项目名称	定额单位	数量	单价				合价			
				人工费	材料费	机械费	管理费和利润	人工费	材料费	机械费	管理费和利润
CB1528	砖墙暗配管	100m	0.01	344.18	64.22	—	136.34	3.44	0.64	—	1.36
CB1792	暗装接线盒	10 个	0.001	18.48	9.76	—	7.31	0.02	0.01	—	0.01
CB1793	暗装开关盒	10 个	0.023	19.72	4.52	—	7.80	0.45	0.10	—	0.18
人工单价			小　　计					3.91	0.75	—	1.55
93.5 元/工日			未计价材料费					2.37			
清单项目综合单价								8.58			

材料费明细	主要材料名称、规格、型号	单位	数量	单价/元	合价/元	暂估单价/元	暂估合价/元
	刚性阻燃管 DN20	m	1.10	1.90	2.09		
	××牌接线盒	个	0.012	1.80	0.02		
	××牌开关盒	个	0.236	1.10	0.26		
	其他材料费			—	0.75		
	材料费小计			—	3.12		

注：1. 如不使用省级或行业建设主管部门发布的计价依据，可不填定额编号、名称等。

　　2. 招标文件提供了暂估单价的材料，按暂估的单价填入表内"暂估单价"栏及"暂估合价"栏。

7. 综合单价调整表

综合单价调整表如表 6-12 所示。综合单价调整表用于由于各种合同约定调整因素出现时调整综合单价，此表实际上是一个汇总性质的表，各种调整依据应附表后，并且注意，项目编码、项目名称必须与已标价工程量清单保持一致，不得发生错漏，以免发生争议。

8. 总价措施项目清单与计价表

总价措施项目清单与计价表如表 6-13 所示。编制工程结算时，如省级或行业建设主管部门调整了安全文明施工费，应按调整后的标准计算此费用，其他总价措施项目经发承包双方协商进行调整的，按调整后的标准计算。

综合单价调整

表 6-12

工程名称：××中学教学楼工程　　　　　　标段：　　　　　　　　　　第 1 页　共 1 页

序号	项目编码	项目名称	已标价清单综合单价/元					调整后综合单价/元				
			综合单价	其　中				综合单价	其　中			
				人工费	材料费	机械费	管理费和利润		人工费	材料费	机械费	管理费和利润
1	010515001001	现浇构件钢筋	4787.16	294.75	4327.70	62.42	102.29	5132.29	324.23	4643.35	62.42	102.29
2	011407001001	外墙乳胶漆	44.70	6.57	35.65	—	2.48	45.35	7.22	35.65		2.48
3	030411001001	电气配管	8.23	3.56	3.12	—	1.55	8.58	3.91	3.12		1.55

造价工程师（签章）：　　　发包人代表（签章）：　　　　造价人员（签章）：　　　承包人代表（签章）：

日期：　　　　　　　　　　　　　　　　　　　　日期：

注：综合单价调整应附调整依据。

总价措施项目清单与计价

表 6-13

工程名称：××中学教学楼工程　　　　　　标段：　　　　　　　　　　第 1 页　共 1 页

序号	项目编码	项目名称	计算基础	费率/%	金额/元	调整费率/%	调整后金额/元	备注
		安全文明施工费	定额人工费	25	209650	25	210990	
		夜间施工增加费	定额人工费	1.5	12479	1.5	12654	
		二次搬运费	定额人工费	1	8386	1	8436	
		冬雨季施工增加费	定额人工费	0.6	5032	0.6	5062	
		已完工程及设备保护费			6000		6000	
		合　计			241547		243142	

编制人（造价人员）：　　　　　　　　复核人（造价工程师）：

注：1. "计算基础"中安全文明施工费可为"定额基价"、"定额人工费"或"定额人工费＋定额机械费"，其他项目可为"定额人工费"或"定额人工费＋定额机械费"。

　　2. 按施工方案计算的措施费，若无"计算基础"和"费率"的数值，也可只填"金额"数值，但应在备注栏说明施工方案出处或计算方法。

9. 其他项目清单与计价汇总表

其他项目清单与计价汇总表如表 6-14 所示。编制或核对工程结算，"专业工程暂估价"按实际分包结算价填写，"计日工"、"总承包服务费"按双方认可的费用填写，如发生"索赔"或"现场签证"费用，按双方认可的金额计入该表。

表 6-14

其他项目清单与计价汇总

工程名称：××中学教学楼工程　　　　标段：　　　　　　　　第1页　共1页

序号	项目名称	金额/元	结算金额/元	备注
1	暂列金额		—	
2	暂估价	200000	198700	
2.1	材料暂估/结算价	—	—	明细详见表6-15
2.2	专业工程暂估/结算价	200000	198700	明细详见表6-16
3	计日工	26528	10690	明细详见表6-17
4	总承包服务费	20760	21000	明细详见表6-18
5	索赔与现场签证		28541	明细详见表6-19
	合　计			—

注：材料（工程设备）暂估单价计入清单项目综合单价，此处不汇总。

10. 材料（工程设备）暂估单价及调整表

材料（工程设备）暂估单价及调整表如表6-15所示。

材料（工程设备）暂估单价及调整　　　　　　　　　　表 6-15

工程名称：××中学教学楼工程　　　　标段：　　　　　　　　第1页　共1页

序号	材料（工程设备）名称、规格、型号	计量单位	数量		暂估/元		确认/元		差额±/元		备注
			暂估	确认	单价	合价	单价	合价	单价	合价	
1	钢筋（规格见施工图）	t	200	196	4000	800000	4295	841820	295	41820	用于现浇钢筋混凝土项目
2	低压开关柜（CGD190380/220V）	个	1	1	45000	45000	44560	44560	−440	−440	用于低压开关柜安装项目
	合　计					845000		886380		41380	

注：此表由招标人填写"暂估单价"，并在备注栏说明暂估价的材料、工程设备拟用在哪些清单项目上，投标人应将上述材料、工程设备暂估单价计入工程量清单综合单价报价中。

11. 专业工程暂估价及结算价表

专业工程暂估价及结算价表如表6-16所示。

专业工程暂估价及结算价

表 6-16

工程名称：××中学教学楼工程　　　　　标段：　　　　　第 1 页　共 1 页

序号	工程名称	工 程 内 容	暂估金额/元	结算金额/元	差额 ±/元	备注
1	消防工程	合同图纸中标明的以及消防工程规范和技术说明中规定的各系统中的设备、管道、阀门、线缆等的供应、安装和调试工作	200000	198700	−1300	
	合　　计		200000	198700	−1300	

注：此表"暂估金额"由招标人填写，投标人应将"暂估金额"计入投标总价中，结算时按合同约定结算金额填写。

12. 计日工表

计日工表如表 6-17 所示。编制工程竣工结算的《计日工表》时，实际数量按发承包双方确认的填写。

计 日 工

表 6-17

工程名称：××中学教学楼工程　　　　　标段：　　　　　第 1 页　共 1 页

编号	项目名称	单位	暂定数量	实际数量	综合单价/元	合价/元 暂定	合价/元 实际
一	人工						
1	普工	工日	100	40	80	8000	3200
2	机工	工日	60	30	110	6600	3300
	人工小计						6500
二	材料						
1	水泥 42.5	t	2	1.5	600	1200	900
2	中砂	m^3	10	6	80	800	480
	材料小计						1380
三	施工机械						
1	自升式塔吊起重机	台班	5	3	550	2750	1650
2	灰浆搅拌机（400L）	台班	2	1	20	40	20
	施工机械小计						1670
	四、企业管理费和利润　　　按人工费 18% 计						1170
	总　　计						10720

注：此表项目名称、暂定数量由招标人填写，编制招标控制价时，单价由招标人按有关计价规定确定；投标时，单价由投标人自主报价，按暂定数量计算合价计入投标总价中。结算时，按发承包双方确认的实际数量计算合价。

13. 总承包服务费计价表

总承包服务费计价表如表6-18所示。编制工程竣工结算的《总承包服务费计价表》时，发承包双发应按承包人已标价工程量清单中的报价计算，若发承包双发确定调整的，按调整后的金额计算。

总承包服务费计价　　　　　　　　　　　　　　　　表6-18

工程名称：××中学教学楼工程　　　　　　标段：　　　　　　第1页　共1页

序号	项目名称	项目价值/元	服务内容	计算基础	费率/%	金额/元
1	发包人发包专业工程	198700	1. 按专业工程承包人的要求提供施工工作面并对施工现场进行统一管理，对竣工资料进行统一整理汇总 2. 为专业工程承包人提供垂直运输机械和焊接电源接入点，并承担垂直运输费和电费		7	13909
2	发包人供应材料	886380	对发包人供应的材料进行验收及保管和使用发放		0.8	7091
	合计	—	—		—	21000

注：此表项目名称、服务内容有招标人填写，编制招标控制价时，费率及金额由招标人按有关计价规定确定；投标时，费率及金额由投标人自主报价，计入投标总价中。

14. 索赔与现场签证计价汇总表

索赔与现场签证计价汇总表如表6-19所示。本表是对发承包双方签证认可的《费用索赔申请（核准）表》和《现场签证表》的汇总。

索赔与现场签证计价汇总　　　　　　　　　　　　表6-19

工程名称：××中学教学楼工程　　　　　　标段：　　　　　　第1页　共1页

序号	签证及索赔项目名称	计量单位	数量	单价/元	合价/元	索赔及签证依据
1	暂停施工				3178.37	001
2	砌筑花池	座	5	500	2500	002
…	（其他略）					
—	本页小计	—	—	—		—
—	合计	—	—	—		—

注：签证及索赔依据是指经双方认可的签证单和索赔依据的编号。

15. 费用索赔申请（核准）表

费用索赔申请（核准）表如表6-20所示。本表将费用索赔申请与核准设置于一个表，非常直观。使用本表时，承包人代表应按合同条款的约定阐述原因，附上索赔证据、费用计算报发包人，经监理工程师复核（按照发包人的授权不论是监理工程师或发包人现场代表均可），经造价工程师（此处造价工程师可以是承包人现场管理人员，也可以是发包人委托的工程造价咨询企业的人员）复核具体费用，经发包人审核后生效，该表以在选择栏中"□"内作标识"√"表示。

费用索赔申请（核准）

表 6-20

工程名称：××中学教学楼工程　　　　标段：　　　　　　　　编号：001

致：　　××中学住宅建设办公室

　　根据施工合同条款第__12__条的约定，由于__你方工作需要的__原因，我方要求索赔金额（大写）__叁仟壹佰柒拾捌元叁角柒分__（小写__3178.37元__），请予核准。

附：1. 费用索赔的详细理由和依据：根据发包人"关于暂停施工的通知"（详见附件1）。
　　2. 索赔金额的计算：详见附件2。
　　3. 证明材料：

承包人（章）

造价人员：__×××__　　　　承包人代表：__×××__

日　　期：××年×月×日

复核意见： 　　根据施工合同条款第__12__条的约定，你方提出的费用索赔申请经复核： 　□不同意此项索赔，具体意见见附件。 　☑同意此项索赔，索赔金额的计算，由造价工程师复核。 　　　　　　监理工程师：__×××__ 　　　　　　日　　期：××年×月×日	复核意见： 　　根据施工合同条款第__12__条的约定，你方提出的费用索赔申请经复核，索赔金额为（大写）__叁仟壹佰柒拾捌元叁角柒分__（小写__3178.37元__）。 　　　　　造价工程师：__×××__ 　　　　　日　　期：××年×月×日

审核意见：
　□不同意此项索赔。
　☑同意此项索赔，与本期进度款同期支付。

发包人（章）
发包人代表：__×××__
日　　期：××年×月×日

注：1. 在选择栏中的"□"内作标识"√"。
　　2. 本表一式四份，由承包人填报，发包人、监理人、造价咨询人、承包人各存一份。

关于暂停施工的通知

××建筑公司××项目部：

因我校教学工作安排，经校办公会研究，决定于××年×月×日下午，你项目部承建的我校教学工程暂停施工半天。

特此通知。

××中学

办公室（章）

××年×月×日

附件2

索赔费用计算

一、人工费

1. 普工15人：15人×70元/（工日·人）×0.5d＝525元
2. 技工35人：35人×100元/（工日·人）×0.5d＝1750元

小计：2275元

二、机械费

1. 自升式塔式起重机1台：1台×526.20元/（台班·台·d）×0.5d×0.6台班＝157.86元
2. 灰浆搅拌机1台：1台×18.38元/（台班·台·d）×0.5d×0.6台班＝5.51元
3. 其他各种机械（台套数量及具体费用计算略）：50元

小计：213.37元

三、周转材料

1. 脚手架钢管：25000m×0.012元/（天·m）×0.5d＝150元
2. 脚手架扣件：17000个×0.01元/（天·个）×0.5d＝85元

小计：235元

四、管理费

2275元×20%＝455元

索赔费用合计：3178.37元

××建筑公司××中学项目部

××年×月×日

16. 现场签证表

现场签证表如表6-21所示。现场签证种类繁多，发承包双方在工程实施过程中来往信函就责任事件的证明均可称为现场签证，但并不是所有的签证均可马上算出价款，有的需要经过索赔程序，这时的签证仅是索赔的依据，有的签证可能根本不涉及价款。本表仅是针对现场签证需要价款结算支付的一种，其他内容的签证也可适用。考虑到招标时招标人对计日工项目的预估难免会有遗漏，造成实际施工发生后，无相应的计日工单价，现场签证只能包括单价一并处理，因此，在汇总时，有计日工单价的，可归并于计日工，如无计日工单价的，归并于现场签证，以示区别。当然，现场签证全部汇总于计日工也是一种可行的处理方式。

现 场 签 证

表 6-21

工程名称：××中学教学楼工程　　　　标段：

编号：002

施工部位	学校指定位置	日　　期	××年×月×日

致：　××中学住宅建设办公室

　　根据 ____×××____ ××年×月×日的口头指令，我方要求完成此项工作应支付价款金额为（大写） __贰仟伍佰元__（小写 __2500.00 元__ ），请予核准。

附：1. 签证事由及原因：为迎接新学期的到来，改变校容、校貌，学校新增加 5 座花池。

　　2. 附图及计算式：（略）

承包人（章）

造价人员：__×××__　　　　　承包人代表：__×××__

日　　期：××年×月×日

复核意见：

你方提出的此项签证申请经复核：

□不同意此项签证，具体意见见附件。

☑同意此项签证，签证金额的计算，由造价工程师复核。

监理工程师：__×××__
日　　期：××年×月×日

复核意见：

☑此项签证按承包人中标的计日工单价计算，金额为（大写）__贰仟伍佰元__，（小写__2500.00 元__）。

□此项签证因无计日工单价，金额为（大写）____元，（小写____）。

造价工程师：__×××__
日　　期：××年×月×日

审核意见：

□不同意此项签证。

☑同意此项签证，价款与本期进度款同期支付。

发包人（章）
承包人代表：__×××__
日　　期：××年×月×日

注：1. 在选择栏中的"□"内作标识"√"。

　　2. 本表一式四份，由承包人在收到发包人（监理人）的口头或书面通知后填写，发包人、监理人、造价咨询人、承包人各存一份。

17. 规费、税金项目计价表

规费、税金项目计价表如表6-22所示。

工程名称：××中学教学楼工程   标段：   第1页 共1页

序号	项目名称	计算基础	计算基数	计算费率/%	金额/元
1	规费	定额人工费			240426
1.1	社会保险费	定额人工费	(1) +…+ (5)		189810
(1)	养老保险费	定额人工费		14	118104
(2)	失业保险费	定额人工费		2	16872
(3)	医疗保险费	定额人工费		6	50616
(4)	工伤保险费	定额人工费		0.25	2109
(5)	生育保险费	定额人工费		0.25	2109
1.2	住房公积金	定额人工费		6	50616
1.3	工程排污费	按工程所在地环境保护部门收取标准，按实计入			
2	税金	分部分项工程费＋措施项目费＋其他项目费＋规费－按规定不计税的工程设备金额		3.41	261735
合计					502161

编制人（造价人员）：   复核人（造价工程师）：

18. 工程计量申请（核准）表

工程计量申请（核准）表如表6-23所示。本表填写的"项目编码"、"项目名称"、"计量单位"应与已标价工程量清单表中的一致，承包人应在合同约定的计量周期结束时，将申报数量填写在"申报数量"栏，发包人核对后如与承包人不一致，填在"核实数量"栏，经发承包双发共同核对确认的计量填在"确认数量"栏。

工程名称：××中学教学楼工程   标段：   第1页 共1页

序号	项目编码	项目名称	计量单位	承包人申报数量	发包人核实数量	发承包人确认数量	备注
1	010101003001	挖沟槽土方	m³	1593	1578	1587	
2	010302003001	泥浆护壁混凝土灌注桩	m	456	456	456	
3	010503001001	基础梁	m³	210	210	210	
4	010515001001	现浇构件钢筋	t	25	25	25	

序号	项目编码	项目名称	计量单位	承包人申报数量	发包人核实数量	发承包人确认数量	备注
5	010401001001	条形砖基础	m³	245	245	245	
	（略）						

承包人代表： ×××	监理工程师： ×××	造价工程师： ×××	发包人代表： ×××
日　期： ××年×月×日	日　期： ××年×月×日	日　期： ××年×月×日	日　期： ××年×月×日

19. 预付款支付申请（核准）表

预付款支付申请（核准）表如表 6-24 所示。

预付款支付申请（核准） 表 6-24

工程名称：××中学教学楼工程　　　　标段：　　　　　　　　编号：

致：××中学

我方根据施工合同的约定，先申请支付工程预付款额为（大写）　玖拾贰万叁仟壹拾捌元　（小写 923018.00 元），请予核准。

序　号	名　称	申请金额/元	复核金额/元	备　注
1	已签约合同价款金额	7972282	7972282	
2	其中：安全文明施工费	209650	209650	
3	应支付的预付款	797228	776263	
4	应支付的安全文明施工费	125790	125790	
5	合计应支付的预付款	923018	902053	

承包人（章）

造价人员：　×××　　　　承包人代表：　×××　　　　日　期：××年×月×日

复核意见： □与合同约定不相符，修改意见见附件。 ☑与合约约定相符，具体金额由造价工程师复核。 　　　　监理工程师：　××× 　　　　日　期：××年×月×日	复核意见： 　你方提出的支付申请经复核，应支付预付款金额为（大写）　玖拾万贰仟伍拾叁元　（小写 902053 元）。 　　　　造价工程师：　××× 　　　　日　期：××年×月×日

审核意见：
□不同意。
☑同意，支付时间为本表签发后的 15d 内。

发包人（章）
发包人代表：　×××
日　期：××年×月×日

注：1. 在选择栏中的"□"内作标识"√"。

　　2. 本表一式四份，由承包人填报，发包人、监理人、造价咨询人、承包人各存一份。

20. 总价项目进度款支付分解表

总价项目进度款支付分解表如表6-25所示。

总价项目进度款支付分解

表6-25

工程名称：××中学教学楼工程　　　　标段：　　　　　　　　　　　单元：元

序号	项目名称	总价金额	首次支付	二次支付	三次支付	四次支付	五次支付
	安全文明施工费	209650	62895	62895	41930	41930	
	夜间施工增加费	12479	2496	2496	2496	2496	2495
	二次搬运费	8386	1677	1677	1677	1677	1678
	略						
	社会保险费	188685	37737	37737	37737	37737	37737
	住房公积金	50316	10063	10063	10063	10063	10064
	合　计						

编制人（造价人员）：　　　　　　　　　　　　　复核人（造价工程师）：

注：1. 本表应由承包人在投标报价时根据发包人在招标文件明确的进度款支付周期与报价填写，签订合同时，发承包双方可就支付分解协商调整后作为合同附件。

　　2. 单价合同使用本表，"支付"栏时间应与单价项目进度款支付周期相同。

　　3. 总价合同使用本表，"支付"栏时间应与约定的工程计量周期相同。

21. 进度款支付申请（核准）表

进度款支付申请（核准）表如表6-26所示。

进度款支付申请（核准）

表 6-26

工程名称：××中学教学楼工程　　　　标段：　　　　　　　　　编号：

致：××中学

　　我方于　××至××　期间已完成了　±0～二层楼　工作，根据施工合同的约定，现申请支付本周期的合同款额为（大写）　壹佰壹拾壹万柒仟玖佰壹拾玖元壹角肆分　（小写　1117919.14 元），请予核准。

序号	名称	实际金额/元	申请金额/元	复核金额/元	备注
1	累计已完成的合同价款	1233189.37	—	1233189.37	
2	累计已实际支付的合同价款	1109870.43	—	1109870.43	
3	本周期合计完成的合同价款	1576893.50	1419204.14	1576893.50	
3.1	本周期已完成单价项目的金额	1484047.80			
3.2	本周期应支付的总价项目的金额	14230.00			
3.3	本周期已完成的计日工价款	4631.70			
3.4	本周期应支付的安全文明施工费	62895.00			
3.5	本周期应增加的合同价款	11089.00			
4	本周期合计应扣减的金额	301285.00	301285.00	301897.14	
4.1	本周期应抵扣的预付款	301285.00		301285.00	
4.2	本周期应扣减的金额			612.14	
5	本周期应支付的合同价款	1475608.50	1117919.14	1117307.00	

附：上述 3、4 详见附件清单。

　　造价人员：　×××　　　　承包人代表：　×××

　　　　　　　　　　　　　　　　　　　　　承包人（章）
　　　　　　　　　　　　　　　　　　　　　日　　期：　××年×月×日

复核意见： □与实际施工情况不相符，修改意见见附件。 ☑与实际施工情况相符，具体金额由造价工程师复核。 　　　　　　　监理工程师：　××× 　　　　　　　日　　期：　××年×月×日	复核意见： 　　你方提供的支付申请经复核，本周期已完成合同款额为（大写）壹佰伍拾柒万陆仟捌佰玖拾叁元伍角（小写 1576893.50 元），本周期应支付金额为（大写）壹佰壹拾壹万柒仟叁佰零柒元　（小写 1117307.00元）。 　　　　　　　造价工程师：　××× 　　　　　　　日　　期：　××年×月×日

审核意见：
□不同意。
☑同意，支付时间为本表签发后的15d内。

　　　　　　　　　　　　　　　　　　　　　发包人（章）
　　　　　　　　　　　　　　　　　　　　　发包人代表：　×××
　　　　　　　　　　　　　　　　　　　　　日　　期：　××年×月×日

注：1. 在选择栏中的"□"内作标识"√"。
　　2. 本表一式四份，由承包人填报，发包人、监理人、造价咨询人、承包人各存一份。

22. 竣工结算款支付申请（核准）表

竣工结算款支付申请（核准）表如表6-27所示。

竣工结算款支付申请（核准）　　　　　　表6-27

工程名称：××中学教学楼工程　　　　标段：　　　　　　编号：

致：××中学

我方于 ×× 至 ×× 期间已完成合同约定的工作，工程已经完工，根据施工合同的约定，现申请支付竣工结算合同款额为（大写） 柒拾捌万叁仟贰佰陆拾伍元零捌分 （小写 783265.08 元 ），请予核准。

序号	名称	申请金额/元	复核金额/元	备注
1	竣工结算合同价款总额	7937251.00	7937251.00	
2	累计已实际支付的合同价款	6757123.37	6757123.37	
3	应预留的质量保证金	396862.55	396862.55	
4	应支付的竣工结算款金额	783265.08	783265.08	

承包人（章）

造价人员： ×××　　承包人代表： ×××　　日　　期： ××年×月×日

复核意见：

□与实际施工情况不相符，修改意见见附件。

☑与实际施工情况相符，具体金额由造价工程师复核。

监理工程师： ×××

日　　期： ××年×月×日

复核意见：

你方提出的竣工结算款支付申请经复核，竣工结算款总额为（大写） 柒佰玖拾叁万柒仟贰佰伍拾壹元 （小写 7937251.00 元），扣除前期支付以及质量保证金后应支付金额为（大写） 柒拾捌万叁仟贰佰陆拾伍元零捌分 （小写 783265.08 元）。

造价工程师： ×××

日　　期： ××年×月×日

审核意见：

□不同意。

☑同意，支付时间为本表签发后的15d内。

发包人（章）

发包人代表： ×××

日　　期： ××年×月×日

注：1. 在选择栏中的"□"内作标识"√"。

　　2. 本表一式四份，由承包人填报，发包人、监理人、造价咨询人、承包人各存一份。

23. 最终结清支付申请（核准）表

最终结清支付申请（核准）表如表6-28所示。

最终结清支付申请（核准）

表6-28

工程名称：××中学教学楼工程　　　　标段：　　　　　　　　　编号：

致：××中学

　　我方于　××　至　××　期间已完成了缺陷修复工作，根据施工合同的约定，现申请支付最终结清合同款额为（大写）　叁拾玖万陆仟陆佰贰拾捌元伍角伍分　（小写　396628.55元　），请予核准。

序号	名称	申请金额/元	复核金额/元	备注
1	已预留的质量保证金	396862.55	396862.55	
2	应增加因发包人原因造成缺陷的修复金额	0	0	
3	应扣减承包人不修复缺陷、发包人组织修复的金额	0	0	
4	最终应支付的合同价款	396862.55	396862.55	

　　　　　　　　　　　　　　　　　　　　　　　　　　承包人（章）

造价人员：　×××　　　　承包人代表：　×××　　　　日　　期：　××年×月×日

复核意见：

□与实际施工情况不相符，修改意见见附件。

☑与实际施工情况相符，具体金额由造价工程师复核。

　　　　　　　　监理工程师：　×××

　　　　　　　　日　　期：××年×月×日

复核意见：

　　你方提出的支付申请经复核，最终应支付金额为（大写）　叁拾玖万陆仟陆佰贰拾捌元伍角伍分　（小写　396628.55元　）。

　　　　　　　　造价工程师：　×××

　　　　　　　　日　　期：××年×月×日

审核意见：

□不同意。

☑同意，支付时间为本表签发后的15d内。

　　　　　　　　　　　　　　　　　　　　　　　　　　发包人（章）

　　　　　　　　　　　　　　　　　　　　　　　发包人代表：　×××

　　　　　　　　　　　　　　　　　　　　　　　日　　期：××年×月×日

注：1. 在选择栏中的"□"内作标识"√"。

　　2. 本表一式四份，由承包人填报，发包人、监理人、造价咨询人、承包人各存一份。

24. 承包人提供主要材料和工程设备一览表

承包人提供主要材料和工程设备一览表（适用于价格指数差额调整法）如表6-29所示。

承包人提供主要材料和工程设备一览

（适用于价格指数差额调整法）　　　　　　表6-29

工程名称：××中学教学楼工程　　　　　标段：　　　　　　第1页　共1页

序号	名称、规格、型号	变值权重 B	基本价格指数 F_0	现行价格指数 F_t	备注
1	人工费	0.18	110%	121%	
2	钢材	0.11	4000 元/t	4320 元/t	
3	预拌混凝土 C30	0.16	340 元/m³	357 元/m³	
4	页岩砖	0.15	300 元/千匹	318 元/千匹	
5	机械费	0.08	100%	100%	
	定值权重 A	0.42	—	—	
	合　计	1			

注：1. "名称、规格、型号"、"基本价格指数"栏由招标人填写，基本价格指数应首先采用工程造价管理机构发布的价格指数，没有时，可采用发布的价格代替。如人工、机械费也采用本法调整，由招标人在"名称"栏填写。

2. "变值权重"栏由投标人根据该项人工、机械费和材料、工程设备值在投标总报价中所占的比例填写，1减去其比例为定值权重。

3. "现行价格指数"按约定的付款证书相关周期最后一天的前42d的各项价格指数填写，该指数应首先采用工程造价管理机构发布的价格指数，没有时，可采用发布的价格代替。

6.3 土建工程竣工结算审查

6.3.1 竣工结算审查依据

工程竣工结算审查的主要依据有：

（1）工程结算审查委托合同和完整、有效的工程结算文件。

（2）国家有关法律、法规、规章制度和相关的司法解释。

（3）国务院建设行政主管部门以及各省、自治区、直辖市和有关部门发布的工程造价计价标准、计价办法、有关规定及相关解释。

（4）施工发承包合同、专业分包合同及补充合同，有关材料、设备采购合同；招标投标文件，主要包括招标答疑文件、投标承诺、中标报价书及其组成内容。

（5）工程竣工图或施工图、施工图会审记录，经批准的施工组织设计，以及设计变更、工程洽商和相关会议纪要。

（6）经批准的开、竣工报告或停、复工报告。

（7）《建设工程工程量清单计价规范》（GB 50500—2013）或工程预算定额、费用定额及价格信息、调价规定等。

（8）工程结算审查的其他专项规定。

（9）影响工程造价的其他相关资料。

6.3.2 竣工结算审查要求

（1）严禁采取抽样审查、重点审查、分析对比审查和经验审查的方法，避免审查疏漏现象发生。

（2）应审查结算文件和与结算有关资料的完整性和符合性。

（3）按施工发承包合同约定的计价标准或计价方法进行审查。

（4）对于合同未作约定或约定不明的，可参照签订合同时当地建设行政主管部门发布的计价标准进行审查。

（5）对工程结算内多计、重列的项目应予以扣减，对少计、漏项的项目应予以调增。

（6）对工程结算与设计图纸或事实不符的内容，应在掌握工程事实和真实情况的基础上进行调整。工程造价咨询单位在工程结算审查时发现的工程结算与设计图纸或与事实不符的内容应约请各方履行完善的确认手续。

（7）对由总承包人分包的工程结算，其内容与总承包合同主要条款不相符的，应按总承包合同约定的原则进行审查。

（8）工程结算审查文件应采用书面形式，有电子文本要求的应采用与书面形式内容一致的电子版本。

（9）结算审查的编制人、校对人和审核人不得由同一人担任。

（10）结算审查受托人与被审查项目的发承包双方有利害关系，可能影响公正的，应予以回避。

6.3.3 竣工结算审查内容

（1）审查结算的递交程序和资料的完备性。

1）审查结算资料递交手续、程序的合法性，以及结算资料具有的法律效力。

2）审查结算资料的完整性、真实性和相符性。

（2）审查与结算有关的各项内容。

1）建设工程发承包合同及其补充合同的合法性和有效性。

2）施工发承包合同范围以外调整的工程价款。

3）分部分项、措施项目、其他项目工程量及单价。

4）发包人单独分包工程项目的界面划分和总包人的配合费用。

5）工程变更、索赔、奖励及违约费用。

6）规费、税金、政策性调整以及材料价差计算。

7）实际施工工期与合同工期发生差异的原因和责任，以及对工程造价的影响程度。

8）其他涉及工程造价的内容。

258

6.3.4 竣工结算审查程序

（1）工程竣工结算审查应按准备、审查和审定三个工作阶段进行，并实行编制人、校对人和审核人分别署名盖章确认的内部审核制度。

（2）结算审查准备阶段。

1）审查工程结算手续的完备性、资料内容的完整性，对不符合要求的应退回限时补正。

2）审查计价依据及资料与工程结算的相关性、有效性。

3）熟悉招标投标文件、工程发承包合同、主要材料设备采购合同及相关文件。

4）熟悉竣工图纸或施工图纸、施工组织设计、工程状况，以及设计变更、工程洽商和工程索赔情况等。

（3）结算审查阶段。

1）审查结算项目范围、内容与合同约定的项目范围、内容的一致性。

2）审查工程量计算准确性、工程量计算规则与计价规范或定额保持一致性。

3）审查结算单价时应严格执行合同约定或现行的计价原则、方法。对于清单或定额缺项以及采用新材料、新工艺的，应根据施工过程中的合理消耗和市场价格审核结算单价。

4）审查变更签证凭据的真实性、合法性、有效性，核准变更工程费用。

5）审查索赔是否依据合同约定的索赔处理原则、程序和计算方法以及索赔费用的真实性、合法性、准确性。

6）审查取费标准时，应严格执行合同约定的费用定额标准及有关规定，并审查取费依据的时效性、相符性。

7）编制与结算相对应的结算审查对比表。

（4）结算审定阶段。

1）工程结算审查初稿编制完成后，应召开由结算编制人、结算审查委托人及结算审查受托人共同参加的会议，听取意见，并进行合理的调整。

2）由结算审查受托人单位的部门负责人对结算审查的初步成果文件进行检查、校对。

3）由结算审查受托人单位的主管负责人审核批准。

4）发承包双方代表人和审查人应分别在《结算审定签署表》上签认并加盖公章。

5）对结算审查结论有分歧的，应在出具结算审查报告前，至少组织两次协调会；凡不能共同签认的，审查受托人可适时结束审查工作，并做出必要说明。

6）在合同约定的期限内，向委托人提交经结算审查编制人、校对人、审核人和受托人单位盖章确认的正式结算审查报告。

6.3.5 竣工结算审查方法

（1）工程竣工结算的审查应依据施工发承包合同约定的结算方法进行，根据施工发承包合同类型，采用不同的审查方法。

1）采用总价合同的，应在合同价的基础上对设计变更、工程洽商以及工程索赔等合同约定可以调整的内容进行审查。

2）采用单价合同的，应审查施工图以内的各个分部分项工程量，依据合同约定的方式审查分部分项工程价格，并对设计变更、工程洽商、工程索赔等调整内容进行审查。

3）采用成本加酬金合同的，应依据合同约定的方法审查各个分部分项工程以及设计变更、工程洽商等内容的工程成本，并审查酬金及有关税费的取定。

（2）除非已有约定，对已被列入审查范围的内容，结算应采用全面审查的方法。

（3）对法院、仲裁或承发包双方合意共同委托的未确定计价方法的工程结算审查或鉴定，结算审查受托人可根据事实和国家法律、法规和建设行政主管部门的有关规定，独立选择鉴定或审查适用的计价方法。

参 考 文 献

［1］住房和城乡建设部标准定额研究所，四川省建设工程造价管理总站 . GB 50500—2013 建设工程工程量清单计价规范［S］. 北京：中国计划出版社，2013.

［2］住房和城乡建设部标准定额研究所，四川省建设工程造价管理总站 . GB 50854—2013 房屋建筑与装饰工程工程量计算规范［S］. 北京：中国计划出版社，2013.

［3］住房和城乡建设部标准定额研究所 . GB/T 50353—2005 建筑工程建筑面积计算规范［S］. 北京：中国计划出版社，2005.

［4］规范编制组 .2013 建设工程计价计量规范辅导［M］. 北京：中国计划出版社，2013.

［5］中华人民共和国住房和城乡建设部，财政部 . 建标〔2013〕44 号建筑安装工程费用项目组成［M］.

［6］中国法制出版社 . 国务院令（第 613 号）. 中华人民共和国招标投标法实施条例［M］. 北京：中国法制出版社，2011.

［7］季雪 . 土建工程量清单计价［M］. 北京：清华大学出版社，2008.

［8］齐伟军 . 建筑工程造价［M］. 武汉：华中科技大学出版社，2008.